JN028205

規格から仕組みまで…裏表挿抜コネクタ, 伝送特性,
Power Delivery給電, Alternate Mode通信, ソフト/ハード

USB Type-Cのすべて

野崎 原生, 畑山 仁, 池田 浩昭, 永尾 裕樹, 長野 英生, 宮崎 仁　共著

■本書を読む前に

(1) 本書は，2019年10月時点の規格書を元に解説しています．規格の改定などにより内容が変更される可能性があることをご了承ください．

(2) 本書で解説している規格書は，USB-IFのWebサイト (https://www.usb.org/) よりダウンロードができます．規格書と合わせて読み進めることで，より理解が深まります．

(3) 本書で解説しているのは，USB Type-C規格とUSB Power Delivery規格についてです．USB 3.2規格に関する情報は含まれておりません．USB 3.2規格については，本書の続編となる「USB 3.2のすべて」をご覧ください．

(4) 本書と連動したセミナを企画しています．セミナに関する情報は，CQエレクトロニクス・セミナのWebサイト (https://seminar.cqpub.co.jp/) をご覧ください．

(5) 本書のサポート情報は，USB技術情報ブログ USB Gateway (https://interface. cqpub.co.jp/category/usb-gateway/) をご覧ください．

(6) 本書籍に掲載された技術情報を利用して生じたトラブルについて，執筆者ならびにCQ出版社は責任を負いかねますので，ご了承ください．

まえがき

　1995 年に登場した USB（Universal Serial Bus）は，機器に供給する電源線と通信用のデータ線を 1 本のケーブルにまとめ，さまざまな周辺機器を接続するユニバーサルな規格として誕生しました．それまでは，パソコンのキーボードやマウスにはミニ DIN 6 ピンのコネクタ，プリンタ接続には D-sub 25 ピン，モデム通信用には D-sub 9 ピン（RS-232C 端子）のコネクタが搭載されていました．さらに，画像出力のための VGA 端子や LAN コネクタがあり，パソコンの背面は大変にぎやかでした．USB 規格の登場とともにマウスやキーボード，プリンタなどの専用コネクタはなくなり，パソコンと周辺機器の接続は USB が基本となりました．

　USB では，1 台のホスト機器が全てのデバイス機器を制御するため，誤ってホスト機器同士やデバイス機器同士を接続しないように，ホスト機器側が Type-A，デバイス機器側が Type-B のレセプタクル・コネクタを搭載し，ケーブルも Type-A と Type-B のプラグ・コネクタを組み合わせたものでした．

　当初 USB 1.0 の 12Mbps（Low-Speed は 1.5Mbps）から始まり，USB 2.0 で 480Mbps，USB 3.0 の 5Gbps へと通信速度は上がりましたが，コネクタは互換性が保たれ，USB 3.0 対応のレセプタクルは USB 2.0 対応のプラグと接続できました．そのため，ホスト機器やデバイス機器がどの規格（USB 2.0，USB 3.0）に対応しているかを気にせずに利用できました．しかし，USB がパソコンとその周辺機器の接続から，携帯音楽プレーヤやゲーム，スマートフォン，ディジタル・カメラなどのモバイル機器へ広く普及するに従い，Type-A コネクタは嵌合方向が分かりづらく，Micro-B コネクタはモバイル機器に使うにはちょっと大きいなど，不便な点も目立つようになりました．

　そこで登場したのが，USB Type-C 規格です．従来の USB コネクタとの嵌合互換性は完全に捨て去り，全く新しいコネクタになりました．USB Type-C コネクタの特徴は，従来の USB コネクタと比較して小型であり，コネクタの嵌合の方向性もなく，ホスト側とデバイス側を意識せず接続できることです．これは USB 機器を利用するユーザに大きな恩恵をもたらしただけでなく，USB 機器を開発する設計者へも多くの自由度を与えました．これまでの USB 規格では，ホスト側とデバイス側は明確に分かれていたので，データ通信はもとより，電源供給もホスト側からしか行えませんでした．USB Type-C や Power Delivery の規格により，デバイス側からホスト側への電源供給も可能になり，データ通信にお

3

いてもホストとデバイスの立場を入れ替えることが可能になりました. さらには, USB Type-C コネクタを使って, 異なる通信方式である DisplayPort や HDMI, Thunderbolt3 などの信号の伝送もできるようになり, USB Type-C コネクタ1つあれば全ての信号を伝送できる, 本当の意味でのユニバーサルな規格になりました.

これらの機能を使いこなすことは簡単ではありません. USB 3.2 規格書以外に, Power Delivery 規格, USB Type-C 規格を読みこなす必要があり, 初めて USB に携わる設計・開発者はどこから手を付けてよいのか全く分からず, 困惑するでしょう.

本書は, これから USB 機器の設計・開発に携わる方, USB Type-C の一部の機能しか使っていない設計者への1つの道しるべとして, 多岐にわたる USB Type-C の事項を, 第一線で活躍している専門家に執筆していただきました. 当初は1冊にまとめる予定でしたが, USB 3.2 の内容も包含すると 600 ページを超えてしまうため, 2冊に分けることとしました.

本書は, USB Type-C 規格で新たに追加された項目や USB Type-C 特有の内容を中心に書かれています. 本書に続いて発売される「USB 3.2 のすべて」では, USB 3.2 の通信方法(物理層や論理層)の基本からコンプライアンス・テスト, 10Gbps の信号伝送の信頼性を高めるための基板設計やそれに付随する技術を詳しく解説しています.

これらの内容を理解すれば, 規格書を読み解くことは難しくないので, 詳細は規格書を参照していただければと思います.

最後に USB 規格の第一人者である畑山 仁氏, 野崎 原生氏, ソフトウエアのエキスパートである永尾 裕樹氏, HDMI や DisplayPort 規格に精通している長野 英生氏, 高速伝送の専門家である志田 晟氏, ハードウェアに広く精通している宮崎 仁氏とともに執筆できる機会を与えていただき大変光栄でした. また, 拙い文章を何とか形にまとめていただいた CQ 出版社と編集者の高橋 舞氏に心から感謝して, まえがきとします.

2019 年 11 月　池田 浩昭

CONTENTS

第5章 ケーブル&コネクタの伝送特性　115

Appendix 1

─ 第2部　Power Delivery メカニズム ─

第6章　供給電力を決めるPower Delivery 通信　167

第7章 映像信号を流せる Alternate Mode　201

Appendix 2

Appendix 3

━ 第3部 USB Type-Cソフトとハード ━

第8章 USBシステムのソフトウェア

第9章 USBシステムのハードウェア

第 **1** 章

野崎 原生

USB規格の基礎知識

　USB (Universal Serial Bus) は，初めのUSB 1.0ができてから20年以上がたつ，長い歴史を持つ規格です．そのため，初めて学ぶ人はその20年の積み重ねを一度に学ばなければなりません．

　本章では，USBの歴史を順を追って説明します．USBの基本となる考えは20年間変わっていません．

1.1　時代とともに発展し続けるUSB規格

　本章ではUSBの歴史を，通信プロトコル，電源およびコネクタの3つの切り口に分けて，それぞれの変遷を年表としてまとめました（**図1.1**）．

　USB 1.0から3.1までは，通信プロトコルと電源，コネクタの3つを含んだUSB規格が中心にあり，Micro-USBのコネクタ規格やバッテリ・チャージングの電源規格などがそれに付随する形で存在していました．

　しかし，USB Type-C規格の登場により，その構図が大きく変わります．今までの切り口では単なるコネクタ規格に過ぎなかったUSB Type-Cが，むしろ規格の中心になったかのような様相となりました（**写真1.1**）．USB Type-Cにより今までにない機能を実現できるようになり，その機能を生かす形でUSB 3.2の2レーン動作やPower DeliveryのAlternate Modeなどが生まれました．

　そして，この流れはさらに加速しUSB4へと続いていきます．

写真1.1
USB Type-Cはコネクタのことだけど，規格ではコネクタだけではなく，USBの新しい機能も定義されている

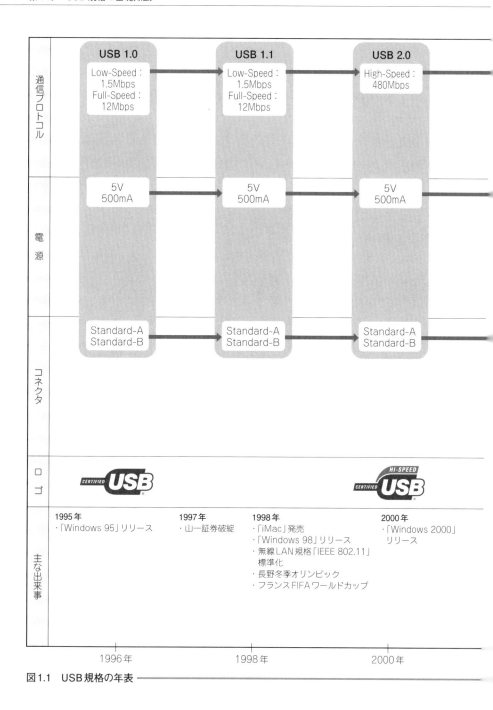

図1.1 USB 規格の年表

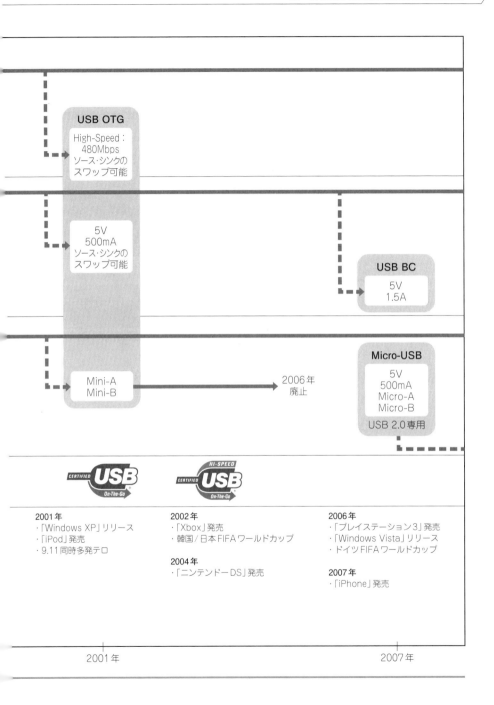

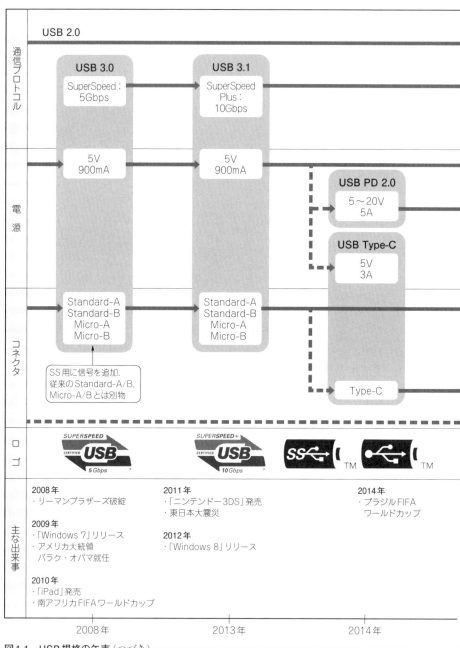

図1.1　USB規格の年表（つづき）

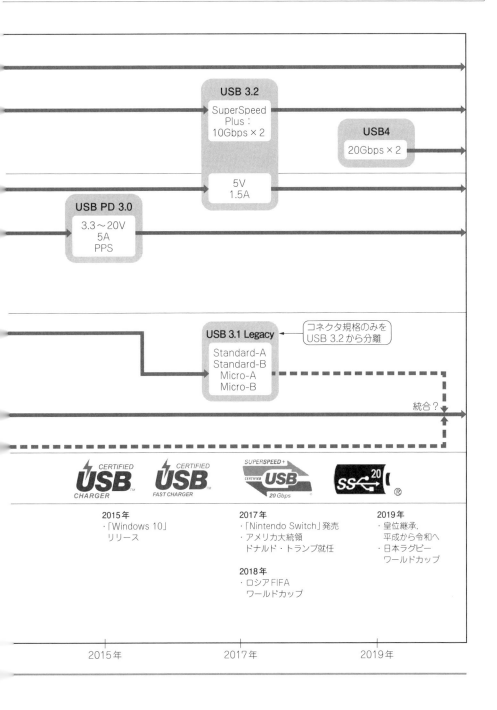

表1.1　USBコネクター覧表

USB Type-C規格	Micro-USBケーブル・コネクタ規格	USB OTG規格
プラグ	Micro-B　プラグ	Mini-B　プラグ
レセプタクル	Micro-B　レセプタクル	Mini-B　レセプタクル
USB 3.2 レガシーケーブル&コネクタ規格		
Standard-A　プラグ	Standard-B　プラグ	Micro-B　プラグ
Standard-A　レセプタクル	Standard-B　レセプタクル	Micro-B　レセプタクル

コラム 1.A 一般ユーザと開発者で分けられたUSBの名称

USBには版数だけでなく，HS（High-Speed）やSS（SuperSpeed）などといった呼び名もあります．規格の版数だけでは分かりづらいから導入されたのですが，細かく頻繁に版数のアップデートが起きる状況ではあまり機能しているとはいえません．USB 3.1で導入されたSuperSpeed PlusやEnhanced SuperSpeedといった名称は，特にその傾向が強いといえるでしょう．

そこで，SuperSpeed以降の名称を整理することになりました．Gen1とか2レーンなどの技術的な詳細には立ち入らず，トータルのスループットでのみ区別をして，その数字が大きいものは小さいものに比べて転送性能が高いだけでなく，機能的にも包含するようにするという考え方に基づいて整理されました．USB 3.2のデバイスは次の3つのカテゴリに分けられます．

- SuperSpeed USB 5Gbps：USB 3.0相当の5Gbpsまでサポート，つまりGen1×1
- SuperSpeed USB 10Gbps：USB 3.1相当の10Gbpsまでサポート，
  つまりGen2×1およびGen1×1
- SuperSpeed USB 20Gbps：USB 3.2のフルサポート，
  つまりGen2×2，Gen2×1，Gen1×2およびGen1×1

10GbpsはGen1×2でも実現できますが，それはSuperSpeed USB 10Gbpsとは呼ばれないことに注意してください．Gen1×1を包含しているので問題ないように思えますが，SuperSpeed USB 10Gbpsからは除外されています．これは，Gen1×2とGen2×1を接続したときにはGen1×1（5Gbps）でしか接続できないからです．もしGen1×2もSuperSpeed USB 10Gbpsといってしまうと，10Gbpsの製品同士なのに10Gbpsで通信できない状況が起きるため，それを避けるための処置になります．

今後はエンドユーザ向けにはSuperSpeed USBやSuperSpeed USB 10Gbpsあるいは20Gbpsといった名称だけを用いて，Gen1やGen2×2などは使わなくなります．ただし，それはエンドユーザ向けに限定した話で，開発者向けにはGen1やGen2×2という呼び方は今後も使われます．もちろん，本書籍は開発者向けなので，Gen1やGen2×2という呼び方を随所で使っています．

1.2　通信プロトコル／コネクタ／電源の規格

● USB 1.0／1.1規格（1996年〜）

Universal Serial Bus Specification

Revision 1.0　1996年1月

Revision 1.1　1998年9月

USB 1.0は1996年1月に発行されました．1.5Mbps（Low-Speed）と12Mbps（Full-Speed）の転送速度をサポートし，PS/2ポートのような低速のもの，そしてパラレル・ポートやシリアル・ポートのような中速なインターフェースを置き換えることを目的としていました．

しかし，その目的はあまり達成できたとはいえませんでした．当時はOS（Operating System）側のUSBサポートが十分ではなく，そのため従来のインターフェースよりも簡単に使えるとはいえなかったことが原因の1つとして考えられます．

その後，Windows 98やWindows 2000といったOSで，USBが標準的にサポートされるようになりました．さらにApple社から1998年に発売され一大ブームとなったiMacが，外部インターフェースとしてUSBのみをサポートしたため，USB対応のデバイスが一気に増えていきました．

● デバイス・クラス規格（1996年〜）

USB規格の本体ではデバイスを抽象化したものとして扱い，抽象化された動作をフレームワークとして定義しています．しかし，それでは個々のデバイスに特化した制御の全てをデバイス開発者が実装することになります．そのため，デバイスの種別ごとにカテゴリ分けを行い，各カテゴリで共通する制御を定義しています．これは，USB規格を補完する仕様で，デバイス・クラスと呼ばれます．

USB 1.xが規格化された当時は，次の5つのデバイス・クラスが定義されていました．

- Audio Device Class
- Communication Device Class
- Display Device Class
- HID（Human Interface Device）Class
- Mass Storage Device Class

その後，デバイス・クラスの定義は増えて，現在では上記に加えて，次のよう

なクラスも定義されています.

- Audio Visual Device Class
- Billboard Device Class
- Debug Device Class
- Imaging Device Class
- IrDA Bridge Device Class
- Monitor Device Class
- Personal Healthcare Device Class
- PID (Physical Interface Device) Class
- Power Device Class
- Printer Device Class
- Smartcard Device Class
- Test & Measurement Device Class
- USB Type-C Bridge Device Class
- Video Device Class

● USB 2.0規格 (2000年〜)

Universal Serial Bus Specification
Revision 2.0　2000年4月

USB 1.xでは最大転送速度が12Mbpsであったため,高速なデータ転送を必要とするデバイスのインターフェースとしては不十分でした. USB 2.0が2000年4月に発行され,転送速度の改善が行われました. 480Mbps (High-Speed) の転送速度が追加され,低速から高速までサポート可能となりました. さらにライバルであったIEEE 1394を推進していたApple社もUSBへ軸足を移すことになり,パソコンの外部I/O用のインターフェースとして,USBが文字通りユニバーサルなバスとなりました.

転送速度以外のフレームワークやケーブル,コネクタはUSB 1.xから変更はなく,同じものがそのまま使用可能となっています.

● USB OTG規格 (2001年〜)

On-The-Go Supplement to the USB 2.0 Specification
Revision 1.0　2001年12月
Revision 1.3　2006年12月

On-The-Go and Embedded Host Supplement to the USB Revision 2.0 Specification

Revision 2.0 Version1.0　2009年5月

Revision 2.0 Version1.1　2012年4月

Revision 2.0 Version1.1a　2012年7月

携帯電話やスマートフォン（以下，スマホ）などにUSBを搭載するときに，次のような要求がありました．

- パソコンと接続した場合はパソコンがホストで，スマホがマスストレージなどのデバイスとして動作する
- スマホにマウスやキーボードをつなげた場合は，スマホがホストとして動作する

さらに，機器の大きさの制約や使い勝手の観点から，1つのUSBコネクタでそれらを実現する必要がありました．

そのため，1つのUSBコネクタがホストとしてもデバイスとしても動作できるような規格として，USB OTG（On-The-Go）が定義されました．USB OTGではMini-USBケーブル・コネクタと呼ばれる新しいケーブル・コネクタも定義しました．ID端子という新しい端子を追加し，IDがLowならばホストとして動作し，Highならばデバイスとして動作します．

このコネクタの追加により，従来のUSBコネクタは，Standard-AやStandard-Bと呼ばれるようになりました．

OTG規格がRevision 2.0になった時に，1つのコネクタでホストとデバイスとを切り替えるのではなく，ホストの場合はType-A（Standard-A，Micro-AB）コネクタを使い，デバイスの場合はType-B（Standard-B，Micro-B）コネクタを使うEmbedded Hostというものが追加されました．それにより規格の名称も「On-The-Go Supplement to the USB 2.0 Specification」から「On-The-Go and Embedded Host Supplement to the USB Revision 2.0 Specification」に変更されました．

● Micro-USBケーブル・コネクタ規格（2007年～）

Universal Serial Bus Micro-USB Cables and Connectors Specification

Revision 1.0　2007年1月

Revision 1.01　2007年4月

携帯電話・スマートフォンなどの小型化・薄型化に伴い，Mini-USBコネクタでも大きすぎるようになったため，さらに小型・薄型のコネクタとしてMicro-

USBケーブル・コネクタ仕様が作られました.

Micro-USBの規格が発表された4カ月後の2007年5月にMini-USBケーブル・コネクタ規格は廃止となることが発表され, Mini-USBケーブル・コネクタ規格は削除されました(実際にはUSB OTG 1.3規格が先に削除されている). しかし市場ではしばらくMini-USBのケーブル・コネクタが併存し, 2019年現在でもMicro-USBへ完全に移行したとは言いにくい状況です.

● USB 3.0規格(2008年〜)

Universal Serial Bus 3.0 Specification

Revision 1.0 2008年11月

デバイスのさらなる高速化, 高機能化に対応するために, USB 3.0では最大転送速度が5GbpsのSuperSpeedが追加されました. USB 2.0のHigh-Speedでの高速化とは違い, SuperSpeedでは従来のケーブル・コネクタをそのまま使うことができなかったため, SuperSpeed対応の新しい信号端子を定義しました. 従来のUSB用端子とSuperSpeed用信号端子の両方を含む, 新しい仕様のStandard-A, Standard-B, Micro-AB, Micro-Bのコネクタ, およびそれぞれに対応したケーブルも合わせて定義しています.

また, 5Gbps動作により消費電力が増えることを考慮して, VBUS(電源供給のための端子)の供給電力を5V, 500mAから5V, 900mAへ増やしています.

なお, USB 2.0仕様とUSB 3.0仕様は併存しています. これはUSB 2.0のみに対応したホストやデバイスを作ることが可能なためです. その際はUSB 2.0の仕様書だけを参照すればよいようになっています. しかし, USB 3.0に対応したホストやデバイスを作る際は, USB 2.0とUSB 3.0の両方の仕様書を参照する必要があります.

● USB 3.1 規格(2013年〜)

Universal Serial Bus 3.1 Specification

Revision 1.0 2013年7月

さらに高速なデバイスに対応するために, SuperSpeedの速度を最大10Gbpsに高速化しました. USB 2.0仕様は併存していますが, USB 3.0仕様はUSB 3.1仕様に統合され, 従来の5GbpsはUSB 3.1 Gen1, 新しい10GbpsはUSB 3.1 Gen2と呼ぶようになります.

ケーブル・コネクタやVBUSの供給電力の仕様に変更はありません.

● USB 3.2規格（2017年～）

Universal Serial Bus 3.2 Specification

Revision 1.0　2017年9月

さらに高速なデバイスに対応するために，USB 3.2ではUSB Type-Cケーブル・コネクタでSuperSpeedの通信経路が2組あるものを束ねて，転送速度を最大20Gbpsに高速化しました．USB 3.1のときと同様に，USB 2.0仕様とは併存しますが，USB 3.1仕様はUSB 3.2仕様へ統合されました．従来の1レーンだけを使った通信は，5GbpsのものはUSB 3.2 Gen1 × 1，10GbpsのものはUSB 3.2 Gen2 × 1と呼ばれ，新しく2レーン使った通信は，それぞれUSB 3.2 Gen1 × 2，およびUSB 3.2 Gen2 × 2と呼ばれます．

2レーン動作の時には消費電力が増えることを考慮して，VBUSの供給電力を5V，900mAから5V，1.5Aへ増やしています．ただし，1レーン動作の場合は，USB 3.1と同様に5V，900mAまでとなります．

● USB 3.1 レガシーケーブル＆コネクタ規格（2017年～）

USB 3.1 Legacy Cables and Connectors Specification

Revision 1.0　2017年9月

USB 3.2仕様を作る際に，USB 3.0で定義したStandard-A，Standard-B，Micro-AB，Micro-Bのコネクタ，およびそれぞれに対応したケーブルの仕様を別の仕様書として独立させました．

USB 3.2の2レーン動作をするためにはUSB Type-Cケーブル・コネクタが必要なのに，2レーン動作のできないType-AやType-BがUSB 3.2の仕様書に記載されていると混乱を招くことを懸念したためです．

● USB4規格（2019年～）

USB4 Specification

Version 1.0　2019年8月

2019年8月にUSB4規格がUSB-IFから公開されました．USB4の特徴は次のとおりです．

- 名称は "USB4"，USBと4との間にスペースはない
- Thunderbolt3をベースにし，最大40Gbpsの転送速度に対応する
- コネクタはUSB Type-Cのみに対応する
- 全てのUSB4ホスト，ハブ，デバイスはUSB Power Deliveryに対応する

- USB 2.0，3.2およびThunderbolt 3は互換性がある．ただし，Thunderbolt 3との互換はオプション
- トンネリングによりUSB，DisplayPortおよびPCI Expressを混在して転送できる
- そのため，各プロトコル間で最適なバンド幅の割り当てができる
- ホストのDFP（Downstream Facing Port）だけでなくハブのDFPもDisplay Port Alternate Modeに対応する

1.3 電源の規格

● USB規格の供給電圧の変化

少し時代を遡って，今度はUSBの電源回路としての歴史を振り返ってみましょう．

USBは1.0の時から電源ケーブルとしての側面も持ち，1つのケーブルで通信経路と電源供給が同時に行えます．電源供給はVBUSと呼ばれる端子により行われ，USB 1.0からUSB 2.0までは5V，500mAが供給されます．USB 3.0では，高速動作に対応するため5V，900mAに拡張されました．USB 3.1ではそのまま据え置かれたのですが，USB 3.2では2レーン動作に対応するために5V，1.5Aに拡張されました．

● バッテリ・チャージング規格（2007年～）

Battery Charging Specification

    Revision 1.0　2007年3月

    Revision 1.1　2009年4月

    Revision 1.2　2010年10月

    Revision 1.2 + errata　2012年3月

携帯電話やスマートフォンでUSBを使うようになると，当然のようにVBUSを使って充電を行うようになりました．そしてスマートフォンの機能向上によりバッテリが大容量化し，5V，500mAでは足りなくなるのに時間はかかりませんでした．VBUSの供給電力を増やせるようにしたものが，バッテリ・チャージング（BC）規格です．

バッテリ・チャージングでは，VBUSの供給電力を最大5V，1.5Aまで拡大しました．また，どのソースがバッテリ・チャージングに対応しているかを識別するためのプロトコルも定義されています．これはUSB 2.0のD＋/D－を使って行

われ，デバイス接続直後の USB 通信を始める前に行われます．

● USB Power Delivery 規格（2012 年〜）

Universal Serial Bus Power Delivery Specification

Revision 1.0 Version1.0　2012 年 7 月

Revision 2.0 Version1.0　2014 年 8 月

Revision 3.0 Version1.0　2015 年 12 月

Revision 3.0 Version1.1　2017 年 1 月

Revision 3.0 Version1.2　2018 年 6 月

Revision 3.0 Version2.0　2019 年 8 月

　スマートフォンなどのさらなる電力要求やノートパソコンやタブレットなどの充電も可能とするために，Power Delivery では VBUS の電圧も変えられるようにして，最大 20V，5A の 100W までの電力を供給可能としました．使用する VBUS の電圧・電流の値は，ソースとシンクとの間で Power Delivery 規格により新しく定義された通信を使って決定します．

　この通信は，USB の High-Speed や SuperSpeed とは別の通信で，USB Type-C コネクタで追加された CC1/CC2 の信号ラインを使って，300kbps の通信速度で行われます．また，この通信では VBUS 電圧・電流の制御だけでなく，Alternate Mode の制御も行います．

1.4　コネクタ / ケーブルの規格

　最後に，本書の主題である USB Type-C になります．コネクタとケーブルの規格ですが，USB Type-C を使用したシステムを構築するためには，上に記した規格の理解が欠かせません．

● USB Type-C ケーブル・コネクタ規格（2014 年〜）

Universal Serial Bus Type-C Cable and Connector Specification

Release 1.0　2014 年 8 月

Release 1.1　2015 年 4 月

Release 1.2　2016 年 3 月

Release 1.3　2017 年 7 月

Release 1.4　2019 年 3 月

Release 2.0　2019年8月

プラグの裏表どちらでもコネクタに挿入できるようにするためのケーブル・コネクタ規格が，USB Type-Cケーブル・コネクタ仕様です．しかし単なるケーブル・コネクタ規格にとどまらず，従来のUSBの使用方法を大きく変える仕様も含んだものとなっています．

従来のUSBでは，ホストのコネクタはType-A，デバイスのコネクタはType-Bと別々のコネクタを使っていましたが，USB Type-Cではホスト，デバイス共にType-Cコネクタを使います．ホストなのかデバイスなのかの判別はOTGのIDのように，USB Type-Cでコネクタに追加されたCC1およびCC2端子がプルアップされている（ホストの場合）か，プルダウンされている（デバイスの場合）かで行います．また，OTGのホストにもデバイスにもなれる機能を実現するために，プルアップとプルダウンとを周期的に切り替える動作も定義されています．

さらに，USBのケーブル・コネクタをUSB以外の通信でも使用可能にするAlternate Modeも定義されました．これによりDisplayPort，HDMI（High-Definition Multimedia Interface），Thunderboltなどの通信をUSB Type-Cのケーブル・コネクタによって行うことが可能となりました．なお，Alternate Modeの具体的な制御方法は，USB Type-CではなくPower Deliveryの規格で定義されます．

のざき・はじめ

ルネサス エレクトロニクス (株)

コラム 1.B　Revision, Version, Generation の違い

　USBには，Revisionとか Versionとか Generationといった，似たような概念の単語が飛び交っています．しかも，ある程度は統一されて使われているのですが，全ての仕様書に渡って使われている統一的なルールはないようです．ですから，この仕様書ではこのように使われているというのを仕様書ごとに受け入れるしかなさそうです．そこで，いくつかの仕様書をピックアップして，これらの単語がどのように使われているのかを説明します．

● Revision が使われている箇所

　まず始めは USB 2.0です．この仕様の正式名称は，Universal Serial Bus Specification, Revision 2.0です．USB仕様では Revisionが使われています．そして，USB規格の最新版がこの Revision 2.0になります．「えっ，3.2があるでしょ」と思われるかもしれませんが，実は USB 3.xは USB規格の Revision 3.xではないのです．

　USB 3.2の正式名称は，Univeral Serial Bus 3.2 Specification, Revision 1.0になります．そうです，USB 3.2という名前の規格の Revision 1.0なのです．同様に USB 3.0や USB 3.1も，USB 3.0や USB 3.1という名前の規格でした．「でした」と過去形なのは，今は USB 3.0という規格も USB 3.1という規格も存在しないためです．これらは USB 3.2規格に発展してなくなりました．USB 2.0が併存しているのとは事情が違います．

● Generation が使われている箇所

　USB 3.1ができたときに，Gen1や Gen2といった Generationという単語も使われるようになりました．これらは規格の Generationではなく，転送レートの Generationを表しています．つまり，5Gbpsが Gen1で，10Gpbsが Gen2です．

　USB 3.0のときには5Gbpsしかないので，Genxとかという呼び名はありませんでした．USB 3.1になって10Gbpsが追加されたときに，5Gbpsを Gen1と呼び，10Gbpsを Gen2と呼ぶことにしました．なお，USB 3.1では転送レートだけでなく，プロトコル仕様にも若干変更が入っているので，厳密に言うと，

　　USB 3.0 ≠ USB 3.1 Gen1

です．事実，USB 3.1が出た当初は，USB規格推進団体 USB-IFからは USB 3.0仕様

に基づいて設計された製品をUSB 3.1 Gen1と呼んではいけないとガイドされていました．しかし，細かい差異を気にしても仕方ないということで，途中からUSB 3.1 Gen1と呼んでも良いことになりました．そしてUSB 3.2が出たときに，次のようにそれぞれ呼び名が変わりました．

　USB 3.1 Gen1 → USB 3.2 Gen1

　USB 3.1 Gen2 → USB 3.2 Gen2

　ただし，USB 3.x Gen$y$，あるいは単にGen$y$という単語は，プロトコル層も含めた規格全体のことを指す場合もあるので，転送レートのことだけを指しているか，規格全体のことを指しているのかを文脈から判断する必要があります．またGen$y$という単語も，文脈からUSBのことだと明確な場合は良いのですが，そうでなければUSB 3.2 Gen2のようにUSBであることを明示する必要があります．例えば，PCI Expressにも Gen$x$という呼び名があるので，両方が出てくるような文脈ではどちらのことをいっているのかを明示しないといけません．しかも，PCI ExpressではGen1 = 2.5Gbps，Gen2 = 5Gbps，Gen3 = 8Gbps，Gen4 = 16Gbpsとビットレートの定義も違うのでなおさらです．

● Versionが使われている箇所

　そしてUSB4です．正式名称はUSB4 Specification, Version 1.0になります．なぜかRevisionでなくVersionに変わりました．なお，数字の4の部分も規格名称の一部で，しかもUSB4という空白なしの1つの単語です．今後規格のアップデートがあっても，USB 4.0やUSB 4.1などにはならないことも公表されています．

　最後にPower DeliveryとUSB Type-Cの例を挙げて，さらにカオスなことになっているのをお見せします．Power Delivery 3.0の正式名称は，Universal Serial Bus Power Delivery Specification, Revision 3.0, Version 2.0になります．なんとRevisionとVersionの両方が使われています．Revisionがバス・プロトコルの版数を表し，Versionがそのプロトコルに基づいた仕様書の版数を表しているそうです．そして，USB Type-Cの正式名称ですが，Universal Serial Bus Type-C Cable and Connector Specification, Release 2.0となります．なぜいきなりReleaseに!?

第1部

USB Type-C メカニズム

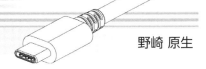

第 **2** 章

野崎 原生

USB Type-C システムの構成

USB Type-Cコネクタを使用するシステムを設計するにあたり，参照するべき規格は1つではありません．システム仕様に合わせて，各規格を相互に参照して設計する必要があります．

本章では，実現したいUSBシステムと規格との関係を説明します．

2.1 USB Type-Cの全体像

● USB Type-C規格はコネクタだけでなく新機能も規定

USB Type-Cといった場合，コネクタの裏表を区別することなく差し込めるコネクタやケーブルを思い浮かべる方が多いでしょう．しかし，USB Type-C規格はコネクタやケーブルだけでなく，電力供給機能（USB Power Delivery）や映像信号伝送機能（Alternate Mode）などのUSB Type-Cコネクタでなければ実現できない機能も規定されています（図2.1）．

● おさらい…従来のUSB規格

従来のUSB規格は，接続されたデバイスをパソコンなどのホストから使用するのが目的です．USB 2.0およびUSB 3.1までの規格は，ホストと各種デバイス

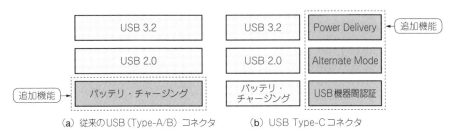

(a) 従来のUSB（Type-A/B）コネクタ　　(b) USB Type-Cコネクタ

図2.1　従来のUSB（Type-A/B）コネクタとUSB Type-Cコネクタの守備範囲
USB Type-Cでは，従来の通信や電源の機能に加えて，Power DeliveryとAlternate Mode，USB機器間認証の機能に対応した

との間の通信プロトコル，デバイスの接続・切断検出，そしてStandard-A/B，Micro-A/Bといったコネクタ・ケーブルの仕様を規定しています（USB 3.2規格ではコネクタの部分は分離され別の規格となっている）．

そして，その通信プロトコルの上に，アプリケーションとして各種Device Class，例えばキーボードやマウスなどの動作を規定したHID（Human Interface Device）Class，ハード・ディスクやCD/DVDなどの動作を規定したMass Storage Device Classなどが実装されます．ただし，これらのDevice Classは別の規格として規定されています．

なお，従来のコネクタのうちホスト側のコネクタであるStandard-AやMicro-Aを総称してType-Aと呼び，デバイス側のコネクタであるStandard-BやMicro-Bを総称してType-Bと呼びます．これはUSB 2.0のみ対応のコネクタでも，USB 2.0とUSB 3.2の両方に対応したコネクタでも同様です．従来はこれらの総称が用いられることはあまりなく，Standard-A/BやMicro-A/Bと呼ばれることがほとんどでしたが，USB Type-Cの登場によりType-A/Bという名前がよく使用されるようになりました．

● コネクタ規格としてのUSB Type-C

USBが普及するにつれて，コネクタ形状（Standard-A/B，Micro-A/Bなど）が複数あり，しかもプラグの形状が表か裏か分かりにくく挿し込みにくいといった声が聞かれるようになりました．そこで，コネクタ形状を1種類に統一し，プラグの表裏の区別をなくし，しかも従来のMicroコネクタ並みの小ささを実現した新しいコネクタ規格として，USB Type-Cが登場しました．

USB Type-C規格は，コネクタ・ケーブルと接続・切断検出の仕様だけを規定して，通信プロトコルは規定していません．また，USB Type-Cのコネクタ・ケーブルを通る通信プロトコルはUSBだけに限定されず，ThunderboltやDisplayPortなどのプロトコルも流すことができます．これは従来の規格とは大きく異なるところです．

USB Type-Cコネクタをもつシステムを設計する際に関係する規格を，**図2.2**に示します．

● 機能1…より多くの電力を供給できるPower Delivery

USB 2.0が供給できる電力は5V，500mAまででした．USB 3.2のType-Aコネクタでは5V，900mAまで，USB Type-C規格では5V，3Aまでの電力が供給で

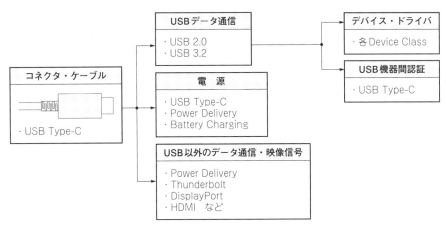

図2.2 USB Type-Cコネクタを使用したときに関わってくる各種規格

きます．しかし，これではスマートフォンや消費電力の少ない周辺機器しか使用できません．より大きな最大20V，5Aまでの電力を供給可能にするために，Power Delivery規格が規格化されました．Power Delivery規格ではコネクタ・ケーブルは規定せず，現在はUSB Type-C規格に依存するかたちになっています．

実はPower Delivery 2.0規格では，Standard-A/BやMicro-A/Bを一部変更したコネクタを使用するBFSK（Binary Frequency Shift Keying）方式がありました．しかし，Power Delivery 3.0規格でBFSK方式は廃止され，BMC（Biphase Mark Coding）方式のみとなり，使用するコネクタもUSB Type-Cだけになりました．

また，Power Delivery規格で規定されている通信は，デバイスの機能そのものを使うためのものではなく，ホスト・デバイス間のVBUS電源の電圧値と電流値，そして受給電の方向を制御することが目的となっています．

● 機能2…映像信号も流せるAlternate Mode

スマートフォンなどの小型機器では，コネクタ実装スペースの関係などから，1つのコネクタで多くの機能が実現できると非常に便利です．USB Type-C規格ではこれらの要求を取り込み，スマートフォンとパソコンを接続するときはUSBとして，スマートフォンと外部ディスプレイを接続するときは映像出力コネクタとして機能する，Alternate Modeが規格化されました．

Alternate ModeはDisplayPortやHDMIの映像信号だけでなく，Thunderbolt

などの信号にも対応しています.

　USB Mode から Alternate Mode に入る,もしくは Alternate Mode から抜けて USB Mode に戻るときの制御は,Power Delivery 規格による通信で行われます.

● 機能 3…事故／侵入を防止する USB 機器間認証

　昨今の USB が抱える問題点についても対応しています.

　例えば,通常の USB フラッシュメモリ・ドライブの中身を書き換え,それを挿したパソコンにバックドアを仕掛けてネットワークから侵入できるようにする,いわゆるバッド USB(BadUSB)と呼ばれるデバイスの存在です.

　また,VBUS で使用できる電力が増えたことにより,粗悪なケーブルやデバイスを使った場合に発煙・発火という事故が起こりやすくなり,また実際に起きた場合の被害も大きくなってきています.

　これらの問題に対応するために,USB Type-C 規格では,USB 機器間認証(USB Authentication)という機能が盛り込まれました.これは,接続しているデバイスやケーブルが X という会社の作った Y という製品であるということを,間違いなく識別できるようにするためのものです.これにより,自分が信頼できるデバイス・ケーブルだけをつながるようにしたり,信頼できないデバイス・ケーブルの場合は機能を制限したりといったことができるようになります.

2.2　USB Type-C のシステム事例

　USB Type-C が使用されている代表的なシステムをいくつか取り上げて,それらのシステムの設計に関わる規格を示します(**表2.1**).

● システム例 1　パソコン

▶ Type-A コネクタを使用する場合

　[転送速度:最大 10Gbps,供給電力:4.5W(5V,900mA)まで]

　USB Type-C コネクタを持つシステムと比較するために,Type-A コネクタのみを持つシステムを示します.デスクトップ・パソコンや USB Type-C 登場以前のノート・パソコンのシステム事例になります(**写真2.1**).

　コネクタが Type-A で SuperSpeed(転送速度 10Gbps)の信号は 1 組なので,USB 3.2 の 1 レーン動作までの対応になります.1 レーン動作なので,VBUS へは 5V,900mA まで供給できれば,USB 3.2 規格を満たせます.また後方互換のため,

表2.1　各システムで必要なUSB関連の規格
●：規格のほぼすべてが必要，▲：規格の一部のみで十分，—：なくてもよい

実現したいシステム構成			必要な規格				
			USB 2.0	USB 3.2	USB Type-C	Power Delivery	その他
パソコン		・Type-Aコネクタ ・転送速度：10Gbps ・供給電力：4.5W以下	●	●	—	—	—
		・Type-Cコネクタ ・転送速度：10Gbps ・供給電力：15W以下	●	●	●	—	・UCSI
		・Type-Cコネクタ ・転送速度：10Gbps ・供給電力：15W以上	●	●	●	●	・UCSI
		・Type-Cコネクタ ・転送速度：10Gbps ・Alternate Mode	●	●	●	●	・UCSI ・DisplayPort ・Thunderbolt
スマートフォン		・Type-Cコネクタ ・充電電力：15W以下	●	—	●	—	・Battery Charging
		・Type-Cコネクタ ・充電電力：15W以上	●	—	●	●	・Battery Charging
		・Type-Cコネクタ ・充電電力：15W以上 ・Alternate Mode	●	—	●	●	・Battery Charging ・DisplayPort
ディスプレイ		・Type-Cコネクタ ・転送速度：10Gbps ・Alternate Mode	●	—/● （USB接続のディスプレイとして動作する場合は必要）	●	●	・DisplayPort ・Thunderbolt ・Billboard Device Class
Hub／ドッキングステーション・		・Type-Cコネクタ ・転送速度：10Gbps ・Alternate Mode	●	●	●	●	・DisplayPort ・Thunderbolt ・Billboard Device Class
モバイルバッテリ・		・Type-Cコネクタ ・供給電力：15W以下	—	—	●	—	・Battery Charging
		・Type-Cコネクタ ・供給電力：15W以上	—	—	●	▲/●	・Battery Charging
ACアダプタ		・Type-Cコネクタ ・供給電力：15W以下	—	—	●	—	・Battery Charging
		・Type-Cコネクタ ・供給電力：15W以上	—	—	●	▲	・Battery Charging

35

写真2.1 **Type-Aコネクタのデスクトップ・パソコンの例**(Dell OptiPlex 3060)
デスクトップ・パソコンでは，現在でもType-Aコネクタを使用している製品が多い

写真2.2 **Alternate Mode対応のUSB Type-Cコネクタを持つノート・パソコンの例**(Suface Book 2)

通信としてはUSB 2.0にも対応する必要があります．

▶**USB Type-Cコネクタに対応する場合**

［転送速度：最大20Gbps，供給電力：15W(5V，3A)以下］

USB Type-Cコネクタは持つけれど，Alternate Modeには対応しないパソコンの場合です．最近のノート・パソコンのうち普及価格帯のものや企業向けのものが，このようなパソコンの代表例になります．

これらではUSB 2.0およびUSB 3.2の通信動作に加えて，コネクタの向きを気にせず差し込めるフリッパブルを実現するために，USB Type-C規格への対応が必要になります．

2019年10月現在では，USB 3.2の2レーン対応のものは発売されていませんが，USB Type-Cなので原理的には2レーン(20Gbps)まで対応できます．

USB Type-C規格に対応すれば5V，3Aまで受電や給電ができます．しかし，一般的なノートパソコンでは動作やバッテリの充電のために，それ以上の電力が必要となります．そして，外部電源をUSB Type-Cコネクタへ接続する場合は，15W(5V，3A)を超えるようなVBUSの受電のためにPower Delivery規格への対応も必要となります．また，OSからUSB Type-Cの制御を行えるようにするためには，UCSI(USB Type-C Connector System Software Interface)規格にも対応する必要があります．

▶供給電力15W以上に対応する場合

前述と同等のシステム構成で，15W (5V，3A) を超えるようなVBUSの給電機能を実現したい場合は，Power Delivery規格への対応が必要となります．また，OSからPower Deliveryの制御を行えるようにするためには，UCSI規格も必要です．

ただし，Alternate Modeには対応しないため，USB Type-C規格およびPower Delivery規格のAlternate Modeに関する部分に対応する必要はありません．

▶Alternate Modeに対応する場合

最新のノート・パソコンでは，このタイプのものが増えています（**写真2.2**）．

前述のシステム構成に加えてAlternate Modeにも対応するために，USB Type-CおよびPower DeliveryのAlternate Modeに関する規格も必要となります．Alternate Modeに関する規格はUSB Type-CとPower Deliveryの2つに分散されているため，両方の記載個所を交互に参照する必要があります．

さらにAlternate Modeに入った後の動作は，DisplayPortやThunderboltなどの規格で規定されているため，それらも参照する必要があります．

● システム例2　スマートフォン

▶充電電力15W (5V，3A) 以下の場合

ミドルからローエンドのスマートフォンが，このような構成の代表例になります．

充電に必要な電力が15W (5V，3A) 以下で，Alternate Modeにも対応しない場合はPower Delivery規格は必要ではなく，USB Type-C規格だけに対応すれば十分です．

スマートフォンの場合，通信もUSB 2.0規格で十分なことも多いため，USB 3.2規格には必ずしも対応する必要はありません．

従来の充電規格にも対応するために，Battery Charging規格に対応する必要があります．

▶充電電力15W以上に対応する場合

ハイエンドのスマートフォンが，このような機器の代表例になります（**写真2.3**）．

充電に必要な電力が15W以上，つまり5V，3A以上が必要な場合はPower Deliveryにも対応する必要があります．ただし，Alternate Modeには対応しないため，USB Type-CおよびPower DeliveryのAlternate Modeに関する規格は特に必要ありません．

写真 2.3　Power Delivery
対応のスマートフォンの例
（Xperia Ace）

（a）Samsung Galaxy
S8

（b）Dex Pad

写真 2.4　Alternate Mode 対応のスマートフォンの例

▶ Alternate Mode に対応する場合

　ハイエンドの中でもさらに高機能なスマートフォンあるいはタブレットが，こ
のような機器の代表例になります（**写真 2.4**）．前述の場合に加えて，Alternate Mode
にも対応するため USB Type-C および Power Delivery の Alternate Mode に関する
規格も必要となります．また，Alternate Mode 移行後の動作のために DisplayPort
などへの対応も必要です．原稿執筆時点（2019 年 10 月現在）では Thunderbolt に
対応しているものはありませんが，将来的には出てくるかもしれません．

● システム例 3　ディスプレイ

▶ USB Type-C コネクタで映像信号を受ける場合

　USB Type-C コネクタで映像信号を受けるためには，Alternate Mode に対応す
る必要があります．Alternate Mode に対応すれば，DisplayPort や Thunderbolt
などの信号を USB Type-C コネクタで受けられるようになります．

　Alternate Mode に対応したデバイスの場合，Alternate Mode 非対応のパソコ
ンのホスト・ポートに接続されたときや，ホスト・ポートが対応している
Alternate Mode とデバイスが必要とするものとが一致していないときに，それ
らを示すために Billboard Device Class にも対応する必要があります．そのため
の通信経路として少なくとも USB 2.0 に対応する必要がありますが，USB 3.2 は
特に必要ありません．

　あるいは Alternate Mode 非対応のポートに接続されたときに，USB 接続の

写真2.5
Hub/ドッキング・ステーション
の例（Dell Business Dock -
WD15）

ディスプレイとして動作することもできる場合は，USB 2.0とUSB 3.2の両方に
対応する必要があります（こちらの方法が推奨される）．

　Hub機能も持ったディスプレイの場合は，USBディスプレイ機能のありなし
に関わらず，USB 2.0およびUSB 3.2の対応が必要になります．

● システム例4　Hub/ドッキング・ステーション
▶パソコン・ホストに電力を供給もできるUSBデバイスの場合
　Hubやドッキング・ステーションの場合は，USB 2.0およびUSB 3.2の通信動
作が必要になります．また，アップストリーム・ポート，つまりパソコンとつな
がるポートがUSB Type-Cコネクタの場合は，一般的にHub/ドッキング・ステー
ションからパソコンに対して給電する機能も必要となり，そのためUSB Type-C
規格やPower Delivery規格が必要になります（**写真2.5**）．

　ドッキング・ステーションは，さらにディスプレイとインターフェースする機
能も必要になるため，DisplayPortやThunderboltのAlternate Modeにも対応す
る必要があります．その場合にBillboard Device Classなどへの対応が必要とな
るのはディスプレイの場合と同様です．

● システム例5　モバイル・バッテリ
▶15W以下の電力を供給する
　供給電力が15W以下，つまり5V，3A以下なのでUSB Type-C規格だけで十分
で，Power Deliveryは必要ありません．通信も必要ないため，USB 2.0やUSB 3.2
は不要です．しかし，従来のスマートフォンなどに対応するために，Battery
Charging規格に対応する必要があります．

写真2.6　Power Delivery 対応のモバイル・バッテリの例（RAVPower）

写真2.7 Power Delivery 対応のAC アダプタの例（ANKER PowerPort + 5 USB-C）

▶ 15W 以上の電力を供給する

　供給電力が15W以上，つまり5V，3A以上なのでUSB Type-C 規格だけでなく，Power Delivery規格にも対応する必要があります（**写真2.6**）．しかしUSB Type-Cポートは電力供給だけを行い，バッテリの充電は従来のMicro-Bポートを使うようなものの場合，Power Deliveryとしてはソース機能だけに対応すれば十分で，シンクやその他の機能はなくてもかまいません．USB 2.0やUSB 3.2は不要で，Battery Charging規格に対応する必要があるのは前項と同じです．

● システム例6　ACアダプタ
▶ より大きな電力（15W 以上）を供給する

　供給電力が15W以下のACアダプタも規格上はあり得ますが，現実的には考えづらいため，ここでは15W以上，つまり5V，3A以上のものを想定します（**写真2.7**）．この場合USB Type-C 規格だけでなく，Power Delivery規格にも対応する必要があります．しかし電力を供給するだけなので，Power Delivery規格としてはソース機能だけに対応すれば十分で，シンクやその他の機能は不要です．USB 2.0やUSB 3.2は不要で，Battery Charging規格に対応する必要があるのは前項と同じです．

のざき・はじめ

ルネサス エレクトロニクス（株）

野崎 原生

第 3 章

挿抜・裏表検出の
メカニズム

　本章ではUSB Type-C規格で定義されている，USB Type-Cコネクタの構造から挿抜・裏表検出のシーケンスについて詳しく解説します．また，第2章でも示したように，USB Type-C規格は他の規格からも参照されます．Power Deliveryを実現するために必要な規格部分についても解説します．

3.1　USB Type-C規格の定義範囲

　USB Type-C規格では，裏表を気にせずに挿せるコネクタの構造から，その挿抜シーケンスなどが規定されています．また，今までのUSB通信規格ではホストとデバイスでコネクタの形状が異なっていましたが，USB Type-C規格ではホストでもデバイスでも同じコネクタが使用されます．その仕組みと検出方法についても規定されています．

　さらに，第2章で説明したとおり，USB Type-C規格は単独で用いるだけではなく，他の規格と組み合わせて次の機能を実現することも含めて規定されています．

- ・機能1　USB 3.2の2レーン動作
- ・機能2　Power Delivery
- ・機能3　Alternate Mode
- ・機能4　USB機器間認証

　USB 3.2の2レーン動作は，USB 3.2規格とPower Delivery規格の両方を参照することにより実現できます．Power DeliveryとUSB機器間認証は，USB Type-C規格とPower Delivery規格の両方の参照で実現できます．Alternate Modeは，DisplayPortやThunderboltなどの規格と組み合わせて参照することで実現できます．

3.2 ポートの役割（ポート・ロール）

● おさらい…従来のUSB規格のポートの役割

　従来のUSB通信規格（USB 2.0，USB 3.2）でポートというと，コネクタに接続されたホスト，ハブ，デバイス間の通信を行う機能や回路を示します．そして，各ポートの役割（ポート・ロール）は固定されていて，その組み合わせが動的に変化することはありませんでした（**図3.1**）．また，ホストとデバイスでコネクタの形状が異なっていたため，その形状によりポートを見分けられました．そのため，下記の認識で十分でした．

- ホストのポート

  ［Type-Aコネクタ，ソース，DFP（Downstream Facing Port）］
- デバイスのポート

  ［Type-Bコネクタ，シンク，UFP（Upstream Facing Port）］
- ハブのダウン・ポート（Type-Aコネクタ，ソース，DFP）
- ハブのアップ・ポート（Type-Bコネクタ，シンク，UFP）

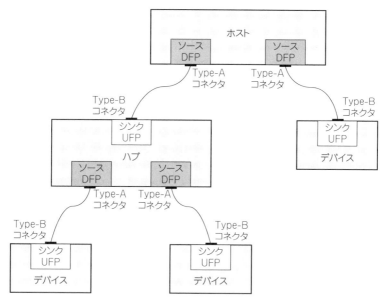

図3.1　従来のUSBにおけるホスト，ハブ，デバイスのポート・ロール
各ポートの役割が固定されていて分かりやすかった

● USB Type-C規格でのポートの役割

　USB Type-C規格のポート・ロールは，データ通信と電源に分けて定義されます．ポートの役割を**図3.2**に示します．この定義はPower Deliveryでも同じです．
- 電源としての役割（パワー・ロール，詳細は第6章を参照）
- データ通信における役割（データ・ロール）

　パワー・ロールには次の2種類があります．
- ソース（電源の供給側）
- シンク（電源の受電側）

　また，電源供給側から受電側へ，または受電側から供給側へ切り替えができるDRP（Dual Role Power）というものもあります．
　データ・ロールには次の2種類があります．
- DFP（データ通信の主となる側）
- UFP（データ通信の従となる側）

　これもパワー・ロールと同じように，DFPからUFPへ，またはUFPからDFPへ切り替えができるDRD（Dual Role Data）があります．
　なお，USB Type-C規格では，パワー・ロールとデータ・ロールの組み合わせに制限があり，ソースは常にDFPであり，シンクは常にUFPでないといけません．パワー・ロールが変わるときにはデータ・ロールもそれに連動して変わります．Power Delivery規格を適用する場合はこの制限はなくなり，パワー・ロールとデータ・ロールは任意の組み合わせが可能です．

● ポートの役割が違ってもコネクタは同じ

　USB Type-C規格ではコネクタは1種類です．ホストやデバイス，ハブのアッププポート，ハブのダウンポートの全てが物理的にはまったく同じ形状のコネクタ

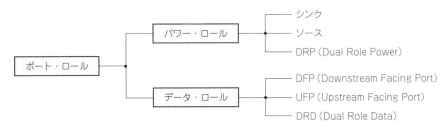

図3.2　USB Type-Cのポート・ロール
ポートは電源と通信の2つの役割を持つ

を使用します．つまり，ソースでもシンクでも同じコネクタを使用します．しかも DRP や DRD のようにロールを変えられるものもあるため，あるポートが何のロールなのかを意識する必要があります（**表3.1**, **図3.3**）．

　上記でコネクタが物理的には同じといったのは，電気的には違いがあるからです．その電気的な違いによりポートの役割を見分けます．CC1 および CC2 という信号をプルアップしているポートであればソースかつ DFP で，プルダウンしているポートであればシンクかつ UFP です（詳細は後節で解説）．

表3.1　各規格とポート・ロールおよびレセプタクルの組み合わせ

	従来のUSB規格		USB Type-C規格		Power Delivery規格			
パワー・ロール	ソース	シンク	ソース	シンク	ソース		シンク	
データ・ロール	DFP	UFP	DFP	UFP	DFP	UFP	DFP	UFP
レセプタクル	Type-A	Type-B	Type-C		Type-C			

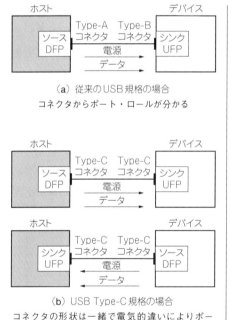

（a）従来のUSB規格の場合
コネクタからポート・ロールが分かる

（b）USB Type-C規格の場合
コネクタの形状は一緒で電気的違いによりポート・ロールを見分ける．ホストおよびデバイスは DFP にも UFP にもなる．ソースと DFP，シンクと UFP の組み合わせは変わらない

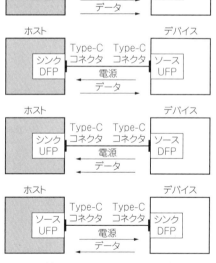

（c）Power Delivery規格の場合
ソース/シンクと DFP/UFP の組み合わせも変更できる

図3.3　各規格とポート・ロールの関係

● USBの機能とポートの役割が一致しない場合もある

　さらにもう1つ，従来のUSB通信規格とは異なる部分があります．それは
USB Type-CおよびPower Delivery規格では，DFPやUFPがUSBの機能（ホス
ト，デバイス）と必ずしもリンクしないということです．

　従来は，次のようにいえました．

- 「ホストやハブのダウンポート」ならば「DFP」
- 「DFP」ならば「ホストやハブのダウンポート」
- 「デバイスやハブのアップポート」ならば「UFP」
- 「UFP」ならば「デバイスやハブのアップポート」

しかし，USB Type-CおよびPower Delivery規格では，

- 「ホストやハブのダウンポート」ならば「DFP」
- 「デバイスやハブのアップポート」ならば「UFP」

は依然として正しいのですが，

- 「DFP」ならば「ホストやハブのダウンポート」
- 「UFP」ならば「デバイスまたはハブのアップポート」

は常に成り立つわけではなくなりました．

　つまり，

- DFPだけどUSB通信を行えず，ホストでもハブのダウンポートでもない
- UFPだけどUSB通信を行えず，デバイスでもハブのアップポートでもない

ということがあり得ます．

　例えばUSB Type-CのUSB充電器をパソコンのUSB Type-Cポートに接続し
ている場合，充電器はDFPかつソースで，パソコンはUFPかつシンクとなりま
す．しかし，充電器はホストでもハブのダウンポートでもないですし，パソコン
のUSB Type-Cポートは一般的にはデバイスでもハブのアップポートでもないで
す（図3.4）．

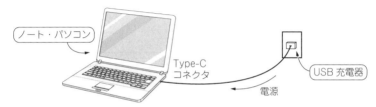

図3.4　USBの機能とポートの役割が一致しない例
USB Type-Cで電源を供給しているが，USBのホストとデバイスの関係ではない

● コネクタ内の信号配置

　USB Type-Cの信号名を**表3.2**に示します．SuperSpeed USBを伝送するための差動信号，下位互換性を保つためのUSB 2.0の送受信信号，コンフィグレーション用の信号，電源を受供給するための信号，Alternate Modeを使用するための信号が割り当てられています．

　これらの信号は，レセプタクルおよびプラグに**図3.5**のように配置されています．USB Type-Cコネクタの構造や電気的特性の詳細は第4章と第5章をご覧ください．

表3.2　USB Type-Cの信号名

信号のグループ名	信号名	説　明
USB 3.2	TX1+，TX1− RX1+，RX1− TX2+，TX2− RX2+，RX2−	SuperSpeedの送信信号ペアおよび受信信号ペア．フリップを可能とするため2組持つ
USB 2.0	D1+，D1− D2+，D2−	USB 2.0の送受信信号ペア．フリップを可能とするため2組持つ
コンフィグレーション	CC1, CC2（レセプタクル） CC（プラグ）	挿抜検出，プラグの向きの検出，Power Deliveryの通信に用いられる
電源	VBUS	USBデバイス（シンク）への電源
	VCONN（プラグ）	USBケーブルへの電源
	GND	グラウンド
その他	SBU1, SBU2	Alternate Modeで使用される．USB通信では未使用

	A1	A2	A3	A4	A5	A6	A7	A8	A9	A10	A11	A12
	GND	TX1+	TX1−	VBUS	CC1	D1+	D1−	SBU1	VBUS	RX2−	RX2+	GND
	GND	RX1+	RX1−	VBUS	SBU2	D2−	D2+	CC2	VBUS	TX2−	TX2+	GND
	B12	B11	B10	B9	B8	B7	B6	B5	B4	B3	B2	B1

（a）レセプタクル

	A1	A2	A3	A4	A5	A6	A7	A8	A9	A10	A11	A12
	GND	TX1+	TX1−	VBUS	CC	D+	D−	SBU1	VBUS	RX2−	RX2+	GND
	GND	RX1+	RX1−	VBUS	SBU2	N.C.	N.C.	VCONN	VBUS	TX2−	TX2+	GND
	B12	B11	B10	B9	B8	B7	B6	B5	B4	B3	B2	B1

（b）プラグ

図3.5　USB Type-Cの端子配置

● 裏表を気にせずにコネクタを挿すための仕組み

レセプタクルでは，TX1＋とTX1－，RX1＋とRX1－のようにサフィックスが1となっている信号と，TX2＋とTX2－，RX2＋とRX2－のようにサフィックスが2となっている信号が点対称に並んでいます．プラグもサフィックス1の信号とサフィックス2の信号とがほぼ同様に点対称に並んでいます．これによりプラグを表向きに差した場合はサフィックスが同じ信号同士が接続し（**図3.6**），プラグを裏向きに挿した場合はプラグのサフィックス1の信号がレセプタクルのサフィックス2の信号と，プラグのサフィックス2の信号がレセプタクルのサフィックス1の信号と接続します（**図3.7**）．

なお，プラグは完全な点対称ではなく，CC信号はA5にしかなく，点対称の位置のB5にはVCONNが配置されています．プラグにはCC信号が1つしかないのがポイントで，これがレセプタクルのCC1と接続するかCC2と接続するかでプラグの向きを検出します．

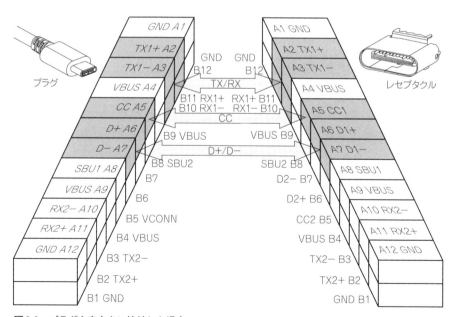

図3.6 プラグを表向きに接続した場合
プラグのCCピンがレセプタクルのCC1と接続して表向きを検出

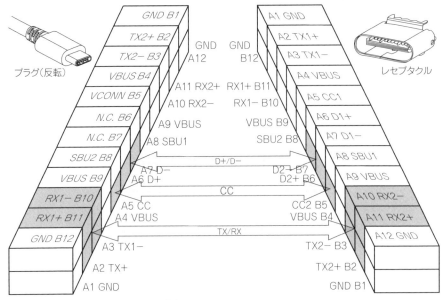

図3.7　プラグを裏向きに接続した場合
プラグのCCピンがレセプタクルのCC2と接続して裏向きを検出

3.4　挿抜検出および裏表の検出方法

● 挿抜の検出方法

　ソース側のレセプタクルはCC1およびCC2の信号にプルアップ抵抗Rpがあり，シンク側のレセプタクルにはCC1およびCC2の信号にプルダウン抵抗Rdがあります（**図3.8**）．未接続時には，ソースのCC1とCC2にはプルアップ電圧（通常5Vまたは3.3V）が見え，シンクのCC1とCC2には0V付近のGNDレベルが見えます．なお，次の説明ではプルアップ電圧はICの電源電圧のVDDと仮定します．

　ケーブルが接続されソースとシンクが接続されると，VDDはvRdとして定義される電圧（後述で解説）になり，この電圧変化によって接続を検出します．ここでは，vRdの電圧は0.25 ～ 2.6V程度と理解してください．

● 裏表の検出方法

　裏表の検出は，この接続検出と一体化された形で行われます．レセプタクルはCC1とCC2にプルアップ抵抗もしくはプルダウン抵抗がありますが，プラグに

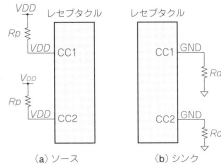

図3.8
**未接続時のソースとシンクの
CC1とCC2の電圧**
ソースにはプルアップ電圧が,
シンクにはプルダウン電圧が見える

（a）ソース　　　　（b）シンク

はCCが1つしかなく，プラグ接続時にレセプタクルのCC1かCC2のいずれかにつながります．これは反対側のレセプタクルでも同様です．その結果，次の4通りのいずれかの接続が起こります．

ケース1：ソースのCC1とプラグのCCが接続し，シンクのCC1とプラグのCCが接続する

ケース2：ソースのCC1とプラグのCCが接続し，シンクのCC2とプラグのCCが接続する

ケース3：ソースのCC2とプラグのCCが接続し，シンクのCC1とプラグのCCが接続する

ケース4：ソースのCC2とプラグのCCが接続し，シンクのCC2とプラグのCCが接続する

各接続時のようすを**図3.9**に，CC1とCC2の電圧を**表3.3**に示します．CC1とCC2のどちらの電圧が変化したかにより，表向きか裏向きかを判別します．CC1の電圧が変化すれば表向きで，CC2が変化すれば裏向きにプラグが挿さっています．

● SuperSpeedの差動信号の接続

USB 3.1までのSuperSpeedの信号が1レーン構成の場合，CC1で検出（表向き）時は2組あるUSBの信号線のうち，TX1＋/TX1－とRX1＋/RX1－のサフィックスが1となっている信号を選択します．CC2で検出（裏向き）時はTX2＋/TX2－とRX2＋/RX2－のサフィックスが2となっている信号を選択します．

USB 3.2の2レーン構成の場合，CC1で検出（表向き）時はサフィックス1の信号がレーン0に，サフィックス2の信号がレーン1になります．一方，CC2で検出（裏向き）時はサフィックス2の信号がレーン0に，サフィックス1の信号がレー

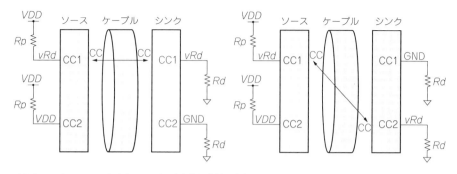

（a）ケース1…ソース：表向き，シンク：表向きに接続　（b）ケース2…ソース：表向き，シンク：裏向きに接続

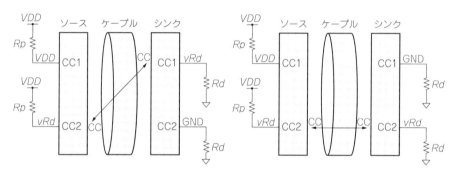

（c）ケース3…ソース：裏向き，シンク：表向きに接続　（d）ケース4…ソース：裏向き，シンク：裏向きに接続

図3.9　プラグ接続時のCC信号の接続のようす

表3.3　プラグ接続時のソースとシンクのCC1とCC2の電圧値

	ソース		シンク	
	CC1（表向き）	CC2（裏向き）	CC1（表向き）	CC2（裏向き）
ケース1	vRd（変化）	VDD	vRd（変化）	GND
ケース2	vRd（変化）	VDD	GND	vRd（変化）
ケース3	VDD	vRd（変化）	vRd（変化）	GND
ケース4	VDD	vRd（変化）	GND	vRd（変化）

ン1になります．

　上記のように信号を選択するために，USB Type-Cに対応したホストとデバイスでは，ボード上に信号を切り替えのためのマルチプレクサ（MUX）を備える必要があります（デザインを工夫することによりMUXを省略できる場合がある，後述）．

　次に，どのようにSuperSpeedのレーンが選択されるかの組み合わせをケース1～4に示します．

ケース1：ソースとシンク共にサフィックス1の信号をレーン0として選択するようにMUXが制御される

ケース2：ソースはサフィックス1の信号をレーン0として選択し，シンクはサフィックス2の信号をレーン0として選択するようにMUXが制御される

ケース3：ソースはサフィックス2の信号をレーン0として選択し，シンクはサフィックス1の信号をレーン0として選択するようにMUXが制御される

ケース4：ソースとシンク共にサフィックス2の信号をレーン0として選択するようにMUXが制御される

　ホストおよびデバイスが共に2レーン構成の場合の，ケース1～4のレーン選択のようすを**図3.10**に示します．実線のレーンがレーン0となり，点線のレーンがレーン1となります．またホストまたはデバイスが1レーン構成の場合は，MUXは2：2のものではなく1：2や2：1のものが使われ，接続は実線のものだけになります．

● SuperSpeed信号用の外付けMUXをなくす方法

　後述するようにUSB 2.0の信号は，配線を分岐させることによりMUXを不要としています．しかし，SuperSpeedの信号はレセプタクルの端と端に離れて配置されていることや，仮に隣り合っていたとしても10Gbpsの信号では少しのスタブでも正しく通信できないことが予想されるため，MUXを使用せずに信号を分岐させることは難しいでしょう．しかし，設計に条件を付ければMUXをなくせます．

　ホスト・コントローラが2つ以上のポートを持つ場合，2つのポートの信号を1つのUSB Type-Cレセプタクルに配線することによりMUXが不要になります（**図3.11**）．ホスト・コントローラの2つのポートをポートAとポートBとして，ポートAの信号をUSB Type-Cのサフィックス1の信号に接続し，ポートBの信号をサフィックス2の信号に接続します．これによりプラグが表向きに挿さったときはポートAに接続し，裏向きに挿さったときはポートBに接続されます．欠点は，本来2ポートあったものが1ポートとしてしか使えなくなることです．

　デバイスの場合，USB Type-Cのレセプタクルではなく，USBメモリのようにプラグがデバイスから直接出ているダイレクト・アタッチにするか，あるいはデバイスに作り付けのケーブルの先にプラグが付いているキャプティブ・ケーブル

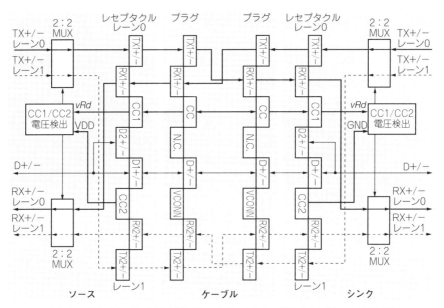

(a) ケース1…ソース：TX1/RX1がレーン0，シンク：TX1/RX1がレーン0を選択

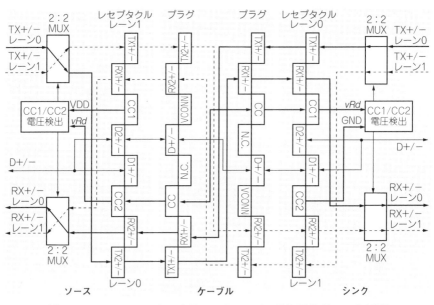

（c）ケース3…ソース：TX2/RX2がレーン0，シンク：TX1/RX1がレーン0を選択

図3.10　SuperSppedの差動信号の選択のようす

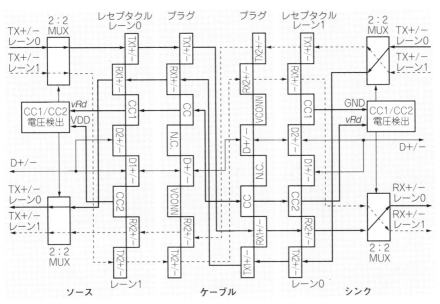

(b) ケース2…ソース：TX1/RX1がレーン0，シンク：TX2/RX2がレーン0を選択

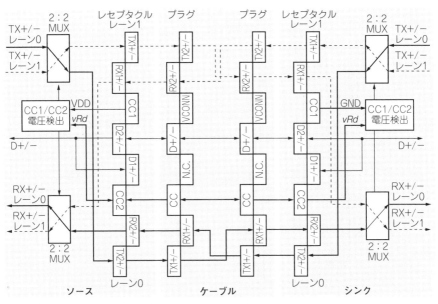

(d) ケース4…ソース：TX2/RX2がレーン0，シンク：TX2/RX2がレーン0を選択

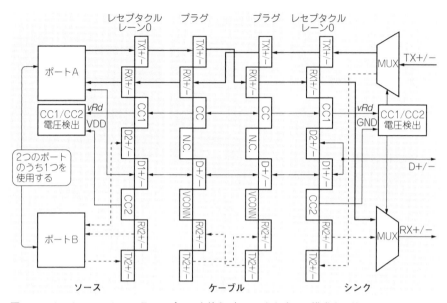

図3.11　ホスト・コントローラの2ポートを使えばMUXをなくした構成も可能

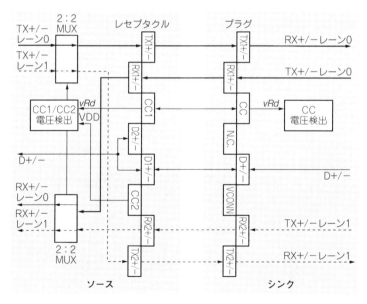

図3.12　ダイレクト・アタッチまたはキャプティブ・ケーブルのデバイスを使用すればMUXは不要になる

を使用すれば，MUXは不要です（**図3.12**）．プラグの場合はCCが1つしかなく，USBの信号はサフィックス1の信号がレーン0でサフィックス2の信号がレーン1と決まっているからです．

また，2レーン構成に対応したホストやデバイスLSI（Large-Scale Integration）を用いる場合は，それらのLSIはMUXを内蔵した構成になるはずなので，この場合も外付けのMUXは不要になります．

● USB 2.0の信号の接続

USB 2.0の信号は，ほとんどの場合でMUXは不要です．USB 2.0の信号D＋とD－は，レセプタクルの中央にD1＋とD1－，D2＋とD2－が隣り合うように配置されています．コントローラから来るD＋とD－の信号をレセプタクルの直近でそれぞれD1＋とD2＋およびD1－とD2－へ分岐できます．通信に使用しない信号はスタブになりますが，直近で分岐させていて配線が短いため，USB 2.0の480Mbpsくらいの転送速度では大きな問題になりません．

3.5　DRPの挿抜および裏表の検出方法

● DRPとソース / シンクが接続された場合

ここまではソースとシンクのロールが固定された場合のみを考えてきました．USB Type-CやPower Deliveryでは，ソースにもシンクにもなれるDRPというものもあります．

DRPの場合は，プルアップとプルダウンとを周期的（50ms 〜 100ms）に切り替えます（**図3.13**）．DRPとソースが接続された場合，DRPがプルダウンになったときに接続を検出し，DRPはシンクとして接続されます．DRPとシンクが接続された場合，DRPがプルアップになったときに接続を検出し，DRPはソースとして接続されます（**図3.14**）．

● DRPとDRPが接続された場合

DRPとDRPが接続された場合，どちらがソースかシンクになるかは運次第で，接続されるたびに結果が変わります．

運次第でソースになるかシンクになるかが決まるのでは困る場合があります．それは，パワー・ロールはソースとシンクの両方に対応しているけれど，データ・ロールはDFPあるいはUFPのみに対応している場合です．

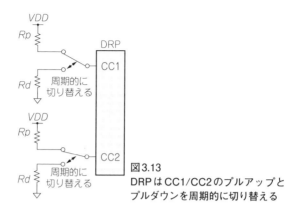

図3.13
DRP は CC1/CC2 のプルアップと
プルダウンを周期的に切り替える

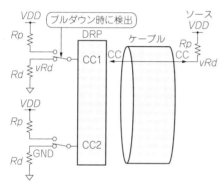

（a）表向きでシンクとして接続

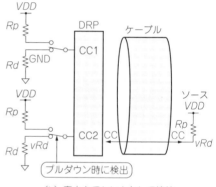

（b）裏向きでシンクとして接続

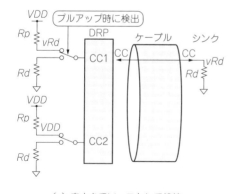

（c）表向きでソースとして接続

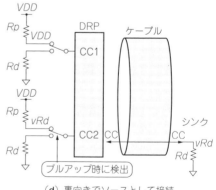

（d）裏向きでソースとして接続

図3.14 プラグ接続時の DRP の接続のようす

　USB Type-C規格では「ソース＝DFP」，「シンク＝UFP」と決まっているので，パワー・ロールが変わるときにはデータ・ロールも一緒に変わります．つまりDFPのみ対応のものはソースで接続した方が都合がよいし，UFPのみ対応のものは逆にシンクの方が都合がよいのです．そのため，ソース優先のDRPやシンク優先のDRPが存在します．

　さらにUSB Type-C規格の中ではソースのみ，シンクのみとして振るまって，ロール変更はPower Delivery規格のPR SwapやDR Swapで行う，デフォルト・ソースやデフォルト・シンクというものもあります．

　なお，両方のデバイスがRpとRdの抵抗を完全に同じタイミングで切り替えて，永久にまたは長時間にわたって接続を検出できないということが起きないように，RpとRdの切り替え周期はわざと精度の低い発振器から作ってランダムに切り替わるようにすることが推奨されています．

3.6　電力の供給能力を決める抵抗値

● ソース側のプルアップ抵抗値*Rp*

　ソースのプルアップ抵抗は，ソースが供給可能な電流によって3つの抵抗値が定義されています（表3.4）．供給可能な電力は3種類です．1つ目は，従来のUSB（USB 2.0）ならば5V，500mA，USB 3.1ならば5V，900mA，USB 3.2ならば5V，1.5Aを供給できるものです．2つ目は5V，1.5Aまで供給できるもので，3つ目は5V，3Aまで供給できるものです．

　それぞれに対して，5Vおよび3.3Vのときのプルアップ抵抗の値が定義されています．また，電流源で等価的に実装することもできます．

　これらの抵抗値により，接続時のCC1もしくはCC2の電圧値から，シンクはソースの供給能力を識別できます．また，この抵抗値は固定でなくてもよく，ソースによって動的に変えることもできます．電流源の場合は電流を変えます．

表3.4　ソース側のプルアップ抵抗*Rp*の規格値

ソースの供給可能電流	5Vプルアップ	3.3Vプルアップ	電流源
デフォルトUSB 500mA/900mA/1.5A@5V	56k Ω ± 20%	36k Ω ± 20%	80 μ A ± 20%
1.5A@5V	22k Ω ± 5%	12k Ω ± 5%	180 μ A ± 8%
3.0A@5V	10k Ω ± 5%	4.7k Ω ± 5%	330 μ A ± 8%

表3.5　シンク側のプルダウン抵抗Rdの規格値

リファレンス	抵抗値	説　明
Rd	5.1kΩ ± 10%	ソースの供給可能電流を検出する場合
	5.1kΩ ± 20%	ソースの供給可能電流を検出しない場合

表3.6　Eマーカのプルダウン
抵抗Raの規格値

リファレンス	抵抗値
Ra	800Ω ～ 1.2kΩ

● シンク側のプルダウン抵抗値Rd

プルダウン抵抗Rdには2種類の値があります（**表3.5**）．ソースの供給可能電力を検出しない用途の場合は，精度の低い抵抗を使ってコストダウンすることができます．

● E Markerのプルダウン抵抗値Ra

ソースとシンク以外にE Marker（以下，Eマーカ）と呼ばれるデバイスもあります．USB Type-CおよびPower Delivery用のEマーカには，ケーブル・プラグという専用の名前が付いています．ケーブル・プラグ用のプルダウン抵抗はRaと定義されます（**表3.6**）．

ケーブル・プラグはケーブルに内蔵されているデバイスのことで，ケーブルの特性情報（例えばケーブルの長さや対応している電圧，電流など）を提供します．これらの情報は，Power Deliveryの通信によってソースまたはシンクが取得します．

ケーブル・プラグ用のプルダウン抵抗Raは，プラグのVCONNに接続されます．これによりソースはCC1かCC2のいずれかにシンクのプルダウン抵抗Rdを検出し，反対側のCCにケーブル・プラグ用のプルダウン抵抗Raを検出します．Raを検出したソースは，Raを検出したCCへ5Vを供給します．これがVCONNとしてプラグに供給され，ケーブル・プラグはVCONNを電源として動作します．またアクティブ・ケーブルなどでは，Re-timerへもVCONNから給電します．

ケーブル・プラグからソースまたはシンクへの情報の受け渡しはPower Deliveryの通信により行われ，その通信もCCを使用します．つまり1つのCC信号に3つのデバイスがつながっているマルチドロップの通信になります．なお，シンクは上記の方法ではケーブル・プラグの有無を検出できず，Power Deliveryの通信を行ってレスポンスが返って来るかどうかで判断します．

Eマーカ（ケーブル・プラグ）が内蔵されているケーブルのことをEマーク・ケーブルと言います（**図3.15**）．USB Type-Cケーブルには，ケーブルの中をVCONNの電線（VCONNワイヤ）が通っているものといないものの2種類があります．

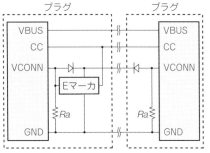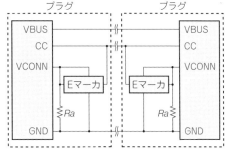

（a）VCONNワイヤあり．ダイオードで逆流防止　　　　　　（b）VCONNワイヤなし

図3.15　Eマーク・ケーブル

　VCONNワイヤが通っていればケーブルのどちら側にソースがつながっても，E
マーカにVCONNを供給できます．VCONNワイヤが通っていなければ，両方の
プラグにEマーカを入れて，ソースがつながった方のEマーカだけを使います．

　現段階ではEマーカのコストの方が高いので，電線を通した方が安く作れます
が，Eマーカの値段が下がれば，電線を通さない方が安く作れるようになるかも
しれません．また，後者の方はEマーカの入っているプラグと入っていないプラ
グを区別する必要がないため，組み立てのときの部品の取り違えによるミスコス
トを減らすこともできます．

3.7　接続・切断検出の状態遷移図

● 電圧値の継続時間やイベントの順番を監視する

　USB機器の接続・切断の検出は，ソースおよびシンクがCCに見せるプルアッ
プおよびプルダウン抵抗で行うと説明しました．実際の接続・切断検出は，本節
で解説する状態遷移図に示すように，CCに見えた電圧値がどのくらいの時間継
続したのか，そのイベントがどのような順序で発生したのかを監視して行います．

　シンクやソース，DRPのときの状態遷移図を示します．状態遷移図の動作に
ついては後節で説明します．なお状態遷移図では，太線で囲まれ灰色で描かれた
ものが必須のステートまたは遷移で，細線または点線で描かれたものはオプショ
ンのステートまたは遷移を示します．また，"&&"は論理積を表し，P && Qは
PかつQの意味になります．

　初めにシンプルなソースの状態遷移図を**図3.16**に示します．次に，オプショ

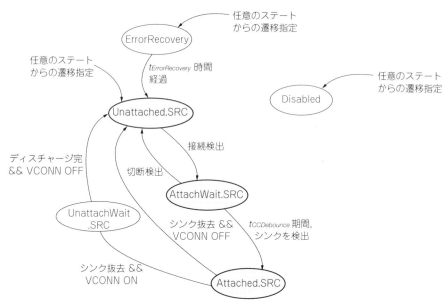

図3.16　ソースの状態遷移図

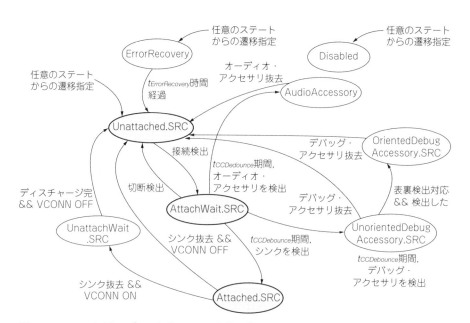

図3.17　アクセサリをサポートしたソースの状態遷移図

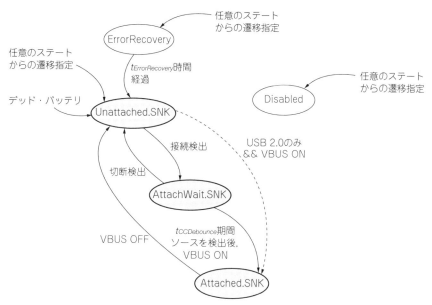

図3.18　シンクの状態遷移図

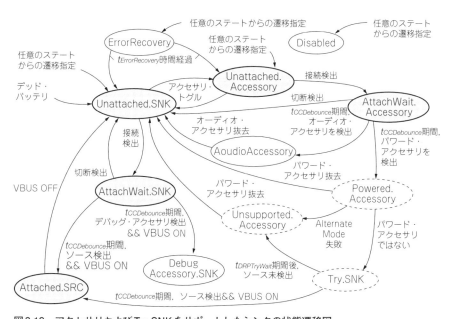

図3.19　アクセサリおよびTry.SNKをサポートしたシンクの状態遷移図

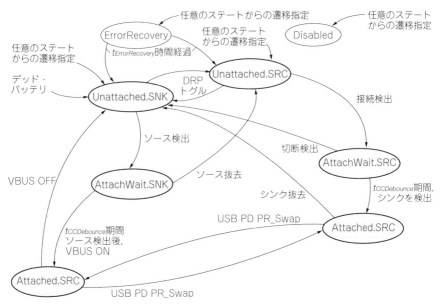

図3.20 DRP の状態遷移図

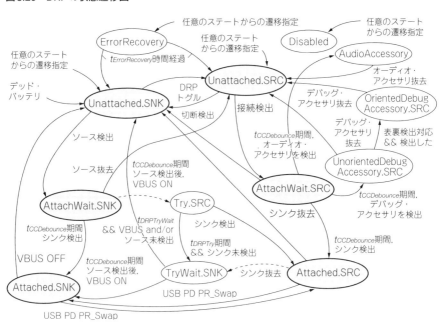

図3.21 アクセサリおよび Try.SRC をサポートした DRP の状態遷移図

ン機能（オーディオ・アクセサリやデバッグ・アクセサリ）をサポートしたソースの状態遷移図を**図3.17**に示します。

　同じように，シンプルなシンクの状態遷移図を**図3.18**に示します。また，オプション機能（オーディオ・アクセサリやデバッグ・アクセサリ，パワード・アクセサリ）をサポートしたシンクの状態遷移図を**図3.19**に示します。

　次に，シンプルなDRPの状態遷移図を**図3.20**に示します。最後に，ほとんど全てのオプション機能をサポートしたDRPの状態遷移図を**図3.21**に示します。

3.8　接続・切断検出のタイミングチャート

　3.7節で説明した状態遷移図の詳細動作を説明します。個々のステートの動作を説明するより具体的な接続・切断の例を使って説明した方が分かりやすいと思いますので，いくつかの代表的な例について下記に示します。ただし，シンクにはセルフ・パワーのものとバス・パワーのものがあり，動作も若干違うため，初めにセルフ・パワーのものを説明し，次にバス・パワーのものを説明します。

● ソースとセルフ・パワー・シンク

　はじめに全ての基本となるソースの接続・切断について説明します（**図3.22**）。**図3.16**と**図3.18**の状態遷移図も一緒にご覧ください。

①**非接続状態**

- ソースはUnattached.SRCステートで，CC1およびCC2の信号に抵抗Rpをアサートし，それによりCC1とCC2の電圧がVDDとなります。
- シンクはUnattached.SNKステートで，CC1およびCC2の信号に抵抗Rdをアサートし，それによりCC1とCC2の電圧がGNDとなります。

②**接続**

- ケーブルのCCと接続されたCC1またはCC2のいずれか（**図3.22**ではCC1）の電圧が，vRdに変化します。
- ケーブルのCCで接続されなかった方のCC1またはCC2のいずれか（**図3.22**ではCC2）は，Eマーカありのケーブルの場合はケーブルの抵抗Raにより電圧がvRaになります。Eマーカなしのケーブルの場合は電圧に変化はありません。つまりソースはVDDのままで，シンクはGNDのままです。
- ソースはUnattached.SRCからAttachWait.SRCに遷移し，vRdが$t_{CCDebounce}$期間続くかどうかを監視します。

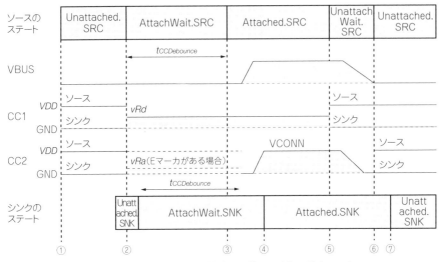

図3.22　ソースとセルフ・パワー・シンクの接続・切断のタイミングチャート

- シンクはUnattached.SNKからAttachWait.SNKに遷移し，*vRd*が*tCCDebounce*期間続くかどうかを監視します.

③ソースが接続を検出

- ソースは*vRd*が*tCCDebounce*期間続いたのを検出して，Attached.SRCに遷移し，VBUSをONし，*vRd*を検出しなかった方のCC1またはCC2にVCONNをONします．そして，ソースが供給可能な電力が変化したなどの必要に応じて*Rp*を調整します.

④シンクが接続を検出

- シンクは*vRd*が*tCCDebounce*期間続いたのを検出し，その後VBUSのONを検出して，Attached.SNKに遷移します．シンクはCCを監視して，VBUS上で使用可能な電流を検出します.
- USB 2.0のみでアクセサリをサポートしていない場合，シンクはAttachWait.SNKをスキップすることがあります.

⑤切断

- ソースはCCの電圧が*vOPEN*(*vRd*以上の電圧)になったことにより切断を検出し，**図3.22**の場合はVCONNを供給しているため，UnattachWait.SRCに遷移します．VCONNを供給していない場合は，切断検出でUnattached.SRCに遷移します．そして，VBUSおよびVCONNをOFFします.

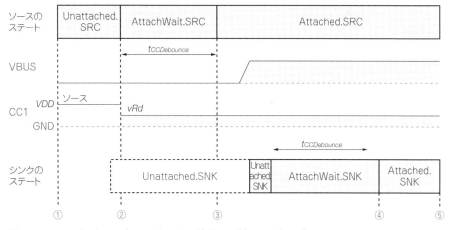

図3.23 ソースとバス・パワー・シンクの接続・切断のタイミングチャート

⑥ VCONN が完全に OFF

- VCONN が 0V になると，ソースは Unattached.SRC に遷移します．

⑦ シンクが切断検出

- シンクは切断検出のため VBUS を監視し，検出された場合は Unattached. SNK に遷移します．

● ソースとバス・パワー・シンク

図3.23はバス・パワー・シンクの動作になります．ソースからVBUSが供給されるまでは，シンクは電源OFF状態で動作できないため，ステート遷移はありません．しかし，バス・パワー・シンクやバッテリ動作をするシンクのバッテリが空になったもの（デッド・バッテリ）では，電源OFF状態でもCC1およびCC2にRdを見せる必要があります．ソースはそのRdを検出して，接続の検出を行って，VBUSをONします．

これ以降，Raを検出してVCONNを供給する方のCC1またはCC2の図は省略します．VCONNが供給される場合，VBUSと同じタイミングでON/OFFするので，VBUSと同じ動きをするVCONNがあると想像してください．

①非接続状態

- ソースはUnattached.SRCステートで，CC1およびCC2にRpをアサートし，それによりCC1とCC2の電圧がVDDとなります．

65

- シンクは電源OFF状態で，CC1とCC2にRdが見えるだけになっています．

②**接続**

- ケーブルのCCと接続されたCC1またはCC2のいずれか（**図3.23**ではCC1）の電圧がvRdに変化します．
- CCで接続されなかった方のCC1またはCC2のいずれか（**図3.23**ではCC2だが表記を省略）は，Eマーカありケーブルの場合はケーブルのRaにより電圧がvRaになり，Eマーカなしケーブルの場合は電圧に変化はありません．つまりソースはVDDのままで，シンクはGNDのままです．
- ソースはUnattached.SRCからAttachWait.SRCに遷移し，vRdが$t_{CCDebounce}$期間続くかどうかを監視します．
- シンクは，まだ電源OFF状態のままです．

③**ソースが接続を検出**

- ソースはvRdが$t_{CCDebounce}$期間続いたのを検出して，Attached.SRCに遷移し，VBUSをONし，vRdを検出しなかった方のCC1またはCC2（**図3.23**ではCC2だが表記を省略）にVCONNをONします．
- ソースが供給可能な電力が変化したなどの必要に応じてRpを調整します．VBUSが供給されシンクが動き始め，CC1がvRdになっているのを検出してAttachWait.SNKに遷移し，vRdが$t_{CCDebounce}$期間続くかどうかを監視します．

④**シンクが接続を検出**

- シンクはvRdが$t_{CCDebounce}$期間続いたのを検出し，その後VBUSのONを検出して，Attached.SNKに遷移します．シンクはCCを監視して，VBUS上で使用可能な電流を検出します．
- USB 2.0のみでアクセサリをサポートしていない場合，シンクはAttachWait.SNKをスキップすることがあります．

⑤**切断以降の処理**

- セルフ・パワーと同じなため，説明を省略します．

● DRPとシンク

　図3.24は，DRPとシンクが接続され，DRPがソースとして動作する場合のタイミングチャートです．**図3.18**と**図3.20**の状態遷移図も一緒にご覧ください．

①**非接続状態**

- DRPは，Unattached.SRCとUnattached.SNKを交互にトグルし，Unattached.SRCではCC1とCC2にRpをアサートし，Unattached.SNKではCC1とCC2

にRdをアサートします.

- シンクはUnattached.SNK ステートで，CC1およびCC2にRdをアサートします.

②接続

- DRPがUnattached.SRCのときに，ケーブルのCCと接続されたCC1または CC2のいずれか（図3.24ではCC1）がvRdとなり，接続を検出します.
- CCで接続されなかった方のCC1またはCC2のいずれか（図3.24ではCC2だが表記を省略）は，EマーカありケーブルのケースはケーブルのRaにより電圧がvRaになり，Eマーカなしケーブルの場合は電圧に変化はありません.つまりソースはVDDのままで，シンクはGNDのままです.
- DRPはUnattached.SRCからAttachWait.SRCに遷移し，vRdが$t_{CCDebounce}$期間続くかどうかを監視します.
- シンクはUnattached.SNKからAttachWait.SNKに遷移し，vRdが$t_{CCDebounce}$期間続くかどうかを監視します.

③DRPが接続を検出

- DRPはvRdが$t_{CCDebounce}$期間続いたのを検出して，Attached.SRCに遷移し，VBUSをONします.vRdを検出しなかった方のCC2にはVCONNをONします.そして，ソースが供給可能な電力が変化したなどの必要に応じて抵抗Rpを調整します.

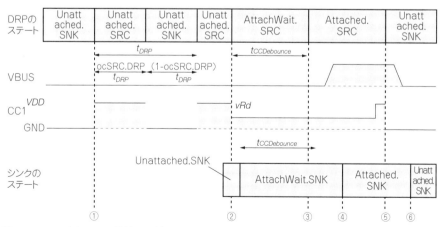

図3.24　DRPとシンクの接続・切断のタイミングチャート

④シンクが接続を検出
- シンクはvRdが$t_{CCDebounce}$期間続いたのを検出し,その後VBUSのONを検出して,Attached.SNKに遷移します.シンクはCCを監視して,VBUS上で使用可能な電流を検出します.
- USB 2.0のみでアクセサリをサポートしていない場合,シンクはAttachWait.SNKをスキップすることがあります.

⑤切断
- DRPはCCの電圧が$vOPEN$(vRd以上の電圧)になったことにより切断検出し,VCONNを供給しているかどうかに関わらずUnattached.SNKに遷移します.そして,VBUSおよびVCONNをOFFします.

⑥シンクが切断検出
- シンクは切断検出のためVBUSを監視し,検出された場合はUnattached.SNKに遷移します.

● DRPとソース

図3.25はDRPとソースが接続され,DRPがシンクとして動作する場合のタイミングチャートです.図3.16と図3.20の状態遷移図も一緒にご覧ください.

① 非接続状態
- DRPは,Unattached.SRCとUnattached.SNKを交互にトグルし,Unattached.

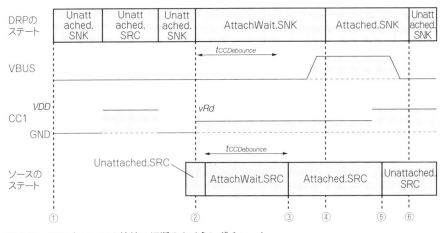

図3.25 DRPとソースの接続・切断のタイミングチャート

SRCではCC1とCC2にRpをアサートし，Unattached.SNKではCC1とCC2にRdをアサートします．

- ソースはUnattached.SRCステートで，CC1およびCC2にRpをアサートします．

② 接続

- DRPがUnattached.SNKのときに，ケーブルのCCと接続されたCC1またはCC2のいずれか（**図3.25**ではCC1）がvRdとなり，接続を検出します．
- CCで接続されなかった方のCC1またはCC2のいずれか（**図3.25**ではCC2だが表記は省略）は，Eマーカありケーブルの場合はケーブルのRaにより電圧がvRaになり，Eマーカなしケーブルの場合は電圧に変化はありません．つまりソースはVDDのままで，シンクはGNDのままです．
- DRPはUnattached.SNKからAttachWait.SNKに遷移し，vRdが$t_{CCDebounce}$期間続くかどうかを監視します．
- ソースはUnattached.SRCからAttachWait.SRCに遷移し，vRdが$t_{CCDebounce}$期間続くかどうかを監視します．

③ ソースが接続を検出

- ソースはvRdが$t_{CCDebounce}$期間続いたのを検出して，Attached.SRCに遷移し，VBUSをONします．vRdを検出しなかった方のCC2にVCONNをONします．そして，ソースが供給可能な電力が変化したなどの必要に応じてRpを調整します．

④ DRPが接続を検出

- DRPはvRdが$t_{CCDebounce}$期間続いたのを検出し，その後VBUSのONを検出して，Attached.SNKに遷移します．そして，CCを監視して，VBUS上で使用可能な電流を検出します．

⑤ 切断

- ソースはCC1の電圧が$vOPEN$（vRd以上の電圧）になったことにより切断検出し，VCONNを供給していない場合はUnattached.SRCに遷移します．VCONNを供給している場合はUnattachedWait.SRCに遷移します．そして，VBUSおよびVCONNをOFFします．

⑥ DRPが切断検出

- DRPは切断検出のためVBUSを監視し，検出された場合はUnattached.SNKに遷移します．

● DRPとDRP

図3.26はDRPとDRPとの接続・切断の動作です．この場合はどちらがソースでどちらがシンクになるかは，ランダムに決定されます．**図3.20**の状態遷移図も一緒にご覧ください．

①非接続状態

- DRP #1は，Unattached.SRCとUnattached.SNKを交互にトグルし，Unattached.SRCではCC1とCC2に*Rp*をアサートし，Unattached.SNKではCC1とCC2に*Rd*をアサートします．
- DRP #2もUnattached.SRCとUnattached.SNKを交互にトグルします．これはDRP #1とは独立に行われます．

②接続

- どちらがソースかシンクになるかは，互いのトグルの周期と位相，接続されるタイミングによって決まります．
- 例えばDRP #1がUnattached.SRCでDRP #2がUnattached.SNKのとき，ケーブルのCCと接続されたCC1またはCC2のいずれか（**図3.26**ではCC1）の電圧が*vRd*に変化し，接続を検出します．
- CCで接続されなかった方のCC1またはCC2のいずれか（**図3.26**ではCC2だが図は省略）は，Eマーカありケーブルの場合はケーブルの*Ra*により電圧が*vRa*になり，Eマーカなしケーブルの場合は電圧に変化はありません．つま

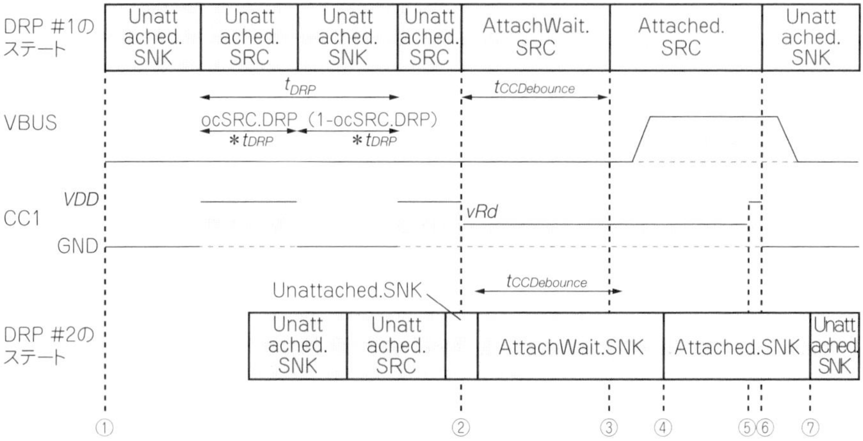

図3.26　DRPとDRPの接続・切断のタイミングチャート

りソースは VDD のままで，シンクはGNDのままです.

- DRP #1はUnattached.SRCからAttachWait.SRCに遷移し，vRd が $t_{CCDebounce}$ 期間続くかどうかを監視します.
- DRP #2はUnattached.SNKからAttachWait.SNKに遷移し，vRd が $t_{CCDebounce}$ 期間続くかどうかを監視します.

③ **DRP #1 が接続を検出**

- DRP #1は vRd が $t_{CCDebounce}$ 期間続いたのを検出して，Attached.SRCに遷移し，VBUSをONします．vRd を検出しなかった方のCC2はVCONNをONします．そして，ソースが供給可能な電力が変化したなどの必要に応じて Rp を調整します.

④ **DRP #2 が接続を検出**

- DRP #2は vRd が $t_{CCDebounce}$ 期間続いたのを検出し，その後VBUSのONを検出して，Attached.SNKに遷移します．そして，CCを監視して，VBUS上で使用可能な電流を検出します.

⑤ **切断**

- DRP #1はCCの電圧が $vOPEN$（vRd 以上の電圧）になったことにより切断検出し，VCONNを供給しているかどうかに関わらずUnattached.SNKに遷移し，Unattached.SNKとUnattached.SRCのトグルを再開します．DRP #1はVBUSおよびVCONNをOFFします.

⑦ **DRP #2 が切断検出**

- DRP #2は切断検出のためにVBUSを監視し，検出された場合はUnattached.SNKに遷移します．その後，Unattached.SNKとUnattached.SRCのトグルを再開します.

● **ソース優先DRPとDRP**

前節までのDRPはソースとシンクとをどちらも同じように選ぶものでしたが，DRPにはソースを優先するものやシンクを優先するものがあります．なお，本稿ではソースを優先するDRPのことを「ソース優先DRP」と呼びます．USB Type-Cの仕様書では "DRP with Try.SRC support" と定義されています.

図3.27は，ソース優先DRPと普通のDRPの切断・接続で，ソース優先DRPがシンク，DRPがソースで始めに接続した場合のタイミングチャートです．図3.20と図3.21の状態遷移図も一緒にご覧ください.

ソース優先DRPがソースで，DRPがシンクで始めに接続した場合は，前述した

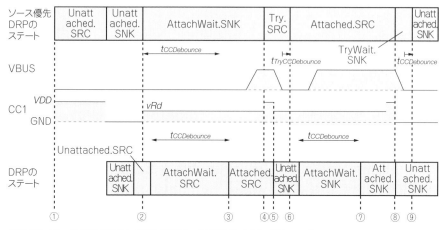

図3.27　ソース優先 DRP と DRP の接続・切断のタイミングチャート

DRP と DRP との場合とほとんど変わらないため省略します．ソース優先 DRP が切断検出したときに，Attached.SRC から TryWait.SNK を経由して，Unattached. SNK へ遷移するところだけが差分になります．

①**非接続状態**

- ソース優先 DRP は，Unattached.SRC と Unattached.SNK を交互にトグルし，Unattached.SRC では CC1 と CC2 に Rp をアサートし，Unattached.SNK では CC1 と CC2 に Rd をアサートします．
- DRP も Unattached.SRC と Unattached.SNK を交互にトグルし，これはソース優先 DRP とは独立に行われます．

②**接続**

- どちらがソースかシンクになるかは，互いのトグルの周期と位相，接続されるタイミングによって決まります．この例ではソース優先 DRP が Unattached. SNK，DRP が Unattached.SRC で接続を検出したものとします．
- プラグの CC と接続されなかった方の CC1 または CC2 のいずれか（**図3.27**では CC2 だが図は省略）は，E マーカありケーブルの場合はケーブルの Ra により電圧が vRa になり，E マーカなしケーブルの場合は電圧に変化はありません．つまりソースは VDD のままで，シンクは GND のままです．
- ソース優先 DRP は Unattached.SNK から AttachWait.SNK に遷移し，vRd が $t_{CCDebounce}$ 期間続くかどうかを監視します．

- DRPはUnattached.SRCからAttachWait.SRCに遷移し，vRdが$t_{CCDebounce}$期間続くかどうかを監視します.

③DRPが接続を検出

- DRPはvRdが$t_{CCDebounce}$期間続いたのを検出してAttached.SRCに遷移し，VBUSをONします.vRdを検出しなかった方のCC2にはVCONNをONします.そして，ソースが供給可能な電力が変化したなどの必要に応じてRpを調整します.

④ソース優先DRPがTry.SRCへ遷移

- ソース優先DRPはvRdが$t_{CCDebounce}$期間続き，その後VBUSがONになったのを検出し，ソースとして接続し直すためにTry.SRCへ遷移します.Try.SRCではCCにRpをアサートし両方のDRPがRpとなるため，CCの電圧は$vOPEN$(vRd以上の電圧)となります.

⑤DRPが*vOPEN*を検出

- DRPは$vOPEN$を検出し，VBUSおよびVCONNをOFFして，Unattached.SNKに遷移します.Unattached.SNKではCCにRdをアサートし，ソース優先DRPのRpと合わせてCCがvRdになります.

⑥ソース優先DRPが接続を検出

- Try.SRCのソース優先DRPは，vRdが$t_{TryCCDebounce}$期間続いたのを検出して，Attached.SRCに遷移し，VBUSをONし，vRdを検出しなかった方のCC1またはCC2にVCONNをONします.そして，シンクが消費する電流を制限するために必要に応じてRpを調整します.
- DRPは，Unattached.SNKからAttachWait.SNKに遷移し，vRdが$t_{CCDebounce}$期間続くかどうかを監視します.

⑦DRPが接続を検出

- DRPはvRdが$t_{CCDebounce}$期間続いたのを検出し，その後VBUSのONを検出してAttached.SNKに遷移します.そして，CCを監視して，VBUS上で使用可能な電流を検出します.

⑧切断

- ソース優先DRPはCCの電圧が$vOPEN$になったことにより切断検出し，TryWait.SNKに遷移します.そして，VBUSおよびVCONNをOFFします.
- VBUSのOFFを検出し，DRPはUnattached.SNKに遷移し，その後Unattached.SNKとUnattached.SRCの間のトグルを再開します.

⑨ソース優先DRPがUnattached.SNKへ遷移
- ソース優先DRPはVBUSのOFFを検出し，Unattached.SNKに遷移し，その後Unattached.SNKとUnattached.SRCの間のトグルを再開します．

● ソース優先DRPとソース

図3.28はソース優先DRPとソースとの接続のタイミングチャートです．図3.16と図3.21の状態遷移図も一緒にご覧ください．前節では，DRPがソースからシンクに変わったので，ソース優先DRPは希望どおりソースになれました．今回は相手がソースなので，Try.SRCでソースになろうとするけれど，結局ソースにはなれずにシンクになるという動作です．

①非接続状態
- ソース優先DRPは，Unattached.SRCとUnattached.SNKを交互にトグルし，Unattached.SRCではCC1とCC2にRpをアサートし，Unattached.SNKではCC1とCC2にRdをアサートします．
- ソースはUnattached.SRCステートで，CC1およびCC2にRpをアサートします．

②接続
- ソース優先DRPがUnattached.SNKのときに，プラグのCCと接続されたCC1またはCC2のいずれか（図3.28ではCC1）がvRdとなり，接続を検出します．
- CCと接続されなかった方のCC1またはCC2のいずれか（図3.28ではCC2だ

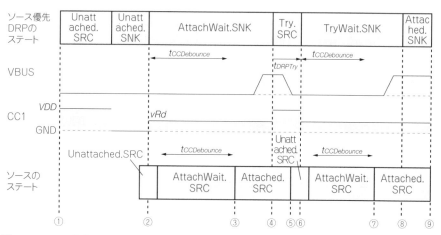

図3.28　ソース優先DRPとソースの接続・切断のタイミングチャート

が図は省略）は，Eマーカありケーブルの場合はケーブルのRaにより電圧がvRaになり，Eマーカなしケーブルの場合は電圧に変化はありません．つまりソースはVDDのままで，シンクはGNDのままです．

- ソース優先DRPはUnattached.SNKからAttachWait.SNKに遷移し，vRdが$t_{CCDebounce}$期間続くかどうかを監視します．

- ソースはUnattached.SRCからAttachWait.SRCに遷移し，vRdが$t_{CCDebounce}$期間続くかどうかを監視します．

③ソースが接続を検出
- ソースはvRdが$t_{CCDebounce}$時間続いたのを検出してAttached.SRCに遷移し，VBUSをONします．vRdを検出しなかった方のCC2にはVCONNをONします．そして，ソースが供給可能な電力が変化したなどの必要に応じてRpを調整します．

④ソース優先DRPがTry.SRCへ遷移
- ソース優先DRPはvRdが$t_{CCDebounce}$期間続き，その後VBUSのONになったのを検出し，ソースとして接続し直すためにTry.SRCへ遷移します．Try.SRCではCCにRpをアサートしDRPおよびソースがRpとなるため，CCの電圧は$vOPEN$（vRd以上の電圧）となります．

⑤ソースが$vOPEN$を検出
- ソースは$vOPEN$を検出し，VBUSおよびVCONNをOFFしてUnattached.SRCに遷移します．Unattached.SRCではCCにRpをアサートするため，CCは$vOPEN$のまま変化しません．

⑥ソース優先DRPがTryWait.SNKへ遷移
- Try.SRCのソース優先DRPは，t_{DRPTry}時間待ってもvRdを検出しなかったため，TryWait.SNKへ遷移します．TryWait.SNKではCCにRdをアサートし，ソースのRpと合わせてCCがvRdになります．
- ソースは，vRdを検出してAttachWait.SRCへ遷移します．

⑦ソースが接続を検出
- ソースはvRdが$t_{CCDebounce}$期間続いたのを検出して，Attached.SRCに遷移し，VBUSをONします．vRdを検出しなかった方のCC2にはVCONNをONします．そして，ソースが供給可能な電力が変化したなどの必要に応じてRpを調整します．

⑧ソース優先DRPが接続を検出
- ソース優先DRPはvRdが$t_{CCDebounce}$期間続いたのを検出し，その後VBUSの

　ONを検出して，Attached.SNKに遷移します．そして，CCを監視して，VBUS上で使用可能な電流を検出します．

⑨**切断**

- 切断以降の処理は，DRPとソースの切断処理と同じため省略します．

● ソース優先DRPとシンク

　DRPとシンクの接続・切断処理と同じため省略します．

● ソース優先DRPとソース優先DRP

　図3.29はソース優先DRP同士の接続です．**図3.21**の状態遷移図も一緒にご覧ください．これも普通のDRP同士の接続のように，どちらがソースでどちらがシンクになるかはランダムに決まります．

① **非接続状態**

- ソース優先DRP #1は，Unattached.SRCとUnattached.SNKを交互にトグルし，Unattached.SRCではCC1とCC2にRpをアサートし，Unattached.SNKではCC1とCC2にRdをアサートします．
- ソース優先DRP #2もUnattached.SRCとUnattached.SNKを交互にトグルします．これはソース優先DRP #1とは独立に行われます．

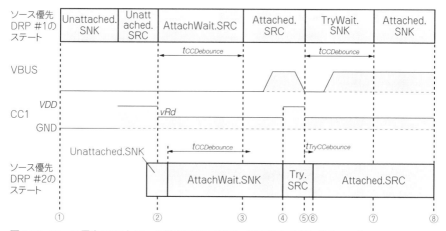

図3.29　ソース優先DRPとソース優先DRPの接続・切断のタイミングチャート

②接続

- どちらがソースかシンクになるかは，互いのトグルの周期と位相，接続されるタイミングによって決まります．
- ソース優先DRP #1がUnattached.SRCで，ソース優先DRP #2がUnattached.SNKになったときは，プラグのCCと接続されたCC1またはCC2のいずれか（図3.29ではCC1）の電圧がvRdに変化し，接続を検出します．
- CCで接続されなかった方のCC1またはCC2のいずれか（図3.29ではCC2だが図では省略）は，Eマーカありケーブルの場合はケーブルのRaにより電圧がvRaになり，Eマーカなしケーブルの場合は電圧に変化はありません．つまりソースはVDDのままで，シンクはGNDのままです．
- ソース優先DRP #1はUnattached.SRCからAttachWait.SRCに遷移し，vRdが$t_{CCDebounce}$期間続くかどうかを監視します．
- ソース優先DRP #2はUnattached.SNKからAttachWait.SNKに遷移し，vRdが$t_{CCDebounce}$期間続くかどうかを監視します．

③ソース優先DRP #1が接続を検出

- ソース優先DRP #1はvRdが$t_{CCDebounce}$期間続いたのを検出して，Attached.SRCに遷移し，VBUSをONします．vRdを検出しなかった方のCC2にはVCONNをONします．そして，ソースが供給可能な電力が変化したなどの必要に応じてRpを調整します

④ソース優先DRP #2がTry.SRCへ遷移

- ソース優先DRP #2はvRdが$t_{CCDebounce}$期間続き，その後VBUSがONになったのを検出し，ソースとして接続し直すためにTry.SRCへ遷移します．Try.SRCではCCにRpをアサートし両方のソース優先DRPがRpとなるため，CCの電圧は$vOPEN$（vRd以上の電圧）となります．

⑤ソース優先DRP #1が$vOPEN$を検出

- ソース優先DRP #1は$vOPEN$を検出し，VBUSおよびVCONNをOFFしてTryWait.SNKに遷移します．TryWait.SNKではCCにRdをアサートするため，ソース優先DRP #2のRpと合わせてCCはvRdに変化します．

⑥ソース優先DRP #2が接続を検出

- ソース優先DRP #2はvRdが$t_{TryCCDebounce}$期間続いたのを検出して，Attached.SRCに遷移し，VBUSをONします．vRdを検出しなかった方のCC2はVCONNをONします．そして，ソースが供給可能な電力が変化したなどの必要に応じてRpを調整します．

⑦ソース優先DRP #1 が接続を検出

- ソース優先DRP #1 はvRdが$t_{CCDebounce}$期間続いたのを検出し，その後VBUSのONを検出して，Attached.SNKに遷移します．そして，CCを監視して，VBUS上で使用可能な電流を検出します．

⑧切断

- 切断以降の処理は，DRPとDRPの切断処理と同じため省略します．

● シンク優先DRPとDRP

シンク優先DRPと普通のDRPとの切断・接続です．なお，本稿ではシンクを優先するDRPのことを「シンク優先DRP」と呼びます．USB Type-Cの仕様書では "DRP with Try.SNK support" と定義されています．

シンク優先DRPがソースで，DRPがシンクで始めに接続した場合を説明します（**図3.30**）．シンク優先DRPがシンクで，DRPがソースで始めに接続した場合は，前節のDRPとDRPとの場合と変わらないため省略します．

①非接続状態

- シンク優先DRPは，Unattached.SRCとUnattached.SNKを交互にトグルし，Unattached.SRCではCC1とCC2にRpをアサートし，Unattached.SNKではCC1とCC2にRdをアサートします．
- DRPもUnattached.SRCとUnattached.SNKを交互にトグルし，これはシン

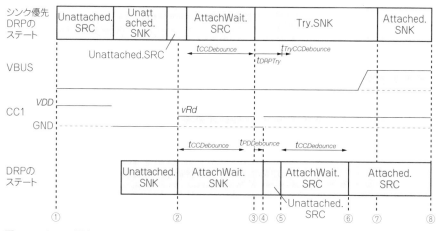

図3.30　シンク優先DRPとDRPの接続・切断のタイミングチャート

ク優先DRPとは独立に行われます.

②**接続**

- どちらがソースかシンクになるかは,互いのトグルの周期と位相,接続されるタイミングによって決まります.

- シンク優先DRPがUnattached.SRC,DRPがUnattached.SNKになったときに,プラグのCCと接続されたCC1またはCC2のいずれか(**図3.30**ではCC1)の電圧がvRdに変化し,接続を検出します.

- CCで接続されなかった方のCC1またはCC2のいずれか(**図3.30**ではCC2だが図では省略)は,Eマーカありケーブルの場合はケーブルのRaにより電圧がvRaになり,Eマーカなしケーブルの場合は電圧に変化はありません.つまりソースはVDDのままで,シンクはGNDのままです.

- シンク優先DRPはUnattached.SRCからAttachWait.SRCに遷移し,vRdが$t_{CCDebounce}$期間続くかどうかを監視します.

- DRPはUnattached.SNKからAttachWait.SNKに遷移し,vRdが$t_{CCDebounce}$期間続くかどうかを監視します.

③**シンク優先DRPがTry.SNKへ遷移**

- シンク優先DRPはvRdが$t_{CCDebounce}$期間続いたのを検出して,Try.SNKに遷移します.Try.SNKではCC1にRdをアサートします.両方がRdになるため,CC1は$vSNK.Open$(vRa以下の電圧)になります.

④**DRPが切断検出**

- DRPはvRdが$t_{CCDebounce}$期間続いたのを検出し,VBUSがONになるのを待っているときに,$vSNK.Open$を$t_{PDDebounce}$期間検出し,Unattached.SRCへ遷移します.Unattached.SRCではCC1にRpをアサートし,シンク優先DRPのRdと合わせてvRdの電圧になります.

⑤**DRPがソースとして再接続**

- DRPはUnattached.SRCからAttachWait.SRCに遷移し,vRdが$t_{CCDebounce}$期間続くかどうかを監視します.

⑥**DRPが接続を検出**

- DRPはvRdが$t_{PDDebounce}$期間続いたのを検出して,Attached.SRCに遷移し,VBUSをONし,vRdを検出しなかった方のCC2にVCONNをONします.そして,ソースが供給可能な電力が変化したなどの必要に応じてRpを調整します.

⑦シンク優先DRPが接続を検出

- シンク優先DRPはTry.SNKへ遷移し，t_{DRPTry}待った後からCC1, CC2電圧を監視します．vRdが$t_{tryCCDebounce}$期間続いたのを検出し，その後VBUSのONを検出して，Attached.SNKに遷移します．そして，CCを監視して，VBUS上で使用可能な電流を検出します．

⑧ 切断

- 切断以降の処理は，DRPとDRPの切断処理と同じため省略します．

● シンク優先DRPとシンク

図3.31は，シンク優先DRPとシンクとの接続です．前節では，DRPがシンクからソースに変わったので，シンク優先DRPは希望どおりシンクになれました．今回は相手がシンクなので，Try.SNKでシンクになろうとするけれど，結局シンクにはなれずにソースになるという動作です．

①非接続状態

- シンク優先DRPは，Unattached.SRCとUnattached.SNKを交互にトグルし，Unattached.SRCではCC1とCC2にRpをアサートし，Unattached.SNKではCC1とCC2にRdをアサートします．
- シンクはUnattached.SNKステートで，CC1およびCC2にRdをアサートします．

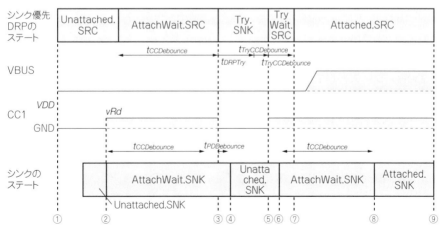

図3.31 シンク優先DRPとシンクの接続・切断のタイミングチャート

② 接続
- シンク優先DRPがUnattached.SRCのときに，プラグのCCと接続された CC1またはCC2のいずれか（図3.31ではCC1）がvRdとなり接続を検出します.
- CCで接続されなかった方のCC1またはCC2のいずれか（図3.31はCC2だが 図は省略）は，Eマーカありケーブルの場合はケーブルのRaにより電圧が vRaになり，Eマーカなしケーブルの場合は電圧に変化はありません. つま りソースはVDDのままで，シンクはGNDのままです.
- シンク優先DRPはUnattached.SRCからAttachWait.SRCに遷移し，vRdが $t_{CCDebounce}$期間続くかどうかを監視します.
- シンクはUnattached.SNKからAttachWait.SNKに遷移し，vRdが$t_{CCDebounce}$ 期間続くかどうかを監視します.

③ シンク優先DRPがTry.SNKへ遷移
- シンク優先DRPはvRdが$t_{CCDebounce}$期間続いたのを検出して，Try.SNKに遷 移します. Try.SNKではCCにRdをアサートします. 両方がRdになるため， CCは$vSNK.Open$（vRa以下の電圧）になります.

④ シンクが切断検出
- シンクはvRdが$t_{CCDebounce}$期間続いたのを検出し，VBUSがONになるのを 待っているときに，$vSNK.Open$を$t_{PDDebounce}$検出し，Unattached.SNKへ遷移 します. Unattached.SNKではCCにRdをアサートし，両方がRdのためCC は$vSNK.Open$のまま変化しません.

⑤ シンク優先DRPがTryWait.SRCへ遷移
- Try.SNKのシンク優先DRPはt_{DRPTry}期間待った後，CCを監視しvRdを $t_{TryCCDebounce}$期間検出しなかったため，TryWait.SRCへ遷移します. TryWait. SRCではCCにRpをアサートし，シンクのRdと合わせてCCがvRdになります.

⑥ シンクがAttachWait.SNKへ遷移
- シンクはvRdを検出し，Unattached.SNKからAttachWait.SNKに遷移し， vRdが$t_{CCDebounce}$期間続くかどうかを監視します.

⑦ シンク優先DRPが接続を検出
- シンク優先DRPはvRdが$t_{tryCCDebounce}$期間続いたのを検出して，Attached.SRC に遷移し，VBUSをONし，vRdを検出しなかった方のCC2にVCONNをON します.
- ソースは，ソースが供給可能な電力が変化したなどの必要に応じてRpを調 整します.

⑧**シンクが接続を検出**
- シンクはvRdが$t_{CCDebounce}$期間続いたのを検出し，その後VBUSのONを検出して，Attached.SNKに遷移します．そして，CCを監視して，VBUS上で使用可能な電流を検出します．

⑨**切断以降の処理**
- DRPとシンクの切断処理と同じため省略します．

● シンク優先DRPとシンク優先DRP

図3.32は，シンク優先DRP同士の接続です．これも普通のDRP同士の接続のように，どちらがソースで，どちらがシンクになるかはランダムに決まります．

①**非接続状態**
- シンク優先DRP #1は，Unattached.SRCとUnattached.SNKを交互にトグルし，Unattached.SRCではCC1とCC2にRpをアサートし，Unattached.SNKではCC1とCC2にRdをアサートします．
- シンク優先DRP #2もUnattached.SRCとUnattached.SNKを交互にトグルし，これはシンク優先DRP #1とは独立に行われます．

②**接続**
- どちらがソースかシンクになるかは，互いのトグルの周期と位相，接続されるタイミングによって決まります．

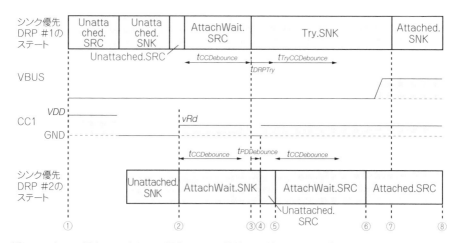

図3.32　シンク優先DRPとシンク優先シンクの接続・切断のタイミングチャート

- シンク優先DRP #1がUnattached.SRC，シンク優先DRP #2がUnattached.SNKになったときに，プラグのCCと接続されたCC1またはCC2のいずれか（**図3.32**ではCC1）の電圧がvRdに変化し，接続を検出します．
- CCで接続されなかった方のCC1またはCC2のいずれか（**図3.32**ではCC2だが図は省略）は，Eマーカありケーブルの場合はケーブルのRaにより電圧がvRaになり，Eマーカなしケーブルの場合は電圧に変化はありません．つまりソースはVDDのままで，シンクはGNDのままです．
- シンク優先DRP #1はUnattached.SRCからAttachWait.SRCに遷移し，vRdが$t_{CCDebounce}$期間続くかどうかを監視します．
- シンク優先DRP #2はUnattached.SNKからAttachWait.SNKに遷移し，vRdが$t_{CCDebounce}$期間続くかどうかを監視します．

③シンク優先DRP #1がTry.SNKへ遷移

- シンク優先DRP #1はvRdが$t_{CCDebounce}$期間続いたのを検出して，Try.SNKに遷移します．Try.SNKではCCにRdをアサートします．両方がRdになるため，CCは$vSNK.Open$（vRa以下の電圧）になります．

④ シンク優先DRP #2が切断検出

- シンク優先DRP #2はvRdが$t_{CCDebounce}$期間続いたのを検出し，VBUSがONになるのを待っているときに，$vSNK.Open$を$t_{PDDebounce}$期間検出し，Unattached.SRCへ遷移します．Unattached.SRCではCCにRpをアサートし，シンク優先DRP #1のRdと合わせてvRdの電圧になります．

⑤シンク優先DRP #2がソースとして再接続

- シンク優先DRP #2はUnattached.SRCからAttachWait.SRCに遷移し，vRdが$t_{CCDebounce}$期間続くかどうかを監視します．

⑥シンク優先DRP #2が接続を検出

- シンク優先DRP #2はvRdが$t_{CCDebounce}$期間続いたのを検出して，Attached.SRCに遷移し，VBUSをONし，vRdを検出しなかった方のCC2にVCONNをONします．そして，ソースが供給可能な電力が変化したなどの必要に応じてRpを調整します．

⑦シンク優先DRP #1が接続を検出

- シンク優先DRP #1はt_{DRPTry}期間待った後，vRdが$t_{TryCCDebounce}$期間続いたのを検出し，その後VBUSのONを検出して，Attached.SNKに遷移します．

⑧切断以降の処理

- DRPとDRPの切断処理と同じため省略します．

● ソース優先DRPとシンク優先DRP

　ソース優先DRPがソース，シンク優先DRPがシンクで始めに接続した場合は，DRPとDRPの接続・切断と同じになり，ソース優先DRPがシンク，シンク優先DRPがソースで始めに接続した場合はシンク優先DRPとDRPの接続・切断と同じになるため，省略します．

● アクセサリ・サポートのシンクとオーディオ・アクセサリ

　図3.33は，オーディオ・アクセサリをサポートしたシンクとオーディオ・アクセサリとの接続・切断の動作説明です．図3.19の状態遷移図も一緒にご覧ください．

①非接続状態
- シンクはUnattached.SNKとUnattached.Accessoryを交互にトグルし，Unattached.SNKではCC1とCC2にRdをアサートし，Unattached.AccessoryではCC1とCC2にRpをアサートします．
- オーディオ・アクセサリはCC1とCC2の両方にRaをアサートします．

②接続
- シンクがUnattached.AccessoryのときにCC1およびCC2の両方の電圧がvRaに変化します．
- シンクはUnattached.AccessoryからAttachWait.Accessoryに遷移し，CC1

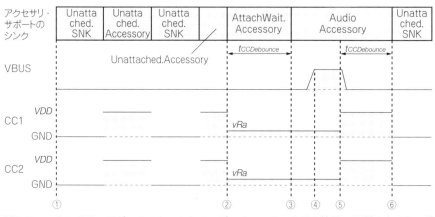

図3.33　アクセサリ・サポートのシンクとオーディオ・アクセサリの接続・切断のタイミングチャート

と CC2 共に vRa が $t_{CCDebounce}$ 期間続くかどうかを監視します.

③シンクが接続を検出

- シンクは CC1 と CC2 共に vRa が $t_{CCDebounce}$ 期間続いたのを検出して,Audio Accessory に遷移します.

④オーディオ・アクセサリがVBUSを供給する(オプション)

- オーディオ・アクセサリがオプションとして VBUS 供給できる場合,VBUS を ON にします.このときシンクは 5V,500mA まで消費可能です.

⑤切断

- オーディオ・アクセサリ全体が抜かれた場合,CC1 および CC2 が $vOPEN$(vRd 以上の電圧)となり,VBUS は OFF します.オーディオ・アクセサリは抜かれず,オーディオ・アクセサリからヘッドセットだけが抜かれた場合,CC1 および CC2 が $vOPEN$ となりますが,VBUS を供給し続けることは可能です.

⑥シンクが切断検出

- CC の電圧が $vOPEN$ になったことが $t_{CCDebounce}$ 期間続いたのを検出すると切断検出し,Unattached.SNK に遷移します.その後,Unattached.SNK と Unattached. Accessory とのトグルを再開します.

● アクセサリ・サポートのシンクとVCONNパワード・アクセサリ

図 3.34 は,VCONN パワード・アクセサリをサポートしたシンクと VCONN パワード・アクセサリとの接続・切断の動作説明です.図 3.19 の状態遷移図も一緒にご覧ください.

①非接続状態

- シンクは Unattached.SNK と Unattached.Accessory を交互にトグルし,Unattached. SNK では CC1 と CC2 に Rd をアサートし,Unattached.Accessory では CC1 と CC2 に Rp をアサートします.
- VCONN パワード・アクセサリは電源 OFF 状態で,CC1 に Rd,CC2 に Ra が見えるだけの状態になっています.

②接続

- シンクが Unattached.Accessory のときに,一方の CC1 が vRd,もう一方の CC が vRa に変化します.
- シンクは Unattached.Accessory から AttachWait.Accessory に遷移し,一方の CC が vRd,もう一方の CC が vRa の状態が $t_{CCDebounce}$ 期間続くかどうかを監視します.

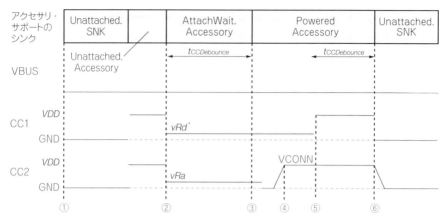

図3.34　アクセサリ・サポートのシンクとVCONNパワード・アクセサリの接続・切断のタイミングチャート

③**シンクが接続を検出**
- シンクは一方のCCがvRd，もう一方のCCがvRaの状態が$t_{CCDebounce}$期間続いたのを検出してPoweredAccessoryに遷移します．

④**VCONNを供給する**
- シンクはvRaを検出したCCにVCONNをONにします．これによりVCONNパワード・アクセサリは電源ON状態になります．

⑤**切断**
- VCONNパワード・アクセサリが抜かれた場合，vRd'が見えていたCCが$vOPEN$（vRd以上の電圧）となります．

⑥**シンクが切断検出**
- CCの電圧が$vOPEN$になったことが$t_{CCDebounce}$期間続いたのを検出することにより切断検出し，Unattached.SNKに遷移します．その後，Unattached.SNKとUnattached.Accessoryとのトグルを再開します．

● **アクセサリ・サポートのシンクとAlternate Mode非対応のVCONN
パワード・アクセサリ**

　図3.35は，アクセサリをサポートしたシンクとVCONNパワード・アクセサリとの接続・切断の動作説明です．オーディオ・アクセサリのときと違って，ポートが対応するAlternate Modeとアクセサリの対応するものが一致しなかった場

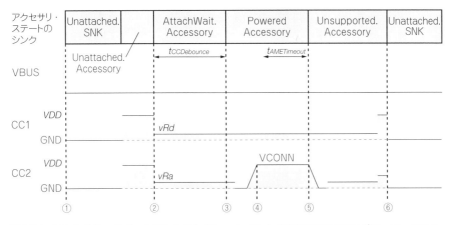

図3.35 アクセサリ・サポートのシンクとAlternate Mode非対応のVCONNパワード・アクセサリとの接続・切断のタイミングチャート

合です．図3.19の状態遷移図も一緒にご覧ください．

①非接続状態～④VCONNを供給する

- アクセサリ・サポートのシンクとVCONNパワード・アクセサリの接続・切断と同じなため，省略します．

⑤接続されたデバイスがAlternate Mode非対応のVCONNパワード・アクセサリであることを検出

- 接続されたデバイスがAlternate Modeに対応しているが，シンクが指定したモードに$t_{AMETimeout}$期間以内に入れない場合，シンクはVCONNをOFFしてUnsupported.Accessoryへ遷移します．

⑥切断

- VCONNパワード・アクセサリが切断されCCが$vOPEN$（vRd以上の電圧）となったことを検出して，シンクはUnattached.SNKに遷移します．その後，Unattached.SNKとUnattached.Accessoryとのトグルを再開します．

● アクセサリ・サポートのシンクとVCONNパワード・アクセサリ以外

図3.36は，VCONNパワード・アクセサリをサポートしたシンクに，ソースやDRPが接続され，Unattached.Accessoryで接続を検出した場合の動作です．Try.SNKへ遷移し，その後はシンクとして接続します．図3.19の状態遷移図も一緒にご覧ください．

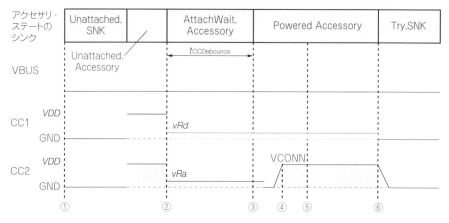

図3.36　アクセサリ・サポートのシンクと *VCONN* パワード・アクセサリ以外との接続・切断の
タイミングチャート

①非接続状態～④VCONN を供給する

- アクセサリ・サポートのシンクとVCONNパワード・アクセサリの接続・切断と同じです.

⑤接続されたデバイスがVCONNパワード・アクセサリでないことを検出

- 接続されたデバイスがVCONNパワード・アクセサリでない，例えばPower Delivery非対応，Power Delivery対応だがAlternate Mode非対応，あるいはシンクやDRPだった場合，シンクはTry.SNKへ遷移します.

⑥VCONN の OFF

- PoweredAccessory から Try.SNK へ遷移するときにVCONN を OFF します.

のざき・はじめ

ルネサス エレクトロニクス (株)

池田 浩昭

第**4**章

USB Type-Cの
コネクタ&ケーブル

　従来のUSBコネクタを持つ機器と接続するために，多くの種類のUSB Type-Cケーブルが存在し，転送伝送レートや許容電流，CC端子の処理がそれぞれ異なります．また，レセプタクルはノイズ問題を解決するための構造が追加されました．本章では，USB Type-Cコネクタ，ケーブルの種類や構造，ピン配置，フットプリントについて解説します．

4.1　USB Type-Cコネクタの特徴

● 従来のUSBコネクタと嵌合できない

　USB 3.0までのコネクタは下位互換性があり，USB 3.0規格のコネクタでもUSB 2.0規格のコネクタと嵌合できるように考慮されていました（**コラム4.A**）．USB Type-C（以下，Type-C）規格のコネクタは，従来のUSBコネクタと形状がまったく異なり，同じUSBですがUSB 2.0やUSB 3.0規格のコネクタとは嵌合できません．

● ホストとデバイスの区別がなく，コネクタの裏表を気にする必要もない

　従来のUSB規格は，ホスト側がType-A（Standard-A，Micro-A）コネクタで，デバイス側がType-B（Standard-B，Micro-B）コネクタと決まっていました．Type-Cコネクタは，ホストとデバイスの両方への実装が可能で，ホスト側とデバイス側で同じコネクタが使用されます．また，Type-AやType-Bのコネクタに関わらず，一般的なコネクタは上下方向が決まっています．そのため，嵌合させる向きを合わせる必要があります．しかし，Type-Cコネクタは，嵌合させる際に上下の向きを気にする必要はありません．

　従来のUSBコネクタの，特にStandard-Aはプラグもレセプタクルも長方形なので上下方向が分かりにくく，プラグとレセプタクルの両方を嵌合面から確認しないとうまく接続できませんでした．パソコンの裏側にあるポートにUSBマウスやキーボードのコネクタを挿す際に，苦労したことがある方は多いのではない

でしょうか．Type-Cは嵌合の上下方向を気にすることなくスムーズに接続できます．

● 映像信号も伝送できる

Type-C規格の特徴の1つして，Alternate Modeが挙げられます（第7章参照）．USB規格のコネクタにも関わらず，異なる規格の信号を流すことができます．例えば，パソコンの映像出力インターフェース規格であるDisplayPortや映像や音声を伝送できる通信規格のHDMI，Intel社が提唱している高速データ伝送技術であるThunderbolt 3（Appendix 2参照）のデータを伝送できます．Alternate Modeにより，Type-Cコネクタを使って各種の機器（モニタやテレビ，Thunderbolt対応機器）の接続が可能になりました．

コラム 4.A　復習…従来のUSBコネクタの互換性

表4.Aに，USB 3.0とUSB 2.0のコネクタの互換性を示します．

ホスト側のType-Aコネクタは完全な互換性があり，USB 3.0のレセプタクルとUSB 2.0のプラグや，USB 2.0のレセプタクルとUSB 3.0のプラグの組み合わせで嵌合できます．

デバイス側のType-Bコネクタにおいては，USB 3.0のレセプタクルとUSB 2.0のプラグは嵌合できますが，USB 2.0のレセプタクルとUSB 3.0のプラグは嵌合できません．しかし，USBケーブルはデバイス側の機器に同梱されており，デバイスのUSB規格に合わせたプラグが付いています．そのため，実用上は問題にはなりません．また，パソコンを買い換えてホスト側がUSB 3.0対応になっても，Type-Aコネクタは USB 2.0とUSB 3.0の両方に接続できるので，従来から持っているUSB 2.0のデバイス機器はそのまま利用できます．

表4.A　従来のUSBコネクタは互換性が保たれている

プラグ／レセプタクル	USB 2.0	USB 3.0
USB 2.0	○	○
USB 3.0	○	○

（a）ホスト側のType-Aコネクタ

プラグ／レセプタクル	USB 2.0	USB 3.0
USB 2.0	○	×
USB 3.0	○	○

実用上，問題にならない

（b）デバイス側のType-Bコネクタ

● ユニバーサルなコネクタの誕生

Type-Cコネクタの出現により，ディスプレイ系やUSB系，電源系の信号が伝送でき，嵌合の上下方向やパソコンと周辺機器の方向（ホスト側とデバイス側の区別）を全く気にせず接続できます．あらゆる周辺機器に利用できる，本当の意味でのユニバーサルなコネクタが実現されました．

4.2 USB Type-Cのレセプタクル

● レセプタクルの形状

写真4.1は，一般的な水平嵌合タイプのType-Cレセプタクルです．Type-Cのレセプタクル嵌合間口をUSB 3.2のStandard-Aと比較すると，高さは半分の2.56mm，幅は3分の2の8.34mmになり，非常にコンパクトになっています（コラム4.B）．

嵌合間口は，他社のプラグとも確実に嵌合し電気信号を伝える必要があるため，規格上，厳密に寸法管理が施されています．その一方，本体の奥行き寸法やコネクタ実装時の高さ，フットプリントの寸法には規定はありません．フットプリントや嵌合間口以外の形状を自由に設計できるため，製品用途に応じたさまざまなコネクタが製造可能になります．例えば，写真4.2は，写真4.1と同じ水平嵌合タイプですが，表面実装（Surface Mount Technology；SMT）とスルーホールのコンタクトが混在しています．写真4.3は垂直に嵌合できるコネクタになります．

注意点としては，コネクタ・メーカを変更すると，フットプリントが違っていて基板に実装できなくなったり，形状が異なりケースに収まらなくなることがあることです．

● レセプタクルの構造

図4.1にレセプタクルの構造を示します．

写真4.1
Type-Cレセ
プタクル①
表面実装の水
平嵌合タイプ
（2列SMT）

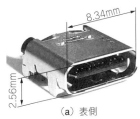

8.34mm

2.56mm

(a) 表側

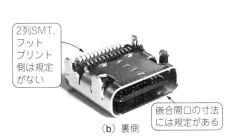

2列SMT，
フット
プリント
側は規定
がない

嵌合間口の寸法
には規定がある

(b) 裏側

コラム 4.B　Type-Cは小さくて高密度なコネクタ

　表4.Bに代表的なUSBコネクタの外形寸法と芯数，1レーン当たりの転送速度を示します．Type-Cコネクタは，USB 2.0対応のMicro-Bコネクタと比較すると，高さ方向で0.71mm，横幅で1.42mmとわずかに大きいです．しかし，芯数はMicro-Bの5芯に対して24芯あり，コンタクト間ピッチも0.65mmに対して0.5mmです．信号はMicro-Bが1列に対して2列になっています．コネクタのコンタクトの間隔が非常に狭く，高密度であることが分かります．

表4.B　USBコネクタの比較
芯数やコンタクトの列数を比較すると，Type-Cコネクタの中にはギュッと高密度にコンタクトが実装されていることが分かる

規　格	Micro-B (USB 2.0)	Micro-B (USB 3.2)
芯　数	5	10
コンタクト間のピッチ [mm]	0.65	0.65
コンタクトの列	1	1
レセプタクル形状		
高さ寸法H [mm]	1.85	1.85
横寸法W [mm]	6.92	12.25

規　格	Standard-A (USB 3.2)	Type-C
芯　数	9	24
コンタクト間のピッチ [mm]	2 (USB 3.2) 2.5 (USB 2.0)	0.5
コンタクトの列	2	2
レセプタクル形状		
高さ寸法H [mm]	5.12	2.56
横寸法W [mm]	12.5	8.34

　一般的なコネクタは，コネクタの強度を保ちフリクション・ロックさせるための金属シェル，信号を流すためのコンタクト，コンタクトを保持して絶縁を保つためのインシュレータの3つの部品で構成されます．

奥行き寸法の規定はない

SMTとスルーホールが混載

実装高さの規定はない

（a）表側　（b）裏側

写真4.2　Type-Cレセプタクル②　表面実装とスルーホール混在の水平嵌合タイプ（ハイブリッド）

写真4.3　Type-Cレセプタクル③垂直嵌合タイプ
ドッキング・ステーションやグレードルに使用される

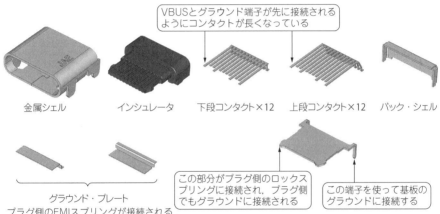

VBUSとグラウンド端子が先に接続されるようにコンタクトが長くなっている

金属シェル　インシュレータ　下段コンタクト×12　上段コンタクト×12　バック・シェル

グラウンド・プレート
プラグ側のEMIスプリングが接続される。レセプタクルのシェルに接続され，最終的に基板のグラウンドにつながる

この部分がプラグ側のロックスプリングに接続され，プラグ側でもグラウンドに接続される

この端子を使って基板のグラウンドに接続する

ミッド・プレート
金属製のプレートでクロストークを低減する

図4.1　Type-Cレセプタクルの構造
クロストークを防止する金属製のミッド・プレートと放射ノイズの低減を狙ったグラウンド・プレートが追加されている

　Type-Cコネクタは，将来を見越して1レーンあたり20Gbpsの信号伝送まで耐えられる規格になっています．そのため，上段コンタクトと下段コンタクトの間のクロストークを防止する金属製のミッド・プレートが追加され，このミッド・プレートの端子は基板のグラウンドに接続されます．さらに，インシュレータの上下にグラウンド・プレートと呼ばれる板状の金属も追加されています．これは，プラグの先端にあるEMI（ElectroMagnetic Interference）スプリングと接続させることにより，放射ノイズの低減を狙ったものです．

● **実装方法**

　図4.2(a)のように，通常は基板の上にコネクタが実装されますが，図4.2(b)のように，基板に切り欠きを入れてコネクタをより低い位置に実装する"落とし込み"という方法もあります．これにより，コネクタの実装位置を低くできます．

　また，写真4.3のような垂直嵌合タイプのコネクタを使用することにより，基板に対して垂直に実装することも可能です．これは，パソコンのドッキング・ステーション（主にノート・パソコン用に外付けモニタやキーボード，LANケーブル，充電機能を集約した機能拡張用のボックス）や，スマートフォンのクレードル（充電機能やパソコンと通信機能などがある台座）に使用されます．

● **フットプリント**

　フットプリントの寸法は規格では定められていないので，コネクタ・メーカにより異なるので，参考寸法としてご覧ください．実際に利用する際はコネクタ・メーカに問い合わせし，DXFなどのCADデータを入手してください．

　はじめに通常実装のフットプリントを示します．図4.3は2列のピンが両方ともSMTになっている2列SMTタイプ（Dual SMT）のフットプリントです．図4.4は内側がスルーホールで外側がSMTになっているハイブリッド・タイプ（Hybrid）のフットプリントです．ハイブリッド・タイプは，はんだ付けの不良が修正しやすく，機械的強度が強くなります．

　次に，落とし込み実装のフットプリントを示します．図4.5は2列SMTタイプの，図4.6はハイブリッド・タイプのフットプリントです．

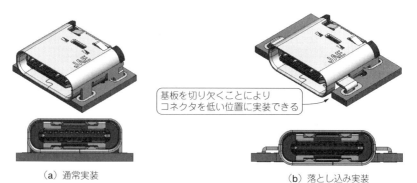

基板を切り欠くことにより
コネクタを低い位置に実装できる

（a）通常実装　　　　　　　　　　　　　　　（b）落とし込み実装

図4.2　コネクタを低い位置に実装する「落とし込み」

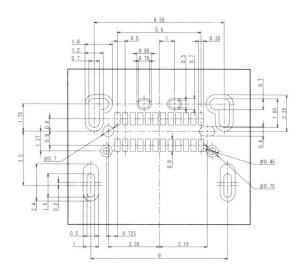

図4.3
2列SMTタイプの
フットプリント

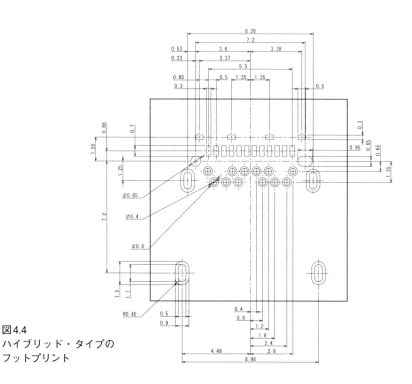

図4.4
ハイブリッド・タイプの
フットプリント

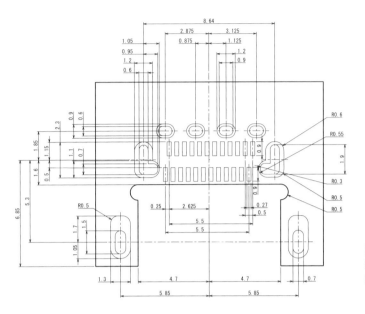

図4.5
落とし込み実装の
2列SMTタイプの
フットプリント

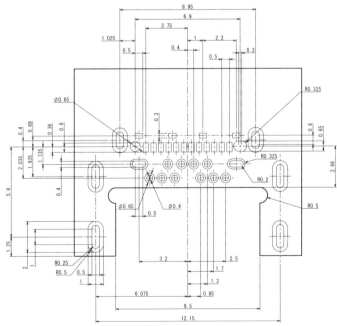

図4.6
落とし込み実装の
ハイブリッド・タ
イプのフットプリ
ント

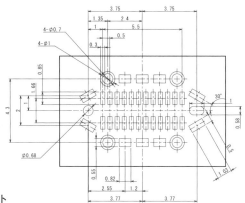

図4.7
垂直嵌合タイプのフットプリント

図4.7は，垂直嵌合の2列SMTタイプのフットプリントです．この垂直嵌合タイプもコネクタ・メーカによりフットプリントが異なります．

4.3 USB Type-C のプラグとケーブル

● プラグの形状

Type-Cのプラグを**写真4.4**に示します．レセプタクルと同様に，プラグの嵌合間口の寸法も規格で定められています．

ケーブル・アセンブリ状態でのフード（プラグとワイヤ接合部を保護する樹脂製の部分）の寸法も決まっていて，高さは6.5mm以下で，幅は12.35mm以下です．幅はレセプタクルを横一列に並べたときにぶつからないように決められています．高さは最近の薄いノート・パソコンに接続することを想定しています．フー

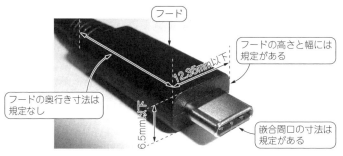

写真4.4
Type-Cケーブル
嵌合間口とフードの寸法は規格で定められている

97

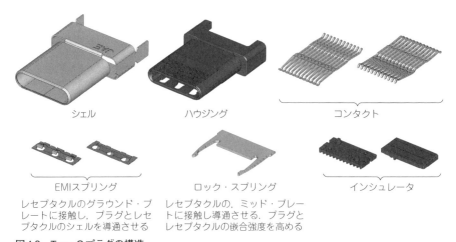

シェル　　　　　　　　　　　ハウジング　　　　　　　　　　　コンタクト

EMIスプリング　　　　　　　ロック・スプリング　　　　　　　インシュレータ

レセプタクルのグラウンド・プ　レセプタクルの，ミッド・プレー
レートに接触し，プラグとレセ　トに接触し導通させる．プラグと
プタクルのシェルを導通させる　レセプタクルの嵌合強度を高める

図4.8　Type-Cプラグの構造
ノイズを抑えたり嵌合強度を高めるためにEMIスプリングとロック・スプリングがある

ドが高いと，接続したときにノート・パソコンが机の上から浮いてしまうことが
あるからです．また，フード寸法に規定があるので太いケーブルは使えません．

● プラグの構造

　図4.8に示すように，プラグにもレセプタクル同様に，EMIスプリングやロッ
ク・スプリングがあります．

　EMIスプリングはレセプタクルとプラグのシェル同士が確実に導通するよう
にバネ性を持ち，レセプタクルのグラウンド・プレートに接続されます．EMI
スプリングは，プラグ・シェルを介して，プラグ内部の子基板（パドル・カード）
のグラウンドに接続されます．

　ロック・スプリングはレセプタクルのミッド・プレートに接触します．コネク
タの嵌合力を高めると同時に電気的にも接続されるので，上段と下段のコンタク
ト間のクロストークを低減するのにひと役買っています．

● プラグとケーブルを接続する子基板「パドル・カード」

　プラグの結線は，**写真4.5**のパドル・カードと呼ばれる子基板を介して，ケー
ブルと接続されます．パドル・カードにはEマーカ（E-marker）と呼ばれるLSIと，
VBUSとGND端子間のコンデンサなどが実装されています．Eマーカには，ケー
ブルの許容電流やベンダIDなどが記録されており，CC（Configuration Channel）

ケーブルの素性を記録したLSIが
実装されている（Eマーカ）

VBUSとGND間のコンデンサ

写真4.5 プラグとケーブルはパドル・カードで結線される
基板にEマーカが実装されている

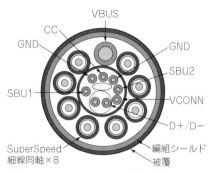

VBUS
CC
GND
GND
SBU2
SBU1
VCONN
D＋/D－
SuperSpeed
細線同軸×8
編組シールド
被覆

図4.9 Type-Cケーブルの構造

端子を使ってホスト側もしくはデバイス側から情報を読み取れます．

● ケーブルの構造

Type-Cケーブルの断面構造を**図4.9**に示します．SuperSpeed用のワイヤは細線同軸です．8本を使用して差動信号ペアを4組構成しています．このワイヤは電気特性（後述）を満足すればよいので，STP（Shielded Twisted Pair）ワイヤを使うことも可能です．規格にはワイヤに関する特別な規定はありません．

他に，コネクタの上下の向きやPower Deliveryの通信に使用するCC，DisplayPortやその他の規格に使うためのSBU（Side Band Use），Eマーカへの電源供給用のVCONN，デバイスまたはホストへの電源となるVBUSとGND，USB 2.0規格のD＋/D－信号用のワイヤがあります．これらのワイヤを複合し，外側をシールド用の編組線（細い銅線を筒状に編んだもの）で覆い，樹脂製の絶縁材で被覆します．ケーブルの最大径は，プラグのフード寸法規定より6.5mmとなります．

4.4　USB Type-Cコネクタの信号配列

● 上下反転しても接続可能な信号配列

図4.10（a）にレセプタクル側の信号配列を，**図4.10**（b）にプラグ側の信号配列を示します．コネクタを嵌合させる向きを上下反転させても，同じ信号と電源ピンに接続されるように，信号配列が決まっています．

▶SuperSpeed用の信号

TX1とRX1，TX2とRX2の2レーン分あり，レーン1またはレーン2のどちら

99

か，または両方を使用します．レセプタクルとプラグの上下方向が逆に接続されると，TX1＋（RX1＋）はTX2＋（RX2＋）に，TX1－（RX1－）はTX2－（RX2－）に接続されます．これはCC端子を使ってコネクタの嵌合の向きを検出し，ホストおよびデバイス側のLSIで切り替えることで実現しています．

▶コネクタの向きを検出するCC端子

プラグのCC端子（A5）がレセプタクルのCC1端子（A5）に接続されれば，Super Speedの信号はTX1＋/TX1－とRX1＋/RX1－を使い，D＋/D－はレセプタクルの上段にあるA6とA7の端子を使います．プラグが上下逆に嵌合した場合は，プラグのCC端子（A5）がレセプタクルのCC2端子（B5）に接続されるので，レセプタクルはTX2＋/TX2－とRX2＋/RX2－を，D＋/D－は下段側のB6とB7の端子が使われます．**図4.10（b）**のプラグ側の信号配列を見るとCC端子が1つしかなく，レセプタクルのCC2端子に相当する部分はVCONNとなっています．こ

A1	A2	A3	A4	A5	A6	A7	A8	A9	A10	A11	A12
GND	TX1＋	TX1－	VBUS	CC1	D1＋	D1－	SBU1	VBUS	RX2－	RX2＋	GND
GND	RX1＋	RX1－	VBUS	SBU2	D2－	D2＋	CC2	VBUS	TX2－	TX2＋	GND
B12	B11	B10	B9	B8	B7	B6	B5	B4	B3	B2	B1

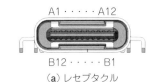

A1 ・・・・・ A12

B12 ・・・・・ B1

(a) レセプタクル

CC端子は1個

A12	A11	A10	A9	A8	A7	A6	A5	A4	A3	A2	A1
GND	RX2＋	RX2－	VBUS	SBU1	D－	D＋	CC	VBUS	TX1－	TX1＋	GND
GND	TX2＋	TX2－	VBUS	VCONN			SBU2	VBUS	RX1－	RX1＋	GND
B1	B2	B3	B4	B5	B6	B7	B8	B9	B10	B11	B12

CC2はなくVCONN

D＋/D－は上段のみ

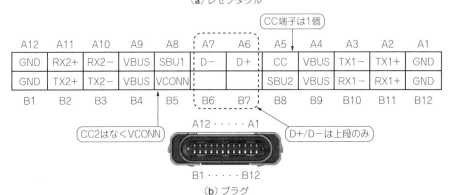

A12 ・・・・・ A1

B1 ・・・・・ B12

(b) プラグ

図4.10 Type-Cコネクタの信号配列
上下反転させて嵌合しても信号が接続されるような配置になっている．GND端子は上下左右の4隅に配置され，温度上昇が考慮されている

のVCONN端子はプラグのEマーカへの電源供給に使われます.

プラグでは,USB 2.0のD＋/D－の下段側(B6, B7)は未接続となっているので,Type-Cのケーブル・ハーネスには,1組のD＋/D－のケーブルしかありません.つまり,プラグ端子のB6とB7にはケーブルが接続されていません.

▶電力供給のための端子

Type-Cコネクタは4組のGND端子とVBUSを持っています.4端子の合計で5Aの電流容量があるため,規格上は最大100W(5A/20V)の電力供給が可能です.Type-Cコネクタの端子幅は全て同じです.したがって,原理的には各端子の電

コラム 4.C	計測機器や産業用機器用 スクリューロック付きType-Cコネクタ

　Type-Cコネクタはパソコンとその周辺機種だけでなく,計測機器や産業用機器のデータ通信にも使うことも想定しています.計測機器や産業機器では,コネクタの抜き差しは頻繁に発生しません.逆にロック機構があって堅牢なものが求められます.そこで,**図4.A**に示すスクリューロック付きのType-Cコネクタが規格化されました.電気的特性と機械的強度は,従来のType-Cコネクタと同じ仕様になっています.**図4.A**(**a**)に示すシングル・スクリューロック・タイプの横方向寸法は最大で12.35mmで,通常のType-Cコネクタと同じです.**図4.A**(**b**)のデュアル・スクリューロック・タイプは,プラグ・フードの縦方向寸法が通常のType-Cコネクタと同一寸法の6.5mmとなります.

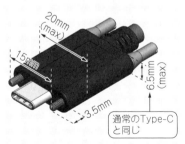

（a）シングル・スクリューロック・タイプ　横方向の寸法は通常のType-Cプラグと同じ

（b）デュアル・スクリューロック・タイプ　縦方向の寸法は通常のType-Cプラグと同じ

図4.A　産業用機器用のスクリューロック付きType-Cコネクタ

流容量は1.25Aとなります．しかし，全ての端子に1.25Aの電流を流すと，測定環境からの温度上昇が30℃を超えてしまうため，安全規格上の問題となります．

　Type-Cコネクタの場合は，現実に流れる電流値を想定して，各端子に異なる電流値を設定して，温度上昇が30℃以下となることを保証しています．GNDは4つの端子を使って6.25A（1つの端子あたり1.56A），VCONNは1つの端子あたり1.25A，その他信号用は0.25Aとしています．これらの電流値であれば，温度上昇が30℃以下になります．GND端子に流れる電流は1.25Aを超えますが，放熱性が高いコネクタ端に配置し，また近隣端子に流れる電流が0.25A以下となっているため，温度上昇を抑えることができます．

● 各信号の機能

　表4.1に，Type-Cレセプタクルの信号の機能を示します．表4.1（a）は通常のType-Cレセクタプルの信号を，表4.1（b）にはUSB 2.0専用のType-Cレセクタプルの信号を示します．

　USB 2.0専用の場合は，SuperSpeedレーン（TX1，TX2，RX1，RX2）は使わないので空き端子になりますが，プリント基板上で電源やGND端子に接続してはいけません．機器の相手側がSuperSpeedに対応している場合，SuperSpeed

---

コラム 4.D　電源専用プラグ（Power Only Plug）の規定

　Type-Cでは，図4.Bに示すVBUS，GND，CC端子のみを持つ電源専用プラグの規定があります．この電源専用プラグの反対側にはコネクタはなく，デバイス機器などに直結する構造になっています．このようなケーブルのことを，キャプティブ・ケーブルと呼びます．この電源専用プラグは，ホスト機器として電力を供給する側ではなく，デバイス側への電源供給を想定しているので，充電用途には利用できません．

A12	A11	A10	A8	A7	A6	A5	A4	A3	A2	A1
GND			VBUS			CC	VBUS			GND
GND			VBUS				VBUS			GND
B1	B2	B3	B5	B6	B7	B8	B9	B10	B11	B12

図4.B　電源専用プラグのピン配置
VBUSとGND，CC端子のみを利用する

表4.1 Type-Cレセプタクルの信号の機能

ピン番号	信号名	機能	接続順序	ピン番号	信号名	機能	接続順序
A1	GND	グラウンド	1番目	B12	GND	グラウンド	1番目
A2	TX1＋	SupperSpeed用送信側正極	2番目	B11	RX1＋	SupperSpeed用受信側正極	2番目
A3	TX1－	SupperSpeed用送信側負極	2番目	B10	RX1－	SupperSpeed用受信側負極	2番目
A4	VBUS	電源	1番目	B9	VBUS	電源	1番目
A5	CC1	Power Delivery 通信および接続状況確認	2番目	B8	SBU2	予備の制御，通信用（未使用）	2番目
A6	D1＋	USB 2.0用 正極（正立）	2番目	B7	D2－	USB 2.0用 負極（倒立）	2番目
A7	D1－	USB 2.0用 負極（正立）	2番目	B6	D2＋	USB 2.0用 正極（倒立）	2番目
A8	SBU1	予備の制御，通信用（未使用）	2番目	B5	CC2	Power Delivery 通信および接続状況確認	2番目
A9	VBUS	電源	1番目	B4	VBUS	電源	1番目
A10	RX2－	SupperSpeed用受信側負極	2番目	B3	TX2－	SupperSpeed用送信側負極	2番目
A11	RX2＋	SupperSpeed用受信側正極	2番目	B2	TX2＋	SupperSpeed用送信側正極	2番目
A12	GND	グラウンド	1番目	B1	GND	グラウンド	1番目

（a）通常のType-Cの場合
D＋/D－は一対しか接続されないので24芯中22芯の接続となる

ピン番号	信号名	機能	接続順序	ピン番号	信号名	機能	接続順序
A1	GND	グラウンド	1番目	B12	GND	グラウンド	1番目
A2		電源とグラウンド，信号線とは接続不可（未接続）		B11		電源とグラウンド，信号線とは接続不可（未接続）	
A3				B10			
A4	VBUS	電源	1番目	B9	VBUS	電源	1番目
A5	CC1	PowerDelivary 通信および接続状況確認	2番目	B8	SBU2	予備の制御，通信用（未使用）	2番目
A6	D1＋	USB 2.0用 正極（正立）	2番目	B7	D2－	USB 2.0用 負極（倒立）	2番目
A7	D1－	USB 2.0用 負極（正立）	2番目	B6	D2＋	USB 2.0用 正極（倒立）	2番目
A8	SBU1	予備の制御，通信用（未使用）	2番目	B5	CC2	PowerDelivari通信および接続状況確認	2番目
A9	VBUS	電源	1番目	B4	VBUS	電源	1番目
A10		電源とグラウンド，信号線とは接続不可（未接続）		B3		電源とグラウンド，信号線とは接続不可（未接続）	
A11				B2			
A12	GND	グラウンド	1番目	B1	GND	グラウンド	1番目

（b）USB 2.0専用の場合
SuperSpeedの端子は未接続となる

レーンがGNDや電源にショートして破損する可能性があるからです．また，USB 2.0専用のType-Cレセプタクルでは，SuperSpeedレーンの端子がないタイプも存在しています．通常のType-Cレセプタクルとの違いはSuperSpeedレーン部のみで，他のCCやVCONN端子は同一です．

▶ GND と VBUS

Type-Cレセプタクルの4隅に配置されたGNDは，VBUSや信号線，制御線の帰路として使われます．GND 4端子分で合計6.25Aの電流容量です．

VBUSは接続されるデバイスまたはホスト機器への電源供給を目的としており，最大100W（20V/5A）の電力が供給可能です．USB 3.2のVBUSはホスト機器からデバイス機器への電源供給のみでしたが，Type-Cでは，Power Deliveryを使うことにより，デバイスからホストへの電源供給も可能になりました．

▶ TX1 と RX1，TX2 と RX2

TX1とRX1（またはTX2とRX2）は，それぞれ送信と受信の差動信号配線です．USB 3.2 Gen1で5Gbps，USB 3.2 Gen2で10Gbpsの転送速度に対応しています．SuperSpeedの特性インピーダンスは差動で85 Ωとなっています．

▶ D1＋/D1－，D2＋/D2－

USB 2.0用の信号はD1＋/D1－とD2＋/D2－があります．High-Speed，Low-Speed，Full-Speedの通信用として，最大480Mbpsの転送速度に対応します．

プラグとの嵌合方向で，D1＋/D1－とD2＋/D2－のどちらか一方を使いますが，ケーブルが接続されるまで，どちらが使われるかは分かりません．したがって，プリント基板上でD1＋とD2＋，D1－とD2－の端子がショートするように配線します．分岐による反射を避けるために，なるべくレセプタクルの近くでショートさせる必要があり，分岐後の配線長は3.5mm以下が推奨されています．

▶ CC1，CC2

CC1とCC2は，どちらか一方が接続状況（コネクタの上下の向き，ホストとデバイスの関係）やPower Deliveryの通信に使われます．通信に使われないCC端子はVCONNとして，プラグのEマーカ（ケーブル製造メーカの認証番号やPower Deliveryの通信に必要な情報が書き込まれたROM）駆動用の電源として使われます．

▶ SBU (Side Band Use)

SBUは，USB 3.2では予備の通信用端子なので使われていません．Alternate Modeとして動作させるときは，SBU端子はDisplayPortのAUXの通信用に使われます．

4.5 　USB Type-C ケーブルの種類

● 従来のUSB機器との接続を可能にする

Type-Cコネクタは，従来のUSBコネクタと互換性がありません．しかし，従来のUSBコネクタが使われた機器が利用できるように，さまざまな組み合わせのケーブルを準備しています．これらのケーブルは，Type-Cコネクタと従来のUSB機器の全ての組み合わせを網羅しています．

表4.2は，Type-C規格で定義されているケーブルとアダプタの種類で，コネクタの組み合わせや転送速度，ケーブル長，許容電流を示します．ケーブル長は目安で，ケーブルの材料（絶縁材の誘電損失，導体抵抗など）や構成（STPワイヤ，同軸ワイヤ）により変わります．

ここでは，両端にプラグが付いているものをケーブル，プラグとレセプタクルが付いているものをアダプタと呼んでいます．

● Type-C Standardケーブル

Type-C Standardケーブルは，両端にType-Cのプラグが付いているものです［図4.11（a）］．5Gbps（Gen1）と10Gbps（Gen2）の転送速度に対応するFull Featured Type-Cケーブルと，480Mbpsに対応するUSB 2.0 Type-Cケーブルの2種類があります．

Full Featured Type-Cケーブルの配線を図4.11（b）に示します．VBUSの電流容量は3Aまで保障しており，オプションで最大5Aまで流せます．外観から許容電流が3Aなのか5Aなのかは分からないので，プラグ内のEマーカに許容電流値を記録しておきます．ホストやデバイスはCC端子を使ってEマーカの情報を読み取り，ケーブルの許容電流を確認します．ケーブルとホスト機器，デバイス機器の全てが許容電流5Aに対応している場合，5Aの電流が供給されます．

USB 2.0 Type-Cケーブルの配線を図4.11（c）に示します．転送速度が480Mbpsまでなので，SuperSpeedのラインは接続されていません．電流容量は3Aまで保証しており，オプションで5Aに対応できます．Eマーカは，3A対応品の場合はオプション扱いです．5A対応品ではホストまたはデバイスに5A対応品であることを知らせるために，必ずEマーカが実装されます．

● Type-C Legacyケーブル

Type-C Legacyケーブルは，片方にType-Cプラグが，もう片方に従来のUSB

表4.2　Type-Cで用意されているケーブルとアダプタ

名　称	ホスト側	デバイス側	
Type-C Full Featured ケーブル	Type-C プラグ	Type-C プラグ	
Type-C USB 2.0 ケーブル			

(a) Type-C Standard ケーブル

名　称	ホスト側	デバイス側	
Type-C − Standard-A (USB 3.2) ケーブル	Standard-A プラグ	Type-C プラグ	
Type-C − Standard-A (USB 2.0) ケーブル			
Type-C − Standard-B (USB 3.2) ケーブル	Type-C プラグ	Standard-B プラグ	
Type-C − Standard-B (USB 2.0) ケーブル			
Type-C − Mini-B (USB 2.0) ケーブル		Mini-B プラグ	
Type-C − Micro-B (USB 3.2) ケーブル		Micro-B プラグ	
Type-C − Micro-B (USB 2.0) ケーブル			

(b) Type-C Legacy ケーブル

名　称	ホスト側	デバイス側	
Type-C − Standard-A (USB 3.2) アダプタ	Type-C プラグ	Standard-A レセプタクル	
Type-C − Micro-B (USB 2.0) アダプタ	Micro-B レセプタクル	Type-C プラグ	

(c) Type-C Legacy アダプタ

プラグが付いたものです．Type-C − Standard-A (USB 3.2とUSB 2.0) ケーブルの信号配線を**図4.12**と**図4.13**に，Type-C − Standard-B (USB 3.2とUSB 2.0) ケーブルの信号配線を**図4.14**と**図4.15**に，Type-C − Micro-B (USB 3.2とUSB 2.0) ケーブルの信号配線を**図4.16**と**図4.17**に，Type-C − Mini-B (USB 2.0) ケーブルの信号配線を**図4.18**に示します．

Standard-AやStandard-B，Micro-Bとの組み合わせの場合は，USB 2.0の480MbpsとUSB 3.2の10Gbpsの2種類の転送速度がありますが，Mini-Bの場合は480Mbpsのみです．Type-C Legacyケーブルには5Gbpsに対応したケーブルはありません．

LegacyコネクタのプラグにはCC端子がありません．そのため，Standard-Aはプラグ内のVBUSとCCライン間に56kΩのプルアップ抵抗が，Standard-BやMicro-B，Mini-Bには5.1kΩのプルダウン抵抗が実装されます．これは，Type-Cプラグで接続された機器から見て，相手がホスト機器なのか，デバイス機器なのかを認識させるためです．

伝送レート	ケーブル長	VBUS許容電流	Eマーカ
10Gbps（Gen2）	1m以下	基本は3A，5Aはケーブル径，長さによって異なる	必須
5Gbps（Gen1）	2m以下		
480Mbps	4m以下		許容電流3Aはオプション，5Aは必須

伝送レート	ケーブル長	VBUS許容電流	Eマーカ
10Gbps（Gen2）	1m以下	3A	なし
480Mbps	4m以下		
10Gbps（Gen2）	1m以下		
480Mbps	4m以下	500mA	
10Gbps（Gen2）	1m以下	3A	
480Mbps	4m以下		

伝送レート	ケーブル長	VBUS許容電流	Eマーカ
5Gbps（Gen1）	0.15m以下	3A	なし
480Mbps			

電流容量は，Mini-Bの場合を除き全て3Aまで流せます．Mini-BはUSB 2.0のコネクタなので，USB 2.0規格に準じて許容電流は500mAとなります（Mini-Bが搭載されたデバイスはUSB 2.0の規格にしたがい，500mA以下の電流しか流れないので，USB 3.2でも500mAとなる）．

● Type-C Legacyアダプタ

Type-C Legacyアダプタは，Type-CプラグとStandard-AまたはMicro-Bのレセプタクルが付いたものです．Type-C Legacyアダプタは変換器なので，別途ケーブルが必要になります．転送速度はStandard-Aレセプタクルの場合が5Gbps，Micro-Bの場合は480Mbpsまでです．電流容量は3Aまで対応しており，配線長の目安は0.15mです．

▶ Type-C － Standard-Aのアダプタ

Type-C － Standard-Aのアダプタはホスト側，つまりパソコン側にType-Cしか搭載されていない場合に，従来のデバイス機器を接続するために使用します．

（a）外観とピン配置

ホスト／デバイス　　　　　　　　　　　　　　　　　　　　ホスト／デバイス

Type-Cプラグ1				Type-Cプラグ2	
ピン番号	信号名			ピン番号	信号名
A1, B1, A12, B12	GND			A1, B1, A12, B12	GND
A4, B4, A9, B9	VBUS			A4, B4, A9, B9	VBUS
A5	CC			A5	CC
B5	VCONN			B5	VCONN
A6	D+			A6	D+
A7	D−			A7	D−
A2	TX1+			B11	RX1+
A3	TX1−			B10	RX1−
B11	RX1+			A2	TX1+
B10	RX1−			A3	TX1−
B2	TX2+			A11	RX2+
B3	TX2−			A10	RX2−
A11	RX2+			B2	TX2+
A10	RX2−			B3	TX2−
A8	SBU1			B8	SBU2
B8	SBU2			A8	SBU1

（b）Full Featured Type-C ケーブルの信号配線

ホスト／デバイス　　　　　　　　　　　　　　　　　　　　ホスト／デバイス

Type-Cプラグ1				Type-Cプラグ2	
ピン番号	信号名				信号名
A1, B1, A12, B12	GND			A1, B1, A12, B12	GND
A4, B4, A9, B9	VBUS			A4, B4, A9, B9	VBUS
A5	CC			A5	CC
B5	VCONN			B5	VCONN
A6	D+			A6	D+
A7	D−			A7	D−

（c）USB 2.0 Type-C ケーブルの信号配線

図4.11　Type-C Standardケーブル
VCONNについては，第3章の図3.15を参照

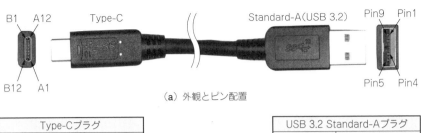

（a）外観とピン配置

Type-Cプラグ			USB 3.2 Standard-Aプラグ	
ピン番号	信号名		ピン番号	信号名
A1, B1, A12, B12	GND		4, 7	GND, GND_Drain
A4, B4, A9, B9	VBUS		1	VBUS
A5	CC	56kΩ		
A6	D+		3	D+
A7	D−		2	D−
A2	TX1+		6	RX+
A3	TX1−		5	RX−
B11	RX1+		9	TX+
B10	RX1−		8	TX−

（b）信号配線

図4.12 Type-C － Standard-A（USB 3.2）のLegacyケーブル

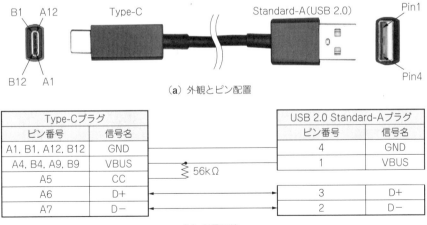

（a）外観とピン配置

Type-Cプラグ			USB 2.0 Standard-Aプラグ	
ピン番号	信号名		ピン番号	信号名
A1, B1, A12, B12	GND		4	GND
A4, B4, A9, B9	VBUS		1	VBUS
A5	CC	56kΩ		
A6	D+		3	D+
A7	D−		2	D−

（b）信号配線

図4.13 Type-C － Standard-A（USB 2.0）のLegacyケーブル

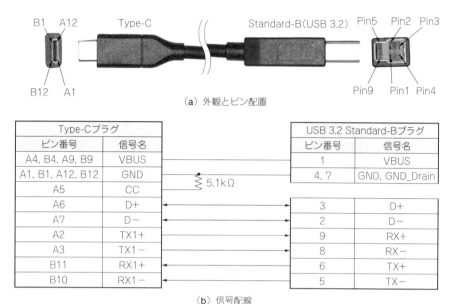

（a）外観とピン配置

Type-Cプラグ			USB 3.2 Standard-Bプラグ	
ピン番号	信号名		ピン番号	信号名
A4, B4, A9, B9	VBUS		1	VBUS
A1, B1, A12, B12	GND		4, 7	GND, GND_Drain
A5	CC			
A6	D＋		3	D＋
A7	D－		2	D－
A2	TX1＋		9	RX＋
A3	TX1－		8	RX－
B11	RX1＋		6	TX＋
B10	RX1－		5	TX－

5.1kΩ

（b）信号配線

図4.14　Type-C － Standard-B（USB 3.2）の Legacy ケーブル

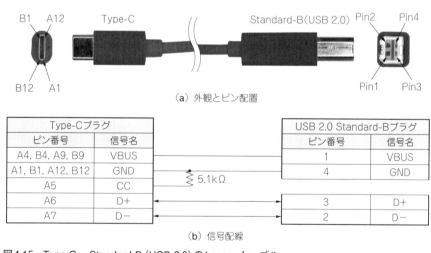

（a）外観とピン配置

Type-Cプラグ			USB 2.0 Standard-Bプラグ	
ピン番号	信号名		ピン番号	信号名
A4, B4, A9, B9	VBUS		1	VBUS
A1, B1, A12, B12	GND		4	GND
A5	CC			
A6	D＋		3	D＋
A7	D－		2	D－

5.1kΩ

（b）信号配線

図4.15　Type-C － Standard-B（USB 2.0）の Legacy ケーブル

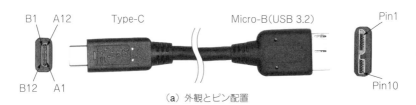

（a）外観とピン配置

Type-Cプラグ		USB 3.2 Micro-Bプラグ	
ピン番号	信号名	ピン番号	信号名
A4, B4, A9, B9	VBUS	1	VBUS
A1, B1, A12, B12	GND	5, 8	GND, GND_Drain
A5	CC		
A6	D+	3	D+
A7	D−	2	D−
A2	TX1+	10	RX+
A3	TX1−	9	RX−
B11	RX1+	7	TX+
B10	RX1−	6	TX−
		4	ID

5.1kΩ

※IDピンはアプリケーションに応じて
終端

（b）信号配線

図4.16　Type-C － Micro-B（USB 3.2）のLegacyケーブル

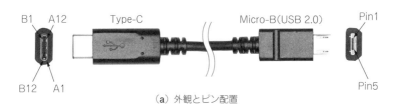

（a）外観とピン配置

Type-Cプラグ		USB 2.0 Micro-Bプラグ	
ピン番号	信号名	ピン番号	信号名
A4, B4, A9, B9	VBUS	1	VBUS
A1, B1, A12, B12	GND	5	GND
A5	CC		
A6	D+	3	D+
A7	D−	2	D−
		4	ID

5.1kΩ

※IDピンはアプリケーションに応じて
終端

（b）信号配線

図4.17　Type-C － Micro-B（USB 2.0）のLegacyケーブル

（a）外観とピン配置

Type-Cプラグ			USB 2.0 Mini-Bプラグ	
ピン番号	信号名		ピン番号	信号名
A4, B4, A9, B9	VBUS		1	VBUS
A1, B1, A12, B12	GND		5	GND
A5	CC			
A6	D+		3	D+
A7	D−		2	D−
			4	ID

（b）信号配線

図4.18　Type-C － Mini-B（USB 2.0）ケーブル

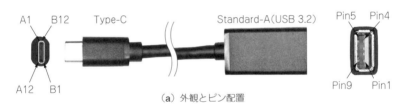

（a）外観とピン配置

Type-Cプラグ			USB 3.2 Standard-Aレセプタクル	
ピン番号	信号名		ピン番号	信号名
A4, B4, A9, B9	VBUS		1	VBUS
A1, B1, A12, B12	GND		4, 7	GND, GND_Drain
A5	CC			
A6	D+		3	D+
A7	D−		2	D−
A2	TX1+		9	TX+
A3	TX1−		8	TX−
B11	RX1+		6	RX+
B10	RX1−		5	RX−

（b）Standard-A（USB 3.2）の信号配線

図4.19　Type-C － Standard-A の Legacy アダプタ

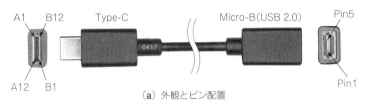

（a）外観とピン配置

Type-Cプラグ				USB 2.0 Micro-Bレセプタクル	
ピン番号	信号名			ピン番号	信号名
A1, B1, A12, B12	GND			5	GND
A4, B4, A9, B9	VBUS	56kΩ		1	VBUS
A5	CC				
A6	D+			3	D+
A7	D−			2	D−
				4	ID

（b）Micro-B（USB 2.0）の信号配線

図4.20 Type-C － Micro-BのLegacyアダプタ

従来のデバイス機器としてマウスやキーボード，外付けハードディスクなどがあり，Standard-Aのプラグが付いたケーブルが付属されています．これらのデバイス機器をType-C搭載のパソコンに接続するために，Standard-Aレセプタクルを持つアダプタが必要になります（図4.19）．

Type-Cから見て，相手がデバイスであると認識できるように，Standard-Aレセプタクル内のGNDとCC端子間にプルダウン抵抗が実装されています（Standard-Aだからといってプルアップ抵抗ではないことに注意）．

▶ Type-C － Micro-Bアダプタ

図4.20にType-C － Micro-Bアダプタの結線を示します．Type-Cが実装されたデバイス機器を，Standard-Aが実装された従来のホスト機器で利用する場合に使います．Type-Cから見てMicro-B側はホスト機器として認識する必要があるために，Micro-Bレセプタクル内のVBUSとCC間に56kΩのプルアップ抵抗が実装されています．

480Mbpsまでの対応となっている理由ですが，Type-C － Micro-Bアダプタの損失が加わると，5Gbps（2.5MHz）におけるUSBの損失配分が20dB（10％）を超えてします．そのため，480Mbpsまでのサポートになっています．

● ケーブルやプラグが実際に流せる電流容量

　Type-Cプラグやレセプタクルの単体では，5Aまでの電流容量を保障しています．Type-C Standardケーブルでは3Aの電流容量を保障しており，オプションで5Aまで対応できます．

　Type-C Legacyケーブルおよびアダプタは3Aの電流容量がありますが，実際は3Aの電流を流すことはできません．Standard-AやStandard-B，Micro-B，Mini-Bのコネクタが実装される機器のVBUSの電流容量は，USB 2.0やUSB 3.2の規格にしたがった電流しか流すことできないからです．USB 2.0なら最大500mA，USB 3.2なら1.5Aとなります．Type-C Legacyケーブルおよびアダプタの場合，Legacyプラグ側はCC端子がないので，プラグ内部にプルアップ抵抗またはプルダウン抵抗が実装されています．この抵抗値により，Type-Cレセプタクルが実装されるホスト機器側で，自動的に流せる電流を調整するので，USB 3.2対応プラグが実装された場合は1.5A以上は流れません．

いけだ・ひろあき

日本航空電子工業 (株)

池田 浩昭

第 **5** 章

ケーブル&コネクタの伝送特性

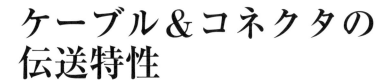

USB Type-C では，従来のUSB 3.0規格とは異なる指標でケーブルの伝送特性を規定しています．また，コネクタ単体（プラグとレセプタクルの嵌合状態）での規格やケーブルのシールド特性試験も義務付けられました．

本章ではケーブル，コネクタのこれらの電気特性の評価方法や考え方，規格値に関して解説します．

5.1　Type-Cコネクタ&ケーブルの治具基板

Type-C コネクタの伝送特性規格は従来のUSB 3.0規格とは少々異なり，ケーブルとコネクタ単体（Mated Connector）に分かれています．これは，ケーブルとレセプタクルの特性を完全に分けて評価するためです．

● ケーブル試験

ケーブル特性試験は，ケーブル＋プラグの特性，つまりケーブル・ハーネス（ケーブル・アセンブリ）状態を測定します．ケーブル・ハーネス単体では測定できないので，レセプタクルが実装された治具基板を使います（**写真5.1**）．

USB 3.0規格では，治具基板に実際のレセプタクル（Standard-AやMicro-Bなど）が実装されていましたが，Type-C規格ではダミー・レセプタクルが実装されています．**写真5.2**に示すように，ダミー・レセプタクルは，基板上にレセプタクルのコンタクトと同じ幅のフットプリントを設け，その周りを金属シェルで囲んだものです．ちょうどカードエッジ・コネクタに嵌合する基板側のイメージです．ダミー・レセプタクルを使う理由ですが，メーカごとにレセプタクルの特性が異なるので，その影響を避けるためです．また，ダミー・レセプタクルの方が挿入損失や反射損失が低く，レセプタクル自体の影響も極力排除できます．

治具基板には，測定器と治具基板を接続するための同軸コネクタや配線があります．実際の測定では，**写真5.3**の校正基板を使って，治具基板上の同軸コネクタや配線の損失や反射を取り除き，ダミー・レセプタクルとケーブルのみの特性

写真5.2　冶具基板のダミー・レセプタクル
基板上にコンタクトと同じ幅のフットプリントを
設け金属シェルで囲んだもの

写真5.1　ケーブル試験用の冶具基板

コラム
5.A　**各規格の損失配分**

● USB 3.0の損失配分

　2008年のUSB 3.0では，ホストとデバイス機器の配線およびケーブルを含めた伝送
路全体の挿入損失を，2.5GHz（5Gbpsの基本周波数）で20dB（10％）と決め，ケーブル
の挿入損失を7.5dB（42％），ホスト側を10dB（32％），デバイス側を2.5dB（75％）とし
ました［**図5.A**（**a**）］．USB 3.0が急速に使われる始めると，Micro-B搭載のデバイス機
器が市場に出回りました．Micro-B搭載のデバイス機器の挿入損失は6 ～ 7dB（45 ～
50％）なので，伝送路全体の損失が20dBを超えて23.5 ～ 24.5dB（6 ～ 7％）となり，動

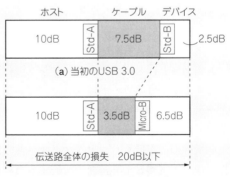

図5.A
USB 3.0の損失配分

（b）ECN2012によりMicro-Bコネクタの
　　ケーブルのみ損失配分が変更された

を測ります．この校正基板はTRL（Thru Reflect Line）やSOLT（Short Open Load Thru）などが可能になっています．

● コネクタ試験

写真5.4は，嵌合状態でのプラグとレセプタクルを試験する治具基板です．実際にホスト機器やデバイス機器に搭載されるレセプタクルとプラグを使い，コネクタ単体の伝送特性を評価します．**写真5.5**の校正基板を用いて治具基板を校正し，コネクタ単体の特性を評価します．

作しない可能性が出てきました．そこで，ECN（Engineering Change Notice）を2012年に発行して，Standard-A – Micro-Bケーブルの挿入損失を3.5dB（67％）として，Micro-Bが搭載されたデバイス機器の挿入損失を6.5dB（47％）とすることで，全体での損失を20dBとしました［**図5.A（b）**］．

● USB 3.1 Gen1（5Gbps）の損失配分

2014年にType-Cのホスト，デバイス，ケーブルの挿入損失を検討したときに，USB 3.1 Gen1（5Gbps）規格は，USB 3.0を参考に伝送全体の挿入損失を20dBと定義しました（**図5.B**）．

USB 3.0では，ホストとデバイスの挿入損失は異なっていましたが，Type-Cコネクタはホストとデバイスの両方で使用されるため，挿入損失は同じ6.5dBとして，残りの7dBをケーブルに割り当てました．

Type-C機器（USB 3.1で定義されたホストとデバイス）とLegacy機器（USB 3.0で定義されたホストとデバイス）の組み合わせの場合は，Legacy機器側のStandard-Aは10dBで，Micro-B側は6.5dB，Standard-B側は2.5dBです．Type-C機器は6.5dBになります．

ケーブルに許された挿入損失は，20dBからType-C機器とLegacy機器の組み合わせによる挿入損失を引いた残りになります．Standard-A – Type-Cケーブルの場合は

3.5dB, Type-C – Standard-Bケーブルと Type-C – Micro-Bケーブルの場合は, Standard-A – Type-Cケーブルの挿入損失を参考に4dB（63％）と決めました. ケーブルの挿入損失を4dBに抑えることにより, Legacyデバイス機器の挿入損失を, 最大9.5dB（33％）まで許容できるようになりました.

● USB 3.1 Gen2（10Gbps）の損失配分

図5.Cに示すように, Type-CのGen2の5GHzにおける挿入損失は, ホストとデバイスの全ての機器を6.5dB, ケーブルを4dB（63％）としました. 10GHzの挿入損失も同様に, コネクタに関わらずホストとデバイスの全て機器を一律8.5dB（38％）, ケーブルは6dBとしました.

10GbpsはUSB 3.1からなので, 10Gbpsに対応したホストやデバイスの機器の挿入損失は, コネクタによらず5Gbps（2.5GHz）で6.5dB, 10Gbps（5GHz）で8.5dB以下としなければなりません. また, Legacyコネクタが実装されているからGen1（5Gbps）までの転送速度, Type-Cが実装されているからGen2（10Gbps）対応機器という訳ではありません. 実際は, 10Gbps対応のホストやデバイスの機器を設計するときは, Legacyコネクタを選択することは考えにくく, Type-Cコネクタを搭載するでしょう.

したがって, 一般論としては, LegacyコネクタはGen1（5Gbps）まで, Type-Cは Gen2（10Gbps）と考えても差し支えありません. 一方で, Type-C自体は, Full-Speed（480Mbps）, Gen1（5Gbps）, Gen2（10Gbps）のいずれか, もしくは全ての転送速度に

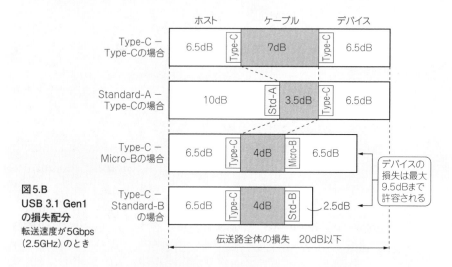

図5.B
USB 3.1 Gen1
の損失配分
転送速度が5Gbps
（2.5GHz）のとき

対応することになりますので，コネクタの形状から転送速度は決まりません.

● Type-C Legacy ケーブルには Gen1 に対応する規格がない理由

　ここで，やっと Type-C Legacy ケーブルに SuperSpeed に Gen1 に対応する規格がない理由を説明する準備が整いました.

　図5.B と**図5.C** の損失配分を比べると，Type-C Legacy ケーブルの2.5GHz における Gen1 と Gen2 の挿入損失は，Standard-A − Type-C が3.5dB になる以外は全て4dB です.

　したがって，Type-C − Legacy コネクタの組み合わせの場合は Gen1 までのサポートといえ転送速度が5Gbps なだけで，Gen2 ケーブル相当の挿入損失が要求されるため，Gen1 の規格を作る意味がなく存在しません.

　USB 3.2 も，USB 3.1 と同じ損失配分で定義されています.

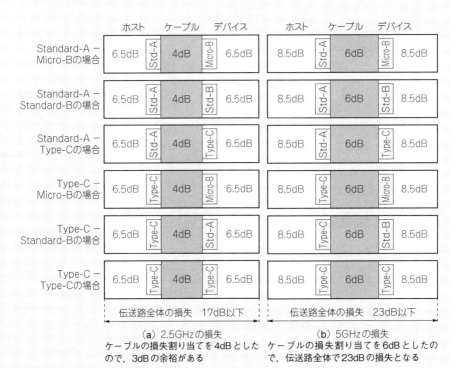

（a）2.5GHz の損失　　　　　　（b）5GHz の損失
ケーブルの損失割り当てを4dB とした　　ケーブルの損失割り当てを6dB としたので，3dB の余裕がある　　　　　　ので，伝送路全体で23dB の損失となる

図5.C　USB 3.1 Gen2 の損失配分
ホストとデバイス機器は，2.5GHz で6.5dB 以下，5GHz で8.5dB 以下にする必要がある

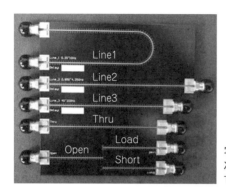

写真5.3　ケーブル試験用の
冶具基板を校正する基板
TRLやSOLTなどが調整できる

写真5.4　コネクタ試験用の冶具基板

写真5.5　コネクタ試験用の冶具基
板を校正する基板

5.2　Type-Cケーブルの伝送特性の規格（参考）

● Informative（参考）とNormative（必須）

　コネクタやケーブルの伝送特性の評価基準は，Informative（参考）とNormative（必須）の2通りが存在します．

　Informativeは，その名の通り参考の規格値なので，規格値を超えても問題ありません．つまり，参考規格なので不合格の項目があっても，そのケーブルやコネクタが信号伝送に使えないというわけではありません．その一方，Normativeは必ず守らなければなりません．Normativeの規格値を超えることは，規格上許されません．

● 各周波数に対する特性を対数で表す

図5.1に，ケーブルの伝送特性のInformative規格を示します．

USB 3.0と同様に横軸が周波数で，縦軸は対象となる特性を対数（decibel；dB）で表します．dBは入力端と出力端の電圧比や電力比を対数で表しており，それぞれ式（5.1）と式（5.2）で計算できます．

$$電圧基準[dB] = 20\log_{10}\frac{出力電圧}{入力電圧} \quad\cdots\cdots\cdots\cdots\cdots\cdots\cdots\cdots\cdots\cdots\cdots\cdots\cdots\cdots(5.1)$$

$$電力基準[dB] = 10\log_{10}\frac{出力電力}{入力電力} \quad\cdots\cdots\cdots\cdots\cdots\cdots\cdots\cdots\cdots\cdots\cdots\cdots\cdots\cdots(5.2)$$

表5.1に代表的なdBの値と電圧比，電力比を示します．0dBは電圧比で1倍（電力比も1倍）なので，入力端の電圧が1V（1W）であれば出力端も1V（1W）となります．−6dBは電圧比で0.5倍，電力比で0.25倍なので，入力端の電圧が1Vであれば出力端は0.5V，入力端の電力が1Wであれば出力端は0.25Wとなります．

● 差動信号入力時の反射損失

図5.1（a）は差動信号入力時の反射損失（Return Loss；RL）なので，入力端と出力端は同一になります．つまり，入力端における反射電圧比（電力比）を観測します．

入力信号が1Vのとき，反射損失が−20dBであれば，0.1倍の0.1V（0.01W）の正弦波が入力端に戻ってきます．反射波が少ない方が良いので規格値以下が合格（Pass）となります（グラフの下側が合格）．反射損失の規格値は，0.1GHz〜5GHzは−18dBで一定ですが，5GHz以上では周波数が高くなるにしたがい右肩上がりとなります．

ディジタル信号は台形波ですが正弦波の合成で表せます．例えば，10Gbpsで伝送されるビット列が101010…の場合は5GHz，15GHz，25GHz…の正弦波の合成となります．5GHzで振幅電圧1Vとすると，15GHzでは1/9の0.11V，25GHzでは1/25の0.04Vになり，周波数が上がるにしたがい電圧が急激に下がります．つまり，10Gbpsのディジタル信号の場合は，5GHz以上では正弦波の信号成分は元々少ないので，基準値を緩めても問題がありません．実際，コネクタやケーブルは特性上，ちょっとした構造上の不連続や材料の不均一性により，高周波では反射が増えるため，5GHzを超える周波数では規格値を緩める必要があります．

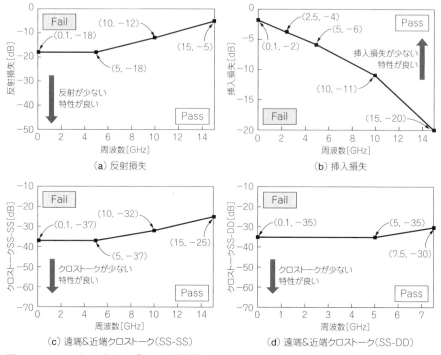

図5.1　Type-C（Gen2）ケーブルの伝送特性の合否判定（参考）

表5.1　dB表記と電圧比，電力比の関係

dB	電圧比	電力比
40	100	10000
20	10	100
10	3.2	10
6	2.0	4.0
3	1.4	2.0
0	1	1
− 3	0.71	0.50
− 6	0.50	0.25
− 10	0.32	0.1
− 20	0.1	0.01
− 40	0.01	0.0001

● 挿入損失

図5.1（b）は，挿入損失（Insertion Loss；IL）の規格値を示します．挿入損失は，ケーブルやコネクタに入力した電圧（電力）と通過した電圧（電力）の比を示します．0dB（100％）に近い方が特性が良いので，反射損失やクロストークの合格（Pass）の領域とは逆で，規格値以上（グラフの上側）が合格になります．

ケーブルの損失配分は10Gbps（5GHz）で−6dB（50％）だったので，挿入損失の規格値もそれを踏襲しています．

● クロストーク

クロストークとは，電磁的結合により隣接配線の信号の影響を受ける現象をいいます．

図5.2に示すように，隣接する配線が2本あり，配線1には信号源と終端抵抗が接続されており，配線2は抵抗のみが接続されているとします．信号源からの出力は配線1を通過してB端に届きます．そのとき，信号源のない配線2のA'端およびB'端にも信号が現れます．A'端のクロストーク信号は，信号源の出力端Aに対して近傍にあるので，近端クロストーク（Near End Cross Talk；NEXT）と呼び，B'端のクロストーク波形はA端に対して遠方にあるので，遠端クロストーク（Far End Cross Talk；FEXT）と呼びます．

図5.1（c）は，SuperSpeed差動線路間の遠端クロストークと近端クロストークを示しています．図5.1（d）はSuperSpeed差動線路とD＋/D−間の遠端および近端のクロストークを示しています．

遠端と近端のクロストークも反射損失と同様に，10Gbpsの信号の周波数成分

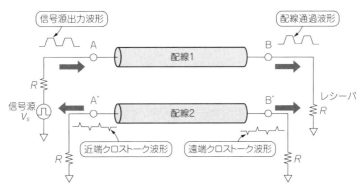

図5.2　遠端クロストークと近端クロストークとは

を考慮して，5GHzまでは一定の−37dB（1.4%）［（d）の場合は−35dB（1.7%）］として，5GHz以上は周波数の増加と共にクロストークの許容値が大きくなっています．一般的に，配線やケーブルのクロストークも周波数の増加と共に大きくなります．

5.3 　伝送特性の規格値（必須）の表現方法

● 実測値ではなく積分処理した値で評価する

USB 3.0までの規格では，横軸を周波数，縦軸を挿入損失やクロストークの実測結果を用いました．Type-CケーブルのNormative規格は，実測結果（挿入損失や反射損失，クロストーク）を積分処理し，入力波形のスペクトラムを乗算したものを使用します．

このような方法を使う理由ですが，図5.1（a）の反射損失のようにPass/Failの基準が直線状の場合，たった1点（1個の周波数）の値が基準をわずかにでも超えればFailとなってしまうからです．実際は1点の測定結果が規格をわずかに超えたからといって使えないとはいえません．ディジタル信号なので，スペクトラムも連続でなく離散的で，周波数の上昇とともに急激にスペクトラムが減少します．

実際にUSB 3.0の近端クロストークの規格で問題になりました．当初の近端クロストークの規格は，横軸が周波数，縦軸が近端クロストークで規格化されていましたが，Standard-Bを使ったケーブル・ハーネスの近端クロストークが規格を満足できませんでした．その結果，オシロスコープを使ってステップ・パルス（階段状の波形）を入力し，クロストークを受けるケーブル側の波形を観測して，その振幅電圧で規定することに変更になりました．

● 使用するSパラメータ

Sパラメータは，シングルエンドとミックスモードの2通りの記述方法があります．

シングルエンドのSパラメータはポート番号が添え字になり，S_{11}はポート1から電力を入力しポート1へ反射する電力比（または電圧比）を示し，S_{21}はポート1から入力した電力がポート2へ通過する電力比（または電圧比）になります．線路が2本ある場合は，S_{11}，S_{12}，S_{13}，S_{14}，…，S_{41}，S_{42}，S_{43}，S_{44}となり，16通りのSパラメータが存在します．

一方，ミックスモードは，2つのポートを1つにまとめ，差動モードか同相モードで区別します．線路が2本あれば，左側の2ポートをまとめてポート1とし，

右側の2ポートをまとめてポート2とします．差動モードを 'D'，同相モードを 'C' とすれば，合計16通りのミックスモードのSパラメータが作れます．ミックスモードのSパラメータは，差動信号を入力して差動信号が出力される場合は S_{DD} となり，同相信号が出力される場合は S_{CD} となります．

ミックスモードでもシングルエンドでも同じですが，2つある添え字の前の文字は出力端のポートまたはモードを示し，後の添え字は入力端のポートまたはモードを示します．ミックスモードでは，さらに2つのポートをまとめた論理ポート番号が追加されます．したがって，式 (5.3) のようになります．

$$
\begin{bmatrix}
S_{CC11} & S_{CC12} & S_{CD11} & S_{CD12} \\
S_{CC21} & S_{CC22} & S_{CD21} & S_{CD22} \\
S_{DC11} & S_{DC12} & S_{DD11} & S_{DD12} \\
S_{DC21} & S_{DC22} & S_{DD21} & S_{DD22}
\end{bmatrix}
\quad\cdots\cdots\cdots\cdots\cdots\cdots\cdots\cdots\cdots\cdots\cdots\cdots\cdots (5.3)
$$

特に断りのない限り，反射損失，挿入損失，クロストークは，差動信号入力時の差動出力とします．

● ケーブルごとに規格値が違う

Type-Cケーブルは，Type-C Standardケーブル，Type-C Legacyケーブル，Type-C Legacyアダプタの3種類に分かれ，さらに転送速度ごとに規格値が少々異なります．次の項より，各ケーブルおよびアダプタの規格値を順に示します．

5.4 Type-C Standardケーブルの伝送特性の規格（必須）

Type-C Standardケーブルは，Full FeaturedとUSB 2.0の2種類があり，規格値は異なります．

● Type-C Standard Full Featuredケーブル

規格値は，Gen1（5Gbps）とGen2（10Gbps）で異なります．試験項目は，SuperSpeed差動線路（TX1＋/TX1－，RX1＋/RX1－，TX2＋/TX2－，RX2＋/RX2－），D＋/D－，CC－SBU－VBUSの3種類に分かれます．

● SuperSpeed差動線路の伝送特性

SuperSpeed差動線路の規格値には，フィッティングや積分などの計算処理を

施した演算後のSパラメータと，実測結果をそのまま使うモード変換（差動信号から同相信号への変換）の2種類があります．

▶ *IL fit at Nq* の規格値

IL fit at Nq とは，Insertion Loss fit at Nyquist Frequenciesの略で，フィッティングした挿入損失特性のナイキスト周波数時の値のことです．この値により，損失/減衰特性が分かります．

実測の挿入損失 *IL* には，ケーブル両端での反射によるリンギングや共振によるディップも含まれます．フィッティングを掛けることにより，これらが取り除け，純粋な挿入損失特性 *ILfit(f)* が求まります．*ILfit(f)* の式に，ナイキスト周波数を代入して求めた値が，*IL fit at Nq*（以下，*ILfitatNq*）です．

式(5.4)に示す *ILfit(f)* を使用して，ナイキスト周波数と，ナイキスト周波数の2倍の周波数における *ILfitatNq* の値を求めます．

$$ILfit(f) = a + b\sqrt{f} + c \cdot f + d\sqrt{f^3}$$

ただし，f：周波数[Hz] $\hspace{4cm}$ ……………………………(5.4)
$\hspace{2cm}$ a, b, c, d：フィッティングにより求める係数（無次元）

求めた値が規格値以上であれば合格になります（**図5.3**）．転送速度がGen1（5Gbps）の場合は，ナイキスト周波数2.5GHzのときの値が−7dB（45%）以上，ナイキスト周波数の2倍の5GHzのときの値が−12dB（25%）以上であれば合格になります．Gen2（10Gbps）の場合は，2.5GHzのときの値が−4dB（63%）以上，5GHzのときの値が−6dB（50%）以上，10GHzのときに値が−11dB（28%）以上であれば合格です．

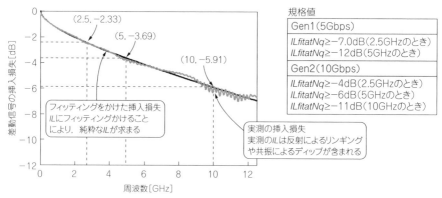

図5.3　差動線路の挿入損失「*ILfitatNq*」の合否判定

5Gbps と 10Gbps で規格値が異なるのは $ILfitatNq$ だけです．この後に出てくる IMR や IRL，$IFEXT$，$INEXT$ などは，5Gbps と 10Gbps で同じ規格値になります．

▶ IMR の規格値

IMR は，Integrated Multi Reflection noise の略で，多重反射による影響度を重み付けして積分した値のことです．この値はケーブルやコネクタで発生する多重反射による波形ひずみの指標となり，実測の挿入損失 IL が持つリップルやサックアウト（減衰）の大きさを示します．

式（5.5）に示すように，実測の挿入損失 IL からフィッティングした挿入損失 $ILfit$ を引き算します．つまり，挿入損失 IL 上に現れたディップやリンギングの大きさ ILD（Insertion Loss Deviation；挿入損失偏差）を求めます．

$$ILD(f) = IL(f) - ILfit(f)$$
ただし，$IL(f)$ ：挿入損失（無次元）　　　　　　　　　　　　　　　　$\cdots\cdots$(5.5)
　　　　$ILfit(f)$：式（4.4）で求めた曲線（無次元）

$ILD(f)$ は図5.4（a）のグラフになり，正と負の値を持ちます．2乗して正の値にしたものが，図5.4（b）の $|ILD(f)|^2$ になります．

ディジタル波形は正弦波に分解でき，高い周波数成分ほど少なくなります．したがって，高い周波数のクロストークや反射損失，多重反射成分の影響は少なくなります．そこで，周波数が高くなるにつれて，スペクトラム強度が弱くなる波形 $Vin(f)$ のスペクトラムを掛けて，高い周波数成分の影響を少なくする処理を行います．$Vin(f)$ を式（5.6）と図5.4（c）に示します．

$$\left| Vin(f) \right| = \left| \frac{sin(\pi f Tr)}{\pi f Tr} \cdot \frac{sin(\pi f Tb)}{\pi f Tb} \right|$$
ただし，f ：周波数[Hz]　　　　　　　　　　　　　　　$\cdots\cdots\cdots$(5.6)
　　　　Tb：1ビット当たりの遷移時間（10Gbpsでは100ps）[ps]
　　　　Tr：信号立ち上がり時間（100ps×0.4=40ps）[ps]

$ILD(f)$ の2乗と $Vin(f)$ の2乗を掛けると，$|ILD(f)|^2|Vin(f)|^2$ になり，高周波になるにしたがい小さくなります．つまり，この $Vin(f)$ の重みを掛けることにより，高周波では ILD が大きくても，IMR の計算結果に影響を与えなくなります．

次に $|ILD(f)|^2|Vin(f)|^2$ を 0Hz ～ 12.5GHz の範囲で積分します．つまり，$|ILD(f)|^2|Vin(f)|^2$ で囲まれた領域の面積を求めます．$Vin(f)$ の2乗を積分して除算しルートで開くことにより，単位が無次元になります．計算方法を式（5.7）に示します．

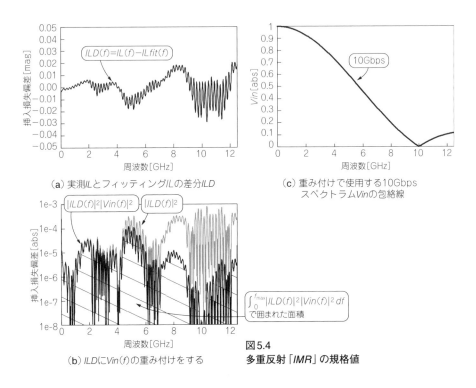

（a）実測*IL*とフィッティング*IL*の差分*ILD*

（c）重み付けで使用する10Gbps
　　スペクトラム*Vin*の包絡線

（b）*ILD*に*Vin(f)*の重み付けをする

図5.4
多重反射「*IMR*」の規格値

$$IMR = dB\left(\sqrt{\frac{\int_0^{f_{max}} |ILD(f)|^2 |Vin(f)|^2 df}{\int_0^{f_{max}} |Vin(f)|^2 df}} \right)$$

ただし，f　　：周波数［Hz］
　　　　Tb　：1ビット当たりの遷移時間（10Gbpsでは100ps）［ps］ ‥‥‥‥‥‥‥‥(5.7)
　　　　Tr　：信号立ち上がり時間（100ps×0.4=40ps）［ps］
　　　　$fmax$　：12.5［GHz］
　　　　$ILD(f)$：式（4.5）で求めた曲線

　IMRの合否判定は，式（5.8）で決まります．

$$IMR \le 0.126 \times ILfitatNq^2 + 3.024 \times ILfitatNq - 23.392$$ ‥‥‥‥‥‥‥‥‥‥‥‥‥(5.8)
ただし，$ILfitatNq$：5GHz時の値を利用

　$ILfitatNq$は5GHzの値を使います．したがって$ILfitatNq$の値により，IMRの
閾値は変化します．仮に5GHzの$ILfitatNq$が－4dB（63％）では，IMRの合否判
定の値は－33.5dB（2.1％）となります．$ILfitatNq$が－6dB（50％）では，－37dB
（1.4％）となります．つまり，$ILfitatNq$の値が小さくなると，IMRの合否判定の

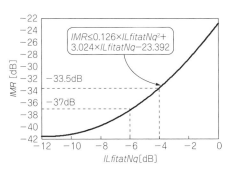

図5.5
IMRの合否判定値
ILfitatNqが−4dBならIMR
は−33.5dB以下で合格.
ILfitatNqが−6dBならIMR
は−37dB以下で合格

値も小さくなるので厳しくなります．逆に*ILfitatNq*の値が大きくなると*IMR*の合否判定の値も大きくなるので緩くなります．*IMR*の合否判定基準と*ILfitatNq*の関係を**図5.5**に示します．

　太くて短いケーブルの方が挿入損失*IL*が小さいので，*IMR*の基準が緩くなり，合格しやすくなります．長くて細いケーブルでは挿入損失*IL*が大きいので，*IMR*は不合格になりやすくなります．挿入損失*IL*が小さいほど波形の劣化が少ないので，*IMR*の判定基準を下げても問題ありません．しかし，挿入損失*IL*が大きいケーブルでは波形の劣化が大きく振幅電圧が小さくなり，多重反射で波形がゆがみます．したがって，挿入損失*IL*が大きいケーブルは*IMR*を厳しくする必要があります．

▶*IRL*の規格値

　*IRL*は，Integrated Return Lossの略で，リターン・ロスを積分した値のことです．この値も規格値の1つになります．

　式(5.9)のように，ケーブルの両端での反射損失$S_{DD11}(f)$の2乗と$S_{DD22}(f)$の2乗の和に，挿入損失$S_{DD21}(f)$と10Gbpsの信号スペクトラム$Vin(f)$の2乗を掛けて積分します．$Vin(f)$を2乗して積分した値で除算し，最後にルートをとり，単位をdBにします．積分範囲は0Hz ～ 12.5GHzになります．

$$IRL = dB\left(\sqrt{\frac{\int_0^{f_{max}} |Vin(f)|^2 |S_{DD21}(f)|^2 \left||S_{DD11}(f)|^2 + |S_{DD22}(f)|^2\right| df}{\int_0^{f_{max}} |Vin(f)|^2 df}}\right)$$

ただし, *fmax* ：12.5[GHz]
$\quad$ *Vin*(*f*) ：式(4.6)を利用（T_b=100ps, T_r=40ps）
$\quad$ $S_{DD11}(f)$：差動での反射損失 ポート1（無次元）
$\quad$ $S_{DD22}(f)$：差動での反射損失 ポート2（無次元）
$\quad$ $S_{DD21}(f)$：差動での挿入損失 ポート2（無次元）

$\cdots\cdots\cdots\cdots$(5.9)

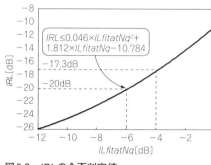

図5.6　*IRL*の合否判定値
*ILfitatNq*が−4dBなら*IRL*は−17.3以下で合格.
*ILfitatNq*が−6dBなら*IRL*は−20dB以下で合格

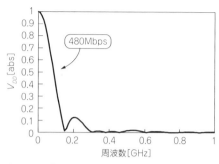

図5.7　重み付けで使用する480Mbpsスペクトラム*V_{DD}(f)*の包絡線

　*IRL*も*IMR*と同様に，*Vin(f)*の重みを加えることにより，高周波成分の影響を減らしています．また，*IRL*は$S_{DD21}(f)$の乗算が含まれているので，挿入損失*IL*が大きいケーブル，つまり長くて細いケーブルは値が小さくなります．

　*IRL*の合否判定基準を式(5.10)と**図5.6**に示します．*IMR*と同様に5GHzの*ILfitatNq*の値を使い計算されます．

$$IRL \leq 0.046 \times ILfitatNq^2 + 1.812 \times ILfitatNq - 10.784 \quad\cdots\cdots\cdots\cdots\cdots(5.10)$$
ただし，*ILfitatNq*：5GHz時の値を利用

　*IRL*の合否判定基準は*IMR*と同様に*ILfitatNq*が大きくなければ，判定基準は緩くなり，逆に*ILfitatNq*が小さくなれば，判定基準は厳しくなります．

▶ *INEXT*と*IFEXT*の規格値

　*INEXT*はIntegrated Near End CrossTalkの略で，近端クロストークを積分した値です．*IFEXT*はIntegrated Far End CrossTalkの略で，遠端クロストークを積分した値のことです．

　*IMR*や*IRL*と同様に重み付けをします．*Vin(f)*として10Gbpsの信号スペクトラムを，*V_{DD}(f)*として480Mbpsのスペクトラム（**図5.7**）を使用します．

　*NEXT(f)*および*FEXT(f)*は，**図5.8**と**図5.9**に示すように，TX1とRX1，TX2とRX2，TX1とRX2，TX2とRX1，TX1とTX2，RX1とRX2の差動入力時の近端クロストークおよび遠端クロストークの12通りの組み合わせで確認します[注1]．全てのクロストークの組み合わせで確認する理由は，SuperSpeed差動

注1：Type-CケーブルのTXはRXに接続されるが，*INEXT*と*IFEXT*で同じ表現を使いたいので，規格書上では，左側プラグの信号名を基準にTX1をTX1（L）として，右側プラグのRX1はTX1（R）と言い換えている．本書も混乱がないように規格書の表記方法を踏襲する

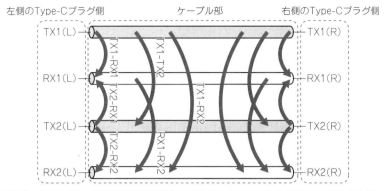

図5.8　SuperSpeed差動線路の近端クロストーク（*INEXT*）の12通りの組み合わせ

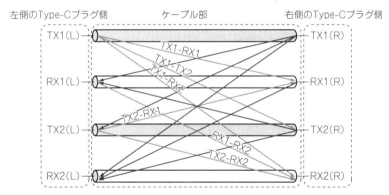

図5.9　全SuperSpeed差動線路の遠端クロストーク（*IFEXT*）の12通りの組み合わせ

線路が2レーンまで規格上利用できるからです．DisplayPortのAlternate Mode
では，SuperSpeed差動線路を2レーン使うことが想定されています．

　*INEXT*の計算方法を式（5.11）に，*IFEXT*の計算方法を式（5.12）に示します．

INEXT=

$$dB\left(\sqrt{\frac{\int_0^{f_{max}}|Vin(f)|^2\left\{|NEXT(f)|^2+0.125^2|C2D(f)|^2\right\}df+\int_0^{f_{max}}|V_{DD}(f)|^2|NEXTd(f)|^2df}{\int_0^{f_{max}}|Vin(f)|^2df}}\right)$$

..................(5.11)

$$IFEXT=$$

$$dB\left(\sqrt{\dfrac{\int_0^{f_{\max}}|Vin(f)|^2\left(|FEXT(f)|^2+0.125^2|C2D(f)|^2\right)df+\int_0^{f_{\max}}|V_{DD}(f)|^2|FEXTd(f)|^2df}{\int_0^{f_{\max}}|Vin(f)|^2df}}\right)$$

ただし, $fmax$	:	12.5GHz
$Vin(f)$	:	式(4.6)を利用（Tb=100ps，Tr=40ps）［V］
$V_{DD}(f)$	:	式(4.6)を利用（Tb=2.08ns，Tr=833ps）［V］
$C2D(f)$	:	コモンモードからディファレンシャルモードへの変換S_{DC21}（無次元）
$NEXT(f)$	:	SSペア間の差動近端クロストーク（無次元）
$FEXT(f)$	:	SSペア間の差遠端クロストーク（無次元）
$NEXTd(f)$	:	SSペアとD＋/D−間の近端クロストーク（無次元）
$FEXTd(f)$	:	SSペアとD＋/D−間の遠端クロストーク（無次元）

$$\cdots\cdots\cdots\cdots\cdots\cdots(5.12)$$

$INEXT$と$IFEXT$ともに，−40dB以下で合格になります．

▶ *IDDXT_1NEXT+FEXT*の規格値

IDDXTとは，Integrated Differential Crosstalk on D＋/D−の略です．

$IDDXT\_1NEXT+FEXT$は，式(5.13)のようにTX＋/TX−とD＋/D−の$NEXT$と，RX＋/RX−とD＋/D−の$FEXT$を，0Hz ～ 1.2GHzの区間で積分します．これは，D＋/D−の信号品質を保つために規定されています．

図5.10に示すように，ホスト側のD＋/D−が受信側になった場合は，ホスト側のTX1（またはTX2）からの近端クロストークと，デバイス側のTX1（またはTX2）からの遠端クロストークが発生します．$IDDXT\_1NEXT+FEXT$は，近

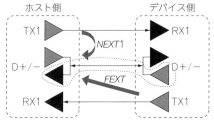

図5.10 *IDDXT_1NEXT+FEXT*を計算するときの信号の向き
D＋/D−のホストが受信でデバイスが送信の場合，ホストのTX1から$NEXT$を受け，デバイスのTX1から$FEXT$の影響を受ける

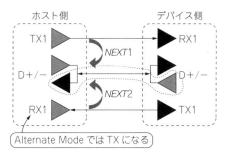

図5.11 *IDDXT_2NEXT*を計算するときの信号の向き
Alternate ModeのDisplayPortではRX1がトランスミッタとなるので，ホストのRX1からも$NEXT$の影響を受ける

端クロストークと遠端クロストークの2乗の和を取り積分します.

$$IDDXT\_1NEXT + FEXT = dB\left(\sqrt{\frac{\int_0^{f_{max}} |Vin(f)|^2 (|NEXT1(f)|^2 + |FEXT(f)|^2)\, df}{\int_0^{f_{max}} |Vin(f)|^2 df}}\right)$$

ただし, $fmax$: 1.2GHz
$\quad Vin(f)$: 式(4.6)を利用(Tb=100ps, Tr=40ps) [V]
$\quad NEXT1(f)$: TXペアとD+/D−間の差動近端クロストーク［無次元］
$\quad FEXT(f)$: SSペア間の差動遠端クロストーク ［無次元］

$$\cdots\cdots\cdots\cdots\cdots(5.13)$$

$IDDXT\_1NEXT + FEXT$の値が−34.5dB以下で合格になります.

▶ IDDXT_2NEXTの規格値

$IDDXT\_2NEXT$は, 式(5.14)が示すように, TX+/TX−とD+/D−の$NEXT$, RX+/RX−とD+/D−の$NEXT$を, 0Hz～1.2GHzの範囲で積分します. RXとD+/D−の近端クロストークを取っている理由は, **図5.11**のように, Alternate ModeでDisplayPort信号を流す場合, RXもトランスミッタとして働くためです.

$$IDDXT\_2NEXT + FEXT = dB\left(\sqrt{\frac{\int_0^{f_{max}} |Vin(f)|^2 \left(|NEXT1(f)|^2 + |NEXT2(f)|^2\right) df}{\int_0^{f_{max}} |Vin(f)|^2 df}}\right)$$

ただし, $fmax$: 1.2GHz
$\quad Vin(f)$: 式(4.6)を利用(Tb=100ps, Tr=40ps) [V]
$\quad NEXT1(f)$: TXペアとD+/D−間の差動近端クロストーク［無次元］
$\quad NEXT2(f)$: RXペアとD+/D−間の差動近端クロストーク［無次元］

$$\cdots\cdots\cdots\cdots\cdots(5.14)$$

$IDDXT\_2NEXT$の値が−33dB以下で合格になります.

▶ モード変換の規格値

図5.12のように, モード変換は横軸が周波数になっており, SuperSpeed差動線路の各チャネル（TX1, TX2, RX1, RX2）のモード変換量S_{CD12}とS_{CD21}が100MHz～10GHzの範囲で−20dB以下であれば合格になります.

図5.13(a) のように, S_{CD21}はポート1（左側）から差動信号を入力して, ポート2（右側）から出てくる同相信号成分の比を表します. また, **図5.13(b)** のように, S_{CD12}はポート2（右側）から差動信号を入力してポート1（左側）へ出力される同相信号成分の比になります. Type-C Standardケーブルは両端がType-Cなので, ホストとデバイス間の接続方向性がなく, なおかつ$S_{CD12} \neq S_{CD21}$であるので,

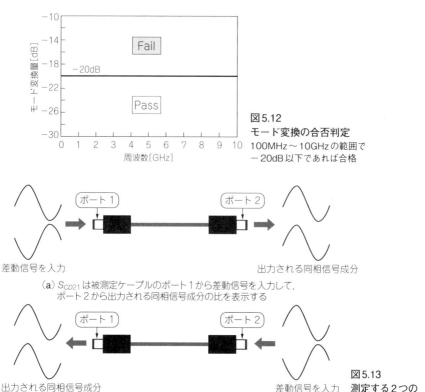

図5.12
モード変換の合否判定
100MHz～10GHzの範囲で
－20dB以下であれば合格

（a）S_{CD21}は被測定ケーブルのポート1から差動信号を入力して,
ポート2から出力される同相信号成分の比を表示する

（b）S_{CD12}は被測定ケーブルのポート2から差動信号を入力して,
ポート1から出力される同相信号成分の比を表示する

図5.13
測定する2つの
モード変換
「S_{CD12}」と「S_{CD21}」

S_{CD12}とS_{CD21}の両方を測らなければなりません.

　このモード変換量は, コネクタの構造により差動線路間が非対称性だったり, ケーブルの電気長（配線長）や比誘電率などの物理特性が異なっている場合に発生します. モード変換自体は－20dB（10％）以下であれば, 信号伝送への影響はありません. －20dBを大きく超えるモード変換があると, 差動線路間に大きなスキューが発生しているので, 挿入損失ILが極端に悪くなり, 大きなディップが発生することがあります. 一般的には, S_{CD}は差動信号が同相信号に変換されるので, 放射ノイズの原因になる可能性があるといわれています.

● D＋/D－の伝送特性

　表5.2にD＋/D－の伝送規格を示します. 項目は特性インピーダンス（75～

表5.2　D＋/D－の伝送特性規格

項　目	概　要	規格値
差動インピーダンス	差動ステップパルス波形を入力して反射波形を観測．反射電圧から反射係数を求め，特性インピーダンスに換算（図5.14）	75Ω以上，105Ω以下 信号立ち上がり時間 400ps（20～80%）
伝播遅延時間	差動ステップパルス波形がケーブルを伝送する時間を観測	26ns以下 信号立ち上がり時間 400ps（20～80%）
差動ペア内スキュー	差動ステップパルスを入力し，ケーブル通過後のステップパルス波形の時間差を観測	100ps以下 信号立ち上がり時間 400ps（20～80%）
挿入損失	図5.15参照	≧－1.02dB（50MHzのとき） ≧－1.43dB（100MHzのとき） ≧－2.40dB（200MHzのとき） ≧－4.35dB（400MHzのとき）
D+，D－の直流抵抗	D+，D－の各ワイヤの直流抵抗値を測定	3.5Ω以下

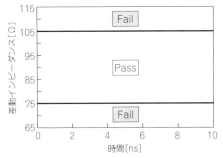

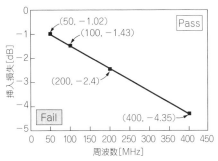

図5.14　D＋/D－の特性インピーダンスの合否判定

図5.15　D＋/D－の挿入損失の合否判定

105Ω，図5.14）と伝搬遅延時間（26ns以下），差動線路内スキュー（100ps以下），挿入損失IL（図5.15）になります．

● CCとSBU，VBUSの伝送特性

CCとSBU（SUB_A，SUB_B）の伝送特性規格を表5.3と図5.16に示します．これらの信号線はホストとデバイス間の比較的低速な通信に使われます．特性インピーダンス（CCが32Ω～93Ω，SBUが32Ω～53Ω）と伝搬遅延時間（26ns以下）が規定されています．

CCとSBU，VBUS間の遠端および近端クロストークは，厳しく規定されています．CCとSBU，VBUS間のクロストークは全て遠端および近端クロストークの両方を測定する必要があります．特に断りがない限り，以降，遠端と近端は省略し

表5.3　CCとSBUの伝送特性規格

名　前	概　　要	最　小	最　大	単　位
zCable_CC	CCワイヤの特性インピーダンス	32	93	Ω
rCable_CC	CCワイヤの直流抵抗	−	15	Ω
tCableDelay_CC	CCワイヤの伝播遅延	−	26	ns
cCablePlug_CC	CCワイヤの容量	−	25	pF
zCAble_SBU	SBUワイヤの特性インピーダンス	32	53	Ω
zCableDelay_SBU	SBUワイヤの伝播遅延	−	26	ns
rCable_SBU	SBUワイヤの直流抵抗	−	5	Ω

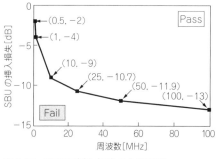

図5.16　SBUの挿入損失の合否判定

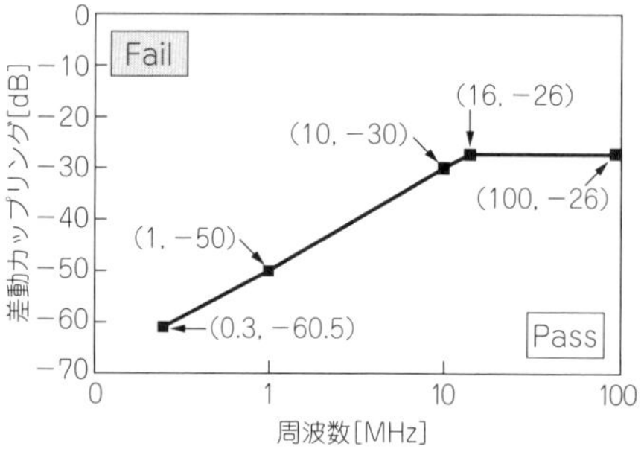

図5.17　CCとD＋/D－間のクロストークの
合否判定

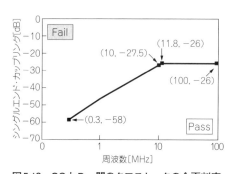

図5.18　CCとD－間のクロストークの合否判定
（Type-C Standard Full Featuredケーブル）

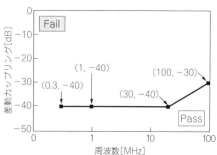

図5.19　VBUSとD＋/D－間のクロストーク
の合否判定

ます．CCとD＋/D－間のクロストーク規格を**図5.17**に示します．CC側はシン
グルエンドで，D＋/D－側はミックスモードとなるので，測定には3ポート以上
のネットワーク・アナライザが必要です．**図5.18**は，CCとD－間のクロストー
ク規格なので，シングルエンドの測定になります．**図5.19**はVBUSとD＋/D－

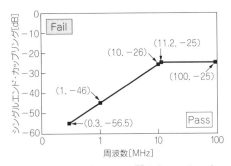

図5.20　SBU_A と SBU_B 間のクロストークの合否判定

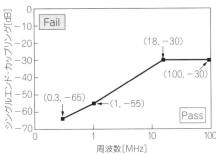

図5.21　SBU_A/SBU_B と CC 間のクロストークの合否判定

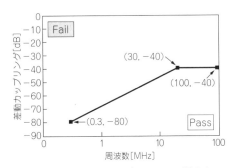

図5.22　SBU_A/SBU_B と D＋/D－間のクロストークの合否判定

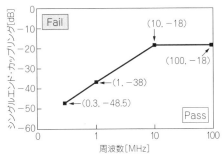

図5.23　CC と D－間のクロストーク（Type-C Standard USB 2.0 ケーブル）

間のクロストーク規格で，VBUS 側はシングルエンド，D＋/D－側はミックスモードとなります．また，VBUS のループ・インダクタンスは900nH以下，VBUS と CC，SBU_A/SBU_B，D＋/D－の相互インダクタンスは，それぞれ350nH，330nH，330nH となっています．

　図5.20 は SBU_A と SBU_B 間のクロストーク規格で，**図5.21** は SBU_A/SBU_B と CC のクロストーク規格になるので，シングルエンドの測定になります．**図5.22** は，SBU_A/SBU_B と D＋/D－間のクロストークなので，両方共にミックスモードの測定になります．

　図5.17 ～図5.22 の測定帯域は，300kHz ～ 100MHz となっています．

● Type-C Standard USB 2.0 ケーブル

Type-C Standard USB 2.0 ケーブルには，SuperSpeed 差動線路と SBU の信号線

がありません．D＋/D－やCCの伝送特性規格は，Type-C Standard Full Featured
ケーブルと同じなので，**表5.2**と**表5.3**に示す値になります．CCとD＋/D－のク
ロストークもType-C Standard Full Featuredケーブルと同じで，**図5.17**になりま
す．CCとD－間のクロストークは少し異なり，**図5.23**に示すとおりになります．

5.5　Type-C Legacyケーブルの伝送特性の規格（必須）

● Type-C Legacyケーブル

　Type-C Legacyケーブルは，Type-C － Standard-A，Type-C － Standard-B，
Type-C － Micro-B，Type-C － Mini-Bの4種類のコネクタの組み合わせになります．

　Type-C － Standard-A，Type-C － Standard-B，Type-C － Micro-Bは，転送速
度が10Gbps（Gen2）と480Mbpsの2種類があります［5Gbps（Gen1）の規格はな
い］．Type-C － Mini-Bの転送速度は480Mbpsのみです（Mini-Bは元々 USB 2.0
規格までしか対応していない）．

　Type-C LegacyケーブルのCCはLegacyプラグ側でプルアップまたはプルダ
ウンされており，SBUは未結線になるので，CCとSBU，VBUSのクロストーク規
格はありません．SuperSpeed差動線路とD＋/D－の伝送特性規格のみとなります．

● SuperSpeed差動線路の伝送特性

　SuperSpeed差動線路の伝送特性規格は，*ILfitatNq*，*IMR*，*IRL*，*ISSXT*
（Integrated Differential Cross Talk on SuperSpeed），*IDDXT*，差動信号から
同相信号へのモード変換の項目になります．

▶ *ILfitatNq* の規格値

　*ILfitatNq*の計算方法と規格値を**図5.24**に示します．2.5GHzにおける，Type-C
－ Standard-Aケーブルに許される挿入損失は－3.5dB以上となります．一方，
Type-C － Standard-BとType-C － Micro-Bケーブルに許容される挿入損失は
－4dB以上となります．*ILfit*（*f*）の測定帯域は0Hz ～ 10GHzとなっており，
Type-C Standard Full Featuredケーブルの規格より帯域が狭くなっています．

▶ *IMR* と *IRL* の規格値

　*IMR*の計算方法と規格値を**図5.25**に，*IRL*の計算方法と規格値を**図5.26**に示
します．計算方法はType-C Standard Full Featuredケーブルと同じですが，規
格値が*IMR*で2dB（1.3倍），*IRL*で1dB（1.1倍）に緩和されています．また，
ILfit（*f*）の帯域も0Hz ～ 10GHzとなっています．

計算方法	規格値	
	Type-C－Standard-A	Type-C－Standard-B/Micro-B
$IL(f) = a + b\sqrt{f} + c \cdot f + d\sqrt{f^3}$	$\geqq -3.5\text{dB}$（2.5GHzのとき） $\geqq -6\text{dB}$（5GHzのとき）	$\geqq -4\text{dB}$（2.5GHzのとき） $\geqq -6\text{dB}$（5GHzのとき）

図5.24 *ILfitatNq* の計算方法と規格値
Standard-A と Standard-B/Micro-B で異なることに注意

計算方法	規格値
$ILD(f) = IL(f) - ILfit(f)$ $IMR = dB\left(\sqrt{\dfrac{\int_0^{fmax}\|ILD(f)\|^2\|Vin(f)\|^2 df}{\int_0^{fmax}\|Vin(f)\|^2 df}}\right)$ $fmax = 10\text{GHz} \quad Vin : Tb = 100\text{ps}$	$IMR \leq 0.126 \times ILfitatNq^2 + 3.024 \times ILfitatNq - 21.392$

図5.25 *IMR* の計算方法と規格値
Full Featured では－23.392となるので，2dB 緩い規格値になっている

計算方法	規格値
$IRL = dB\left(\sqrt{\dfrac{\int_0^{fmax}\|Vin(f)\|^2\|S_{DD21}(f)\|^2\|S_{DD11}(f)\|^2 + \|S_{DD22}(f)\|^2 df}{\int_0^{fmax}\|Vin(f)\|^2 df}}\right)$ $fmax = 10\text{GHz} \quad Vin : Tb = 100\text{ps}$	$IRL \leq 0.046 \times ILfitatNq^2 + 1.812 \times ILfitatNq - 9.784$

図5.26 *IRL* の計算方法と規格値
Full Featured では－10.784となるので，1dB 緩い規格値になっている

▶ *ISSXT* の規格値

ISSXT の計算方法と規格値を**図5.27**に示します．TX＋/TX－とRX＋/RX－の近端クロストーク $NEXTs(f)$ の2乗に $Vin(f)$（10Gbpsのスペクトラム）の2乗を掛けた値と，TX＋/TX－と D＋/D－間の近端クロストークに $NEXTd(f)$ の2乗と $V_{DD}(f)$（480Mbpsのスペクトラム）の2乗を掛けた値を，0Hz ～ 10GHzで積分します．最後に $Vin(f)$ の2乗を積分し除算してルートで開きます．

Type-C Standard Full Featuredケーブルの $INEXT$［式（5.11）］とほぼ同じ計算を行っています．違いは，$INEXT$ では $0.125^2\|C2D(f)\|^2$ の項がありますが，$ISSXT$ では省かれています．

▶ *IDDXT* の規格値

IDDXT の計算方法と規格値を**図5.28**に示します．Type-C Standard Full Featuredケーブルの $IDDXT\_1NEXT + FEXT$ と同様で，$NEXT(f)$ と $FEXT(f)$

計算方法	規格値
$ISSXT = dB\left(\sqrt{\dfrac{\int_0^{f_{\max}} \left\| Vin(f) \right\|^2 \left\| NEXTs(f) \right\|^2 + \left\| V_{DD}(f) \right\|^2 \left\| NEXTd(f) \right\|^2 df}{\int_0^{f_{\max}} \left\| Vin(f) \right\|^2 df}} \right)$ $fmax = 10\text{GHz} \quad Vin : Tb = 100\text{ps} \quad V_{DD} : Tb = 2.08\text{ns}$	$\leq -38\text{dB}$

図5.27 *ISSXT*の計算方法と規格値

計算方法	規格値
$IDDXT = dB\left(\sqrt{\dfrac{\int_0^{f_{\max}} \left\| Vin(f) \right\|^2 \left\| NEXT(f) \right\|^2 + \left\| FEXT(f) \right\|^2 df}{\int_0^{f_{\max}} \left\| Vin(f) \right\|^2 df}} \right)$ $fmax = 1.2\text{GHz} \quad Vin : Tb = 100\text{ps}$	$\leq -28.5\text{dB}$

図5.28 *IDDXT*の計算方法と規格値

はそれぞれSuperSpeed差動線路とD＋/D－間の近端および遠端クロストークを示します．

▶モード変換の規格値

Type-C Standard Full Featuredケーブルのモード変換と同じになります．100MHz～10GHzの範囲で－20dB以下であれば，合格になります（**図5.12**）．

● D＋/D－の伝送特性

D＋/D－の伝送特性規格を，**表5.4**に示します．伝搬遅延時間以外は，Type-C Standard Full Featuredケーブルと同じです．Full Featuredの伝搬遅延時間は26ns以下ですが，Type-C Legacyケーブルでは，Type-C－Micro-Bケーブルは10ns以下，Type-C－Standard-Aケーブル，Type-C－Standard-Bケーブル，Type-C－Mini-Bケーブルは20ns以下となっています．

5.6　Type-C Legacyアダプタの伝送特性の規格（必須）

Type-C Legacyアダプタは，Type-Cプラグ－Standard-AレセプタクルとType-Cプラグ－Micro-Bレセプタクルの2種類があります．Type-C－Standard-Aアダプタは5Gbps（Gen1）の転送速度まで対応し，Type-C－Micro-B（USB 2.0）アダプタは480Mbpsまでとなっています．

表5.4 Type-C Legacy ケーブルのD＋/D−の伝送特性規

項 目	概 要	規格値
差動 インピー ダンス	差動ステップパルス波形を入力して反射波形を観測．反射電圧から反射係数を求め，特性インピーダンスに換算（図5.14）	75 Ω以上，105 Ω以下 信号立ち上がり時間 400ps（20 〜 80％）
伝播遅延 時間	差動ステップパルス波形がケーブルを伝送する時間を観測	TypeC-MicroBは10ns以下 上記以外 20ns以下 信号立ち上がり時間 400ps（20 〜 80％）
差動ペア内 スキュー	差動ステップパルスを入力し，ケーブル通過後のステップパルス波形の時間差を観測	100ps以下 信号立ち上がり時間 400ps（20 〜 80％）
挿入損失	図5.15 参照 〔Full Featuredの伝搬遅延時間は26nsなので異なる〕	≧ − 1.02dB 50MHz ≧ − 1.43dB 100MHz ≧ − 2.40dB 200MHz ≧ − 4.35dB 400MHz
D＋，D−の 直流抵抗	D＋，D−の各ワイヤの直流抵抗を測定	3.5 Ω以下

● Type-C − Standard-A アダプタ

▶ SuperSpeed 差動線路の伝送特性規格

SuperSpeed 差動線路の伝送特性規格は，**表5.5**に示すように，*ILfitatNq*，*IMR*，*IRL*，*ISSXT*，*IDDXT*，モード変換の項目があります．*IDDXT*は0Hz 〜 1.2GHzの帯域を計算し，それ以外は0Hz 〜 7.5GHzになります．Type-C Legacy ケーブルの帯域の10GHzよりも狭くなっています．

▶ *IMR* と *IRL* の規格値

Type-C Standard Full Featured ケーブルと Type-C Legacy ケーブルの*IMR*と*IRL*は，*ILfitatNq*の値により規格値が変わりましたが，Type-C Legacy アダプタは固定値になります．*Tb* = 200psと*Tb* = 100psの2つの場合の*Vin*（*f*）を使います．そして，*IMR*と*IRL*を計算します．

*IMR*の合否判定は，*Tb* = 200psの場合は − 38dB（1.3％）以下，*Tb* = 100psの場合は − 27dB（4.5％）以下になります．*IRL*の合否判定は，*Tb* = 200psで − 14.5dB（19％）以下，*Tb* = 100psで − 12dB（25％）以下になります．

▶ *ISSXT* と *IDDXT* の規格値

*ISSXT*と*IDDXT*は，Type-C Legacy ケーブルと同様の数式で計算します．合否判定は，*ISSXT*は − 37dB（1.4％）以下，*IDDXT*は − 30dB（3％）以下になります．

▶ モード変換の規格値

差動から同相へのモード変換は，**図5.29**のように，帯域が100MHz 〜 7.5GHz

表5.5　Type-C － Standard-A アダプタの伝送特性規格

項　目	計算方法	規格値
$ILfitat$ Nq	$IL(f) = a + b\sqrt{f} + c \cdot f + d\sqrt{f^3}$	≥ -2.4dB（2.5GHzのとき） ≥ -3.5dB（5GHzのとき）
IMR	$ILD(f) = IL(f) - ILfit(f)$ $IMR = dB\left(\sqrt{\dfrac{\int_0^{f_{max}}\|ILD(f)\|^2\|Vin(f)\|^2 df}{\int_0^{f_{max}}\|Vin(f)\|^2 df}}\right)$ $fmax = 7.5$GHz	$Tb = 200$ps のとき ≤ -38dB $Tb = 100$ps のとき ≤ -27dB
IRL	$IRL = dB\left(\sqrt{\dfrac{\int_0^{f_{max}}\|Vin(f)\|^2\|S_{DD21}(f)\|^2\|S_{DD11}(f)\|^2 + \|S_{DD22}(f)\|^2 df}{\int_0^{f_{max}}\|Vin(f)\|^2 df}}\right)$ $fmax = 7.5$GHz	$Tb = 200$ps のとき ≤ -14.5dB， $Tb = 100$ps のとき ≤ -12dB
$ISSXT$	$ISSXT = dB\left(\sqrt{\dfrac{\int_0^{f_{max}}\|\|Vin(f)\|^2\|NEXTs(f)\|^2 + \|V_{DD}(f)\|^2\|NEXTd(f)\|^2\|df}{\int_0^{f_{max}}\|Vin(f)\|^2 df}}\right)$ $fmax = 7.5$GHz　　$Vin : Tb = 200$ps　　$V_{DD} : Tb = 2.08$ns	≤ -37dB
$IDDXT$	$IDDXT = dB\left(\sqrt{\dfrac{\int_0^{f_{max}}\|Vin(f)\|^2\|\|NEXT(f)\|^2 + \|FEXT(f)\|^2\|df}{\int_0^{f_{max}}\|Vin(f)\|^2 df}}\right)$ $fmax = 1.2$GHz　　$Vin : Tb = 200$ps	≤ -30dB
S_{CD12} と S_{CD21}	100MHz ～ 7.5GHz，**図4.49**参照	≤ -15dB

の範囲で，S_{CD12} と S_{CD21} が－15dB（18％）以下でなければなりません．この値は，Type-C Legacy ケーブルの－20dB（10％）より5dB（1.8倍）緩い値になっています．

▶D＋/D－の伝送特性規格

D＋/D－の伝送特性規格は，Type-C Lagacy ケーブルの**表5.4**と同じように，特性インピーダンスが75Ω以上で105Ω以下，伝搬遅延時間が20ns以下，差動線路間スキューが100ps以下となっています．挿入損失は50MHz ～ 400MHzの範囲で－0.7dB（92％）以上となります（**図5.30**）．また，D＋，D－の各ワイヤの直流抵抗値は2.5Ω以下と規定されています．

● Type-C － Micro-B（USB 2.0）アダプタ

Type-Cしか持たないデバイス機器を従来のStandard-A － Micro-B（USB 2.0）

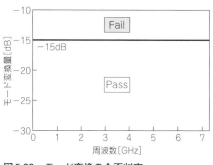

図5.29 モード変換の合否判定

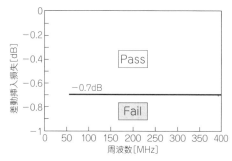

図5.30 D＋/D－の挿入損失の合否判定

ケーブルを使って接続するために準備され，転送速度は480Mbpsまでです．したがって，SuperSpeedはサポートしておらず，D＋/D－の伝送特性のみ規定され，規格値はType-C – Standradアダプタと同じになります．

5.7 Type-C コネクタ単体の伝送特性の規格（参考）

● レセプタクル単体の試験をする経緯

USB 3.0までは，ケーブルの信号伝送の評価試験のみでした．USB 3.1のType-Cからは，プラグとレセプタクルの嵌合状態（Mated Connector）の特性評価も参考試験として加わりました．ケーブルの特性評価は，ダミーのレセプタクルが搭載された治具基板（**写真5.1**，p.116）を使うので，実際のレセプタクル・コネクタの特性評価がされていません．

ホスト機器やデバイス機器の設計者から，レセプタクルの特性をあらかじめ把握したいとの要望もありましたが，レセプタクル単体では伝送特性を測定できません．そのため，プラグとレセプタクルの嵌合状態での試験項目が加わりました．

レセプタクルの特性は，実際にはホスト機器とデバイス機器の一部として認証試験を行うので，参考試験（Informative）となっています．そのため，嵌合状態での試験に不合格な項目があっても，直ちに問題とはなりません．しかし，規格値を大きく外れたレセプタクルの使用は，後々の認定試験で不合格の要因になる可能性もあるので控えた方が良いでしょう．

● 規格値

嵌合状態での試験項目は，Type-C Standard Full Featuredケーブルとおおむ

コラム 5.B　USBに利用されるケーブルの挿入損失

　Type-Cの規格書には，ケーブル径と単位長さ当たりの挿入損失が記載されています．しかし，実際のケーブル特性と比較すると少々異なります．同軸ケーブルの規格値と電磁界シミュレーションで求めた1m当たりの挿入損失を**図5.D**に，STPケーブルの規格書と電磁界シミュレーションで求めた1m当たりの挿入損失を**図5.E**に示します．

　規格書で示されている挿入損失である**図5.D (a)** と**図5.E (a)** を見ると，12.5GHz〜15GHzの曲線がやや不自然なことが分かります．一方，電磁界シミュレーションで求めた**図5.D (b)** と**図5.E (b)** は，2GHz付近までは$\sqrt{f}$に比例して損失が増加し，それ以降の帯域では周波数に比例しています．2GHz付近までは表皮効果により損失が増加し，2GHz以上では誘電損失による影響を表しており，物理現象に一致しています．実際のケーブルは，絶縁材の誘電正接や導体のメッキ処理などにより，電磁界シミュレーションの特性より若干変化しますが，設計の目安として利用できます．

　表5.Aと**表5.B**は，**図5.D**と**図5.E**の値を表にしたものです．1.25GHzまでは，規格

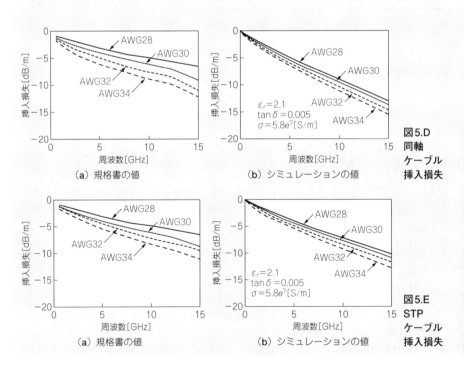

図5.D　同軸ケーブル挿入損失

（a）規格書の値　　（b）シミュレーションの値

図5.E　STPケーブル挿入損失

（a）規格書の値　　（b）シミュレーションの値

書と電磁界シミュレーションの値はおおむね同じですが，10GHz付近ではやや異なり，電磁界シミュレーションの挿入損失の方は大きくなっています．

Type-Cケーブルはプラグを囲むフードの大きさ（幅と高さのみ，奥行きは規定がない）が規定されているので太いケーブルは接続できず，AWG30前後のケーブルが利用されています．電磁界シミュレーションのAWG30の5GHzにおける挿入損失を確認するすると，1mの長さでは同軸ケーブルが−5.5dB，STPケーブルで−4.5dBです．これにプラグの損失−1.6dB（＝−0.8dB×2）を加えると，同軸ケーブルで−7.1dB，STPケーブルで−6.1dBとなります．Gen2のケーブル規格で規定された−6dBに近い値になります．

実際に市販されているGen2ケーブル長が1m前後になることは，このシミュレーション結果からも見積もることができます．

同軸ケーブルよりSTPケーブルの挿入損失が小さい理由は，差動ケーブルのPチャネルとNチャネル間の電磁的な結合により，信号が流れやすくなるためです．

表5.A　同軸ケーブルの挿入損失

周波数 [GHz]	AWG28	AWG30	AWG32	AWG34
0.625	− 1	− 1.2	− 1.5	− 1.8
1.25	− 1.3	− 1.8	− 2.2	− 2.8
2.5	− 1.9	− 2.7	− 3.4	− 4.2
5	− 3.1	− 4	− 4.9	− 6.1
7.5	− 4.2	− 5.2	− 6.5	− 7.6
10	− 4.9	− 6.1	− 7.6	− 8.8
12.5	− 5.7	− 7.1	− 8.6	− 9.9
15	− 6.5	− 9	− 10.9	− 12.1

（a）規格書の値

周波数 [GHz]	AWG28	AWG30	AWG32	AWG34
0.625	− 1.1	− 1.2	− 1.4	− 1.6
1.25	− 1.7	− 1.9	− 2.2	− 2.5
2.5	− 2.9	− 3.2	− 3.6	− 3.9
5	− 5.1	− 5.5	− 6.1	− 6.5
7.5	− 7.2	− 7.6	− 8.3	− 8.9
10	− 9.2	− 9.7	− 10.5	− 11.2
12.5	− 11.1	− 11.8	− 12.6	− 13.4
15	− 13.1	− 13.7	− 14.7	− 15.5

（b）シミュレーションの値

表5.B　STPケーブルの挿入損失

周波数 [GHz]	AWG28	AWG30	AWG32	AWG34
0.625	− 1	− 1.2	− 1.4	− 1.8
1.25	− 1.4	− 1.7	− 2	− 2.5
2.5	− 2.1	− 2.5	− 2.9	− 3.7
5	− 3.1	− 3.9	− 4.5	− 5.5
7.5	− 4.1	− 5	− 5.9	− 7
10	− 4.8	− 6.1	− 7.2	− 8.4
12.5	− 5.5	− 7.3	− 8.2	− 9.5
15	− 6.5	− 8.7	− 9.5	− 111

（a）規格書の値

周波数 [GHz]	AWG28	AWG30	AWG32	AWG34
0.625	− 0.9	− 1.1	− 1.2	− 1.5
1.25	− 1.5	− 1.7	− 1.9	− 2.2
2.5	− 2.4	− 2.7	− 3.0	− 3.5
5	− 4.1	− 4.5	− 5.0	− 5.6
7.5	− 5.7	− 6.2	− 6.8	− 7.5
10	− 7.3	− 7.8	− 8.5	− 9.3
12.5	− 8.8	− 9.4	− 10.1	− 11.0
15	− 10.2	− 10.9	− 11.7	− 12.7

（b）シミュレーションの値

表5.6　レセプタクル単体の伝送特性規格（参考）

項目	計算方法	規格値 Gen1&Gen2
$ILfitatNq$	$IL(f) = a + b\sqrt{f} + c \cdot f + d\sqrt{f^3}$	$\geqq -0.6\text{dB}$（2.5GHzのとき） $\geqq -0.8\text{dB}$（5GHzのとき） $\geqq -1.0\text{dB}$（10GHzのとき）
IMR	$ILD(f) = IL(f) - ILfit(f)$ $IMR = dB\left(\sqrt{\dfrac{\int_0^{f_{\max}}\left|ILD(f)\right|^2\left|Vin(f)\right|^2 df}{\int_0^{f_{\max}}\left|Vin(f)\right|^2 df}}\right)$	$\leqq -40\text{dB}$
IRL	$IRL = dB\left(\sqrt{\dfrac{\int_0^{f_{\max}}\left|Vin(f)\right|^2\left|S_{DD21}(f)\right|^2\left|\left|S_{DD11}(f)\right|^2 + \left|S_{DD22}(f)\right|^2\right|df}{\int_0^{f_{\max}}\left|Vin(f)\right|^2 df}}\right)$	$\leqq -18\text{dB}$
$INEXT$	$INEXT =$ $dB\left(\sqrt{\dfrac{\int_0^{f_{\max}}\left|Vin(f)\right|^2\left|\left|NEXT(f)\right|^2 + 0.125^2\left|C2D(f)\right|^2\right|df + \int_0^{f_{\max}}\left|V_{DD}(f)\right|^2\left|NEXTd(f)\right|^2 df}{\int_0^{f_{\max}}\left|Vin(f)\right|^2 df}}\right)$	$\leqq -44\text{dB}$
$IFEXT$	$IFEXT =$ $dB\left(\sqrt{\dfrac{\int_0^{f_{\max}}\left|Vin(f)\right|^2\left(\left|FEXT(f)\right|^2 + 0.125^2\left|C2D(f)\right|^2\right)df + \int_0^{f_{\max}}\left|V_{DD}(f)\right|^2\left|FEXTd(f)\right|^2 df}{\int_0^{f_{\max}}\left|Vin(f)\right|^2 df}}\right)$	$\leqq -44\text{dB}$

ね同じ計算方法で，Gen1（5Gbps）とGen2（10Gbps）の区別はありません．**表5.6**に，$ILfitatNq$，IMR，IRL，$INEXT$，$IFEXT$の計算式と規格値を示します．

　嵌合状態のコネクタの規格なので，$ILfitatNq$は10GHzで−1dB（89％）と極めて厳しい値になっています．IMRとIRLの規格値は，$ILfitatNq$の値で可変せず，固定値になっています．それぞれ−40dB（1％）と−18dB（13％）となっており，こちらも非常に厳しい値です．$INEXT$と$IFEXT$はそれぞれ−44dB（0.6％）以下で，Type-C Standard Full Featuredケーブルより4dB（0.63倍）低くなっています．

　特性インピーダンスは，**図5.31**のように，入力ステップパルスの立ち上がり時間が40ps（20％〜80％）で76Ω以上，94Ω以下となっています．

　SuperSpeed差動線路とD＋/D−間の遠端および近端クロストークは，**図5.32**に示すように，通常のSパラメータで評価します．

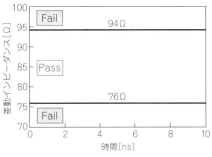

図5.31 特性インピーダンスの合否判定

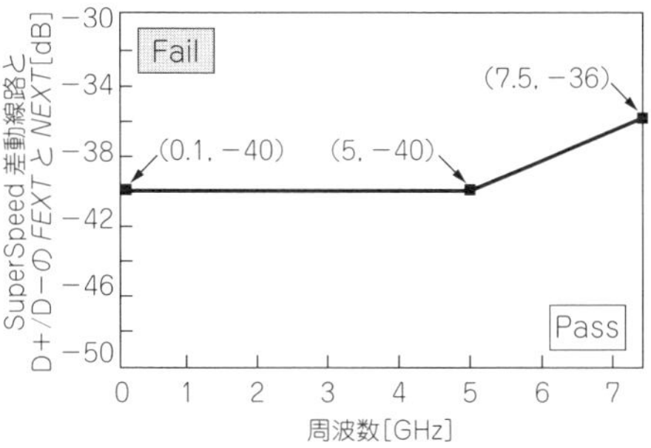

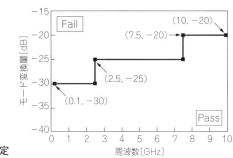

図5.32 SuperSpeed差動線路とD＋/D－間の クロストークの合否判定

図5.33 モード変換の合否判定

　クロストークは100MHz ～ 5GHzまでは－40dB以下，5GHzから7.5GHzまでは一定の傾きで増加し7.5GHzで－36dB（1.6％）になります．

　モード変換も，**図5.33**のSパラメータによる評価になっています．ケーブルのモード変換は－20dB（10％）以下となっていましたが，嵌合状態ではやや厳しく，100MHz ～ 2.5GHzは－30dB（3％）以下，2.5GHz ～ 7.5GHzは－25dB（6％）以下，7.5GHz ～ 10GHzは－20dB（10％）以下となります．

5.8　コネクタの許容電流試験（必須）

　Type-Cでは，コネクタ単体で5Aの電流容量を保証する必要があります．試験方法は，VBUSに5A，VCONNに1.25A，その他の信号線は0.25Aの電流を流します（**写真5.6**）．そして，レセプタクルおよびプラグ・シェルの上面の温度上昇が測定環境から30℃以下であることを確認します．信号線は複数あるので，治具基板内で一筆書きできるように短絡してあります．

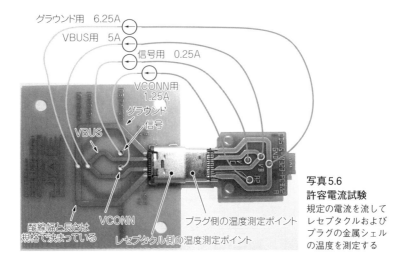

グラウンド用　6.25A

VBUS用　5A

信号用　0.25A

VCONN用
1.25A

グラウンド

信号

VBUS

VCONN

配線幅と長さは
規格で決まっている

レセプタクル側の温度測定ポイント

プラグ側の温度測定ポイント

写真5.6
許容電流試験
規定の電流を流して
レセプタクルおよび
プラグの金属シェル
の温度を測定する

5.9　シールドの伝送特性の規格（必須）

● 試験を行うようになった経緯

　Type-Cの規格では，ケーブルの伝送特性以外に，シールド性の試験を義務付けています．これは，USB 3.0が出た当時，USB 3.0の通信を行うと，Bluetoothを使う機器を妨害して通信ができなくなる問題が発生したからです．その対策としてケーブルのシールド性試験であるRFI（Radio Frequency Interference）を実施するようになりました．

● 測定方法

　写真5.7に示す金属製の筒の中に，被測定対象となるType-Cケーブルを入れます．この筒の一方には，ケーブルの伝送特性を測定するのと同様なSMAコネクタが実装された治具基板が付いています．もう一方は50Ωの抵抗で終端されています．**図5.34**のように，この金属筒の治具に，ベクトル・ネットワーク・アナライザのポート1〜3を接続します．ポート1はシングルエンド・ポートとし，ポート2と3は差動および同相ポートにします．つまり，ポート2と3から差動信号を入力した場合，ポート1に伝播する電磁界をケーブルと金属筒間の結合度S_{SD21}として測定します．次にポート2と3から同相信号を入力した場合に伝播する電磁界をS_{SC21}として測定します．

　その2つの測定結果が**図5.35**に示す限度値以下であれば合格になります．

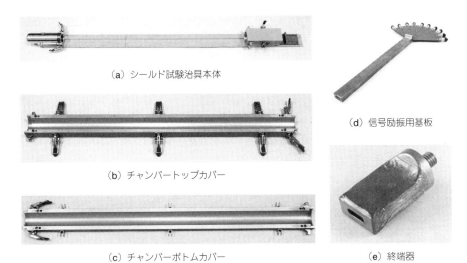

（a）シールド試験治具本体

（b）チャンバートップカバー

（c）チャンバーボトムカバー

（d）信号励振用基板

（e）終端器

写真5.7　ケーブル・シールド試験治具（提供：Luxshare）

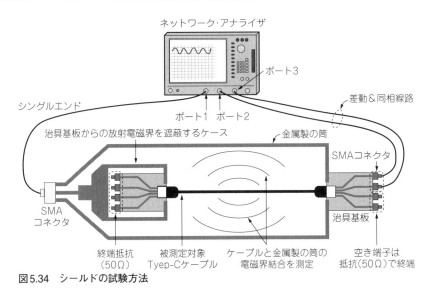

図5.34　シールドの試験方法

● RFI試験の限界値

　RFI試験の限界値は，ケーブルの種類によって異なります．

　図5.35（a）のType-C‐Type-Cケーブルでの限度値を見ると，S_{SC21}はS_{SD21}より15dB（電圧比で5.6倍）大きくなっています．これは，信号の振幅電圧が同じ

149

コラム 5.C　　ケーブルとコネクタの合否判定ツール「IntePar」

　Type-Cのコネクタ（嵌合状態），ケーブルの電気特性は，測定した値（Sパラメータ）をそのまま使わず，フィッティングや重みを掛けて積分処理を行います．また，反射損失に相当する IRL や挿入損失のディップやリンギングを表す IMR は，$IL fit at Nq$ の値により合否判定の値が変化します．これらの計算処理や合否判定は煩雑な作業ですが，USB-IFから測定データを入力するだけで，簡単に合否判定ができるツールがコネクタやケーブル・メーカに配布されました．それが**図5.F**に示す「IntePar」と呼ば

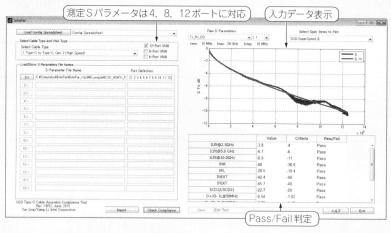

（a） SuperSpeed差動線路とD＋/D−レーンのデータ入力画面

図5.F　合否判定ツール「IntePar」

であれば，シールド性が高いケーブルでも，同相信号から放射される電磁界は，差動信号より15dB程度大きくなるからです．

　USBの信号は差動信号ですが，実際のホストやデバイス機器の信号は，完全な差動信号ではありません．完全な差動信号は，PチャネルとNチャネルの振幅電圧の立ち上がりと立ち下がりの時間が同じで，信号のずれ（スキュー）もゼロでなければなりません．このような完全な差動信号は，高価な信号発生機でも作れません．また，配線の電気長の違いでもスキューが発生します．

　実際の差動信号は −20dB程度の同相信号成分を含むので，同相信号成分に対するシールド性試験が必要になります．同相信号成分に対するシールド性の限界

れるツールになります.

　InteParは，コネクタ（Mated Pair）およびコネクタのNormativeの項目全ての合否判定が可能になっており，Type-C LegacyケーブルやGen1，Gen2についても対応しています. **図5.F**（a）は，SuperSpeed差動線路とD＋/D－のデータを入力し，合否判定を行っています. Sパラメータは4, 8, 12ポートのデータに対応しています. 入力したSパラメータはツールのビュワー上で確認できます. さらに，CCやVBUS，SBU，D＋/D－とのクロストークやRFI試験も合否判定できるようになっています.

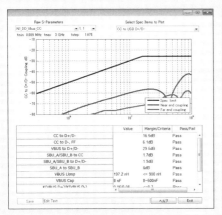 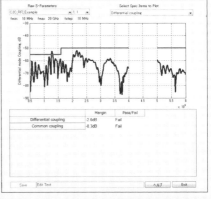

（**b**）LowSpeedの入力画面　　　　（**c**）RFIの入力画面

　値は，差動信号に対するものより15dB大きいですが，実際の同相信号成分は差動信号成分に対して20dB低くなります. したがって，実際の差動信号成分と同相信号成分に対する放射電磁界は同じレベルになるので，同相信号成分の限界値は大きくても問題ありません.

　測定帯域は500MHz ～ 6GHzですが，4GHz ～ 5GHzはWi-FiやBluetooth，携帯電話などでは利用されていませんので，測定対象から外しています.

いけだ・ひろあき

日本航空電子工業（株）

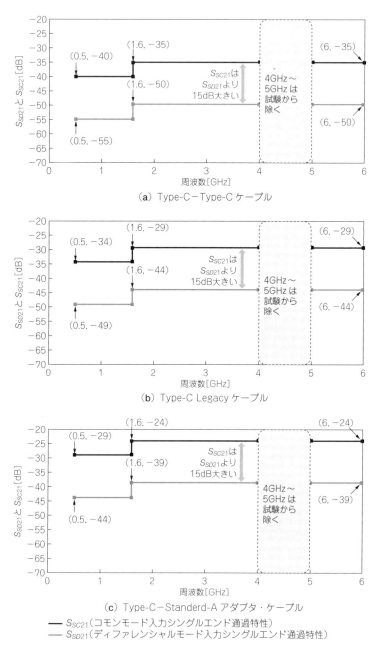

（a）Type-C−Type-C ケーブル

（b）Type-C Legacy ケーブル

（c）Type-C−Standerd-A アダプタ・ケーブル

—— S_{SC21}（コモンモード入力シングルエンド通過特性）
—— S_{SD21}（ディファレンシャルモード入力シングルエンド通過特性）

図5.35　RFI試験の限界値

Appendix **1**

池田 浩昭

ひずみ補正機能を持つ
ケーブル

アクティブ・ケーブルの概要

● 規格が生まれた背景…長いケーブルがほしい

USB Type-Cのケーブル・ハーネスは，プラグのフード寸法に規定があるため，太いワイヤが使えません．したがって，USB Type-CでUSB 3.2 Gen2（10Gbps）の規格を満たすにはワイヤを短くするしかなく，その長さは1m前後となります．USB 3.2 Gen1（5Gbps）規格でも2mが限界になります．

パソコンとハードディスクの接続であれば1〜2mでも問題ないでしょう．しかし，プリンタや計測機器と接続したい場合はもっと長いケーブルがほしくなります．また，USB Type-CはAlternate Modeを使用して映像信号であるDisplayPortを伝送可能です．広い会議室や天井に設置された液晶プロジェクタと接続する場合，ケーブル長が1〜2mでは足りません．また，製造現場で使われる検査機のカメラ（マシンビジョン）やバーチャル・リアリティ用のヘッドマウント・ディスプレイ，ATMなど，さまざまな分野での利用もUSB Type-Cは期待されており，これらの分野でも2mを超えるケーブル長が必要になります．

そこで，伝送距離を伸ばすために，ケーブル・プラグの内部に能動素子（Active Device）を実装し，プリント基板や配線の損失による波形ひずみを補正する，アクティブ・ケーブルの仕様が規格化されました．

● 動作原理

高速差動信号を送受信するLSIには，プリント基板やケーブルの損失による波形のひずみを補正するディエンファシス機能やイコライザ機能が搭載されています．これと同じ機能を持つ能動素子をプラグの内部に実装したものが，アクティブ・ケーブルです．

図A1.1に，アクティブ・ケーブルを伝わる高速差動信号の波形を示します．図はホスト機器からデバイス機器に向かう信号を示しますが，デバイス機器からホスト機器に向かう信号でも同様です．

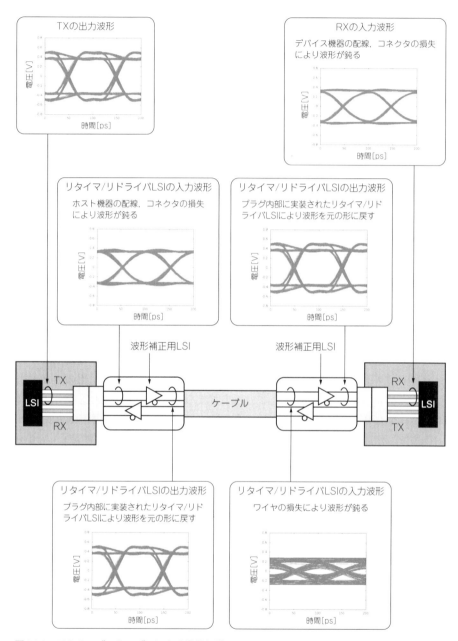

図A1.1　アクティブ・ケーブルによる信号伝送
配線やワイヤの損失をプラグ内部に実装されたLSIで補正し，高いビットレートの信号の長距離伝送を可能にする

　USBのホスト機器から出力される高速差動信号は，ホスト機器内の配線やコネクタにより波形が鈍るので，プラグ内のLSIで波形のひずみを補正し，ケーブルへ出力します．次に，ワイヤの損失により波形のひずみが発生するので，反対側のプラグに実装されたLSIでひずみを再度補正し，デバイス機器に出力します．

　プラグ内に波形を補正するLSIを追加することにより，ケーブルが長くてもひずみの少ない信号伝送が可能になります．

● 規格上の制約

　アクティブ・ケーブルには規格上の制約があります．実際のアクティブ・ケーブルの長さはLSIの波形補正性能以外に，USB 2.0の遅延時間やアイソクロナス通信の応答時間の関係から5m以下に制限されます．

　アクティブ・ケーブルのSuperSpeed以外の信号線は，通常のUSBケーブル（以下，受動ケーブルとする）と全く同じ仕様なので，CCを使ったPower Deliveryなども可能です．基本的に受動ケーブルの置き換えとして全く同じように使うことができます．

A1.2　アクティブ・ケーブルの構成

● 使用されるLSI

　波形補正に使われるLSIは，リタイマとリドライバの2種類があり，どちらかのLSIがアクティブ・ケーブルに使用されます．リタイマLSIは，波形補正とジッタ補正の機能があります．一方，リドライバLSIは波形補正のみでジッタは補正されず，リドライバ自身のジッタが付加され全体のジッタが増えます．

　そのため，規格ではリドライバLSIのみでアクティブ・ケーブルを構成することは許されておらず，TXおよびRXレーンに必ず1つはリタイマLSIを使うことを要求しています．

　現在市販されているリタイマLSIは，USBのチャネル損失を補正することを目的としているため，利得が5GHz（10Gbpsの基本周波数）で23dB程度となります．5GHzにおけるケーブルの損失は，同軸ケーブル（AWG30）を使った場合で5.5dB/m，STP（Shielded Twisted Pair）ケーブル（AWG30）で4.5dB/mとなります（第5章コラム5.Bを参照）．

● 5つの構成例

図A1.2 (a) ～ (e) にリタイマLSIとリドライバLSIを使った構成例を示します.

図A1.2 (a) は, 上りレーンと下りレーンの両端にリタイマLSIを実装した例です. この構成が最も一般的です. リタイマで波形補正できるケーブル長は同軸の場合で4.1m, STPの場合で5.1mになります. 実際は, アイソクロナス通信やUSB 2.0の制限から, ケーブル長は5m以下に制限されます.

図A1.2 (b) は, 送信側にリドライバLSIを使った構成です. リドライバLSIは波形の補正が可能ですがジッタが増加するため, 受信側はリタイマLSIを実装してジッタを減らす必要があります. リドライバLSIもUSBの高速差動信号レーンの損失を補正するために23dBの利得があります. 図A1.2 (a) と同様のケーブル長となり, 最大でも5m以下となります.

図A1.2 (c) は, 送信側のみリタイマLSIを実装し, 受信側は小基板を介してプラグに直接接続されます. リタイマLSIで補正される損失は, ホストまたはデバイスの基板配線分の8.5dBのみなので, ケーブルに許される損失は14.5dBとなります. ケーブル長は同軸で2.6m, STPで3.2mとなります. この構成の利点は, リタイマが各プラグで1個しか使われないので, 図A1.2 (a) や (b) と比較して価格を抑えられます. 図A1.2 (c) の構成でリドライバを使うことは許されていません. これはジッタが補正されず, 増加するからです.

図A1.2 (d) は図A1.2 (c) とは逆に, 受信側のみにリタイマを実装した例になります. ホスト/デバイス機器の基板配線の損失はそれぞれ8.5dBとなるので, ケーブル長は図A1.2 (c) と同様の同軸で2.6m, STPで3.2mとなります.

図A1.2 (e) は, 中央部にリタイマを置いた構成です. この場合は, リタイマ受信側と送信側でそれぞれ－14.5dBなので合計－28dBの補正が可能になり, 最大で6.1mのケーブル長まで対応可能です. しかし, 制限事項から5m以下のケーブル長に制限されます. この構成も, リタイマの数が図A1.2 (c) と (d) と同様に送受信のレーンに各1個になるので, 部品代を安価に構成しつつ, 5mの長さまで対応できます. しかし, ケーブル中央部にリタイマを実装するための基板が必要であり, その基板を保護するためのケースがいるので, スマートさに欠けます.

実際に市場に出てくるアクティブ・ケーブルは, 5mの長さまで対応可能な図A1.2 (a) または (b) のタイプが多いと考えられます.

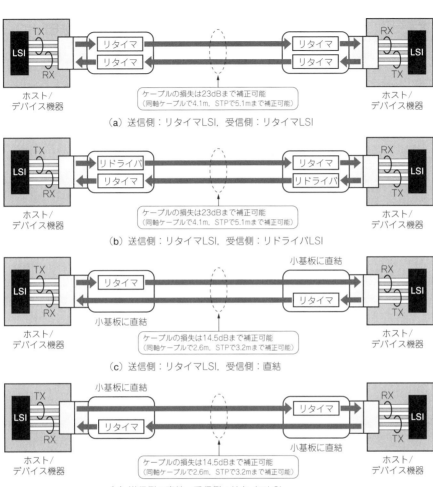

（a）送信側：リタイマLSI，受信側：リタイマLSI

（b）送信側：リタイマLSI，受信側：リドライバLSI

（c）送信側：リタイマLSI，受信側：直結

（d）送信側：直結，受信側：リタイマLSI

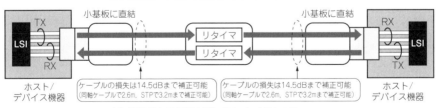

（e）送信側と受信側の間にリタイマLSIを実装
この構成であれば，最大6.4mのケーブル長まで対応可能

図A1.2　アクティブ・ケーブルの構成例
ジッタを補正するリタイマLSIは必ず1個以上搭載する必要がある．ケーブル長はアイソクロナス転送やUSB 2.0の制限より5m以下となる

A1.3　アクティブ・ケーブルに許される遅延時間

　アクティブ・ケーブルは，構成やリタイマLSI，リドライバLSIの性能によっては，5mを超えるケーブル長に対応できますが，実際はアイソクロナス転送やUSB 2.0の遅延時間の制限から5m以下のケーブル長になります．その理由を説明します．

● Pending_HP_Timerによる制約

　USBでは，イニシエータからHP（Header Packet）を送信後，ある一定時間内（Pending_HP_Timer）にレスポンサ側からLGOODまたはLBADを受け取る必要があります．HPの喪失などによりPending_HP_Timer内にレスポンサから応答がない場合は，Recovery状態に遷移します．

　このPending_HP_Timerは，USB 3.1 1.0版（2013年7月26日発行）では3μs以下でしたが，その後，ECNで10μs以下に変更されました．そして，現在のUSB 3.2では10μs以下になっています．このように3μsと10μsのPending_HP_Timerが混在しているため，USBのアクティブ・ケーブル長は5m以下に制限されます．

▶ホスト機器（3μs）とデバイス機器（10μs）の場合…ケーブル長は5m

　図A1.3は，Pending_HP_Timerが3μsのホスト機器（またはデバイス機器）と10μsのデバイス機器（またはホスト機器）が，リタイマが両端に実装されたアクティブ・ケーブルで接続された例です．ビット・レートはGen1（5Gbps）を想定しています．

　デバイス側（Pending_HP_Timer：10μs）はリタイマが実装されていますが，ホスト側（Pending_HP_Timer：3μs）には実装されていません．USB 3.1の1.0版当時，つまりPending_HP_Timerが規格上3μsの時代はリドライバしか販売されていなかったからです．仮にホスト機器やデバイス機器にリドライバが実装されていたとしても，リドライバの遅延時間は200psと非常に短く，ほぼ無視できるので，ここでは考慮しません．

　Gen1（5Gbps）では，デバイス機器がHPを受け取ってから，LGOODまたはLBADによる応答をするまでの時間（$t_{DHPResponse}$）が2540ns以下となっています．実際は，Gen1（5Gbps）で400ns，Gen2（10Gbps）では700ns程度で応答することを推奨されているので，$t_{DHPResponse}$はもっと短い時間になります．$t_{DHPResponse}$は2540ns以下となっているのは，デバイス側がTXデータを送信している場合の待ち時間が最大で2140nsになっていることを考慮しているためです．

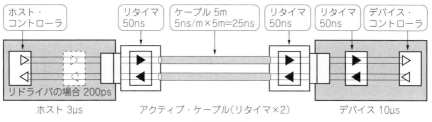

（a）接続構成

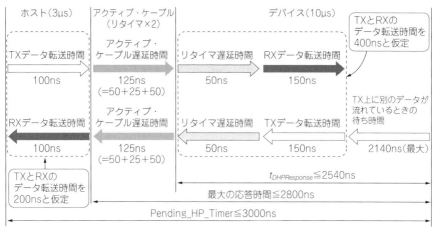

（b）各遅延時間からアクティブ・ケーブルに許される時間を算出する

図A1.3 アクティブ・ケーブルに許される遅延時間
Pending_HP_Timerが3μsと10μsの場合．ビットレートはGen1 × 1（5Gbps）を想定

$t_{DHPResponse}$に加えて，ホスト機器側でTXデータ転送時間とRXデータ転送時間がそれぞれ100nsなので，アクティブ・ケーブルに許される遅延時間は，Pending_HP_Timerから$t_{DHPResponse}$とデータ転送時間を引くことで計算できます．

3000ns − 2540ns − 200ns = 260ns

ここで計算された260nsは往復時間なので，アクティブ・ケーブルに許される遅延時間はその半分の130ns以下となります．Gen1用のリタイマの遅延時間は50nsなので，ケーブル単体で許容できる遅延時間は30nsとなります．

130ns − （50ns × 2）= 30ns

ケーブル単体の遅延時間はケーブル絶縁材の比誘電率に依存しますが，**表A1.1**に示すようにフッ素樹脂やポリエチレンではおおむね1mあたり約5nsとなります．したがって，6m（= 30ns ÷ 5ns/m）となり，ケーブル長は最大で6mとなります．

表A1.1　ケーブルの絶縁材と遅延時間の関係

材料名	比誘電率	遅延時間 [ns]	備　考
フッ素樹脂	2.1～2.2	4.83～4.94	
ポリエチレン	2.3	5.06	
FR-4	4.2～4.6	6.83～7.15	ストリップライン
		6.34～6.56	マイクロストリップライン
石英ガラス	2.25	5	屈折率は1.5

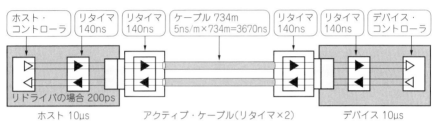

（a）接続構成

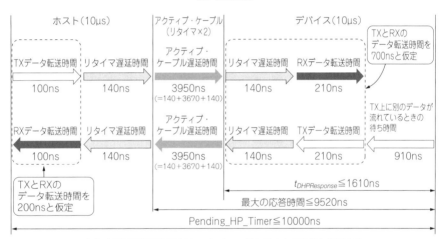

（b）各遅延時間からアクティブ・ケーブルに許される時間を算出する

図A1.4　アクティブ・ケーブルに許される遅延時間
Pending_HP_Timerが10μと10μの場合．ビットレートはGen2×1（10Gbps）を想定

5nsの余裕をみると5mとなります．

▶ホスト機器（10μs）とデバイス機器（10μs）の場合…ケーブル長は724m

図A1.4は，ホストとデバイスの両方のPending_HP_Timerが10μsで，その両方にリタイマが実装されている場合です．ビット・レートはGen2×1（10Gbps）

表A1.2 アクティブ・ケーブルの長さ

	Pending_HP_Timer [μs]	TX&RX データ転送時間 [ns]	$t_{DHPResponse}$ [ns]	ケーブル遅延時間 [ns/m]	ケーブル長 [m]	リタイマ遅延時間 [ns]	アクティブ・ケーブル遅延 [ns]	全遅延時間 [ns]
Gen1×1	3	200	2540	5	5	50	125	2990
Gen1×1	10	200	2540	5	695	50	3575	9990
Gen2×1	10	200	1610	5	734	140	3950	9990
Gen1×2	10	200	2270	5	722	50	3710	9990
Gen2×2	10	200	1355	5	759.5	140	4077.5	9990

を想定しています．Gen2×1では，$t_{DHPResponse}$が1610ns，ホスト側のデータ転送時間（往復）が200ns（= 100ns×2），リタイマの遅延時間（往復）が280ns（= 140ns×2）になります．それらを10μsから差し引くと，アクティブ・ケーブルに許容される遅延時間になります．

10000ns − (1610ns + 200ns + 280ns) = 7910ns

7910nsは往復の時間なので，アクティブ・ケーブルに許される遅延時間はその半分の3955ns以下となります．Gen2用のリタイマの遅延時間は140nsなので，ケーブル単体で許容できる遅延時間は，次のように3675nsとなります．

3955ns − (140ns×2) = 3675ns

Gen1の場合と同様に，5nsの余裕をみて，ケーブル遅延時間を5ns/mとすれば，734m（= 3670ns÷5ns/m）となります．十分長い距離でもPending_HP_Timerで規定された時間内にレスポンサ側から応答が得られることが分かります．

▶ Gen1とGen2，レーン数によるケーブル長の違い

$t_{DHPResponse}$は，厳密にはGen1とGen2，レーン数で異なるので，アクティブ・ケーブルに許容できる遅延時間が異なります（**表A1.2**）．Pending_HP_Timerが10μsの場合は，アクティブ・ケーブルに許される遅延時間から逆算したケーブル長は600mを超えますが，Pending_HP_Timerが3μsでは5m程度に制限されることが分かります．

● USB 2.0による制約

アクティブ・ケーブルは，Full featuredケーブルの全ての機能を満足する必要があるため，USB 2.0の利用も可能です．このUSB 2.0にも遅延時間の規定があり，ホスト機器からデバイス機器まで最大で377nsとなります．アクティブ・ケーブルに使われるUSB 2.0用ワイヤの遅延時間は26ns以下に規定されます．

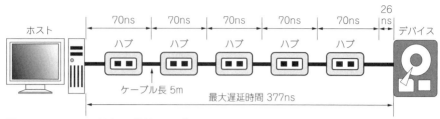

図A1.5　USB 2.0の最大ハブ数とケーブル長

　USBは規格上，5台までのハブを従属接続できるので，5mのアクティブ・ケーブルを使ってハブを接続した場合，ハブとアクティブ・ケーブルで70nsの遅延があります．5台使った場合は376ns（＝70ns×5台＋26ns，26nsは最後のハブとデバイスを接続するためのケーブル）となり，ぎりぎり377nsに収まります（**図A1.5**）.

　このようにUSB 2.0側の制約からもアクティブ・ケーブルの長さは5m以下となります.

A1.4　アクティブ・ケーブルの熱設計

● 温度上昇を30℃以下に抑える

　さまざまな安全規格では，電子機器の動作時に，使用環境からの温度上昇を30℃以下に抑えることを要求しています．そのため，熱設計を行う必要があります．アクティブ・ケーブルは，プラグ内部にワイヤの損失を補正するためのLSIが実装されています．また，Full Featuredケーブルと同様にVBUSは3Aまたは5Aの電流を供給するので，通常の受動ケーブルと比較してプラグの温度が上昇します．温度上昇は，アクティブ・ケーブル内部のLSIで消費される電力と周囲温度，VBUS電流，プラグが接続されるホスト機器またはデバイス機器の温度，コネクタの実装方法により大きく異なります.

● 熱シミュレーション

　USB-IF（USB Implementers Forum）から熱シミュレーション結果の例が紹介されていますので説明します.

▶1ポートの場合

　USBポートが1ポートの場合の，アクティブ・ケーブルのプラグを保護する樹

表A1.3　1ポートの場合のアクティブ・ケーブルのプラグ樹脂の表面温度
周囲温度35℃，ホスト/デバイス機器の基板温度60℃の場合

プラグ消費電力	VBUS電流	
	3A	5A
0.5W（1レーン）	57℃	60℃
0.75W（2レーン）	61℃	64℃

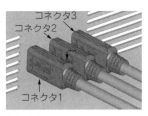

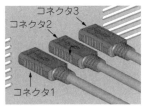

（a）実装方法①
　　コネクタ：水平方向，
　　実装：縦方向

（b）実装方法②
　　コネクタ：垂直方向，
　　実装：横方向

（c）実装方法③
　　コネクタ：水平方向，
　　実装：横方向

図A1.6　複数ポートの実装例

脂部表面温度シミュレーション結果を**表A1.3**に示します．条件は，周囲温度を35℃，ホストとデバイス機器の基板温度を60℃とした場合です．プラグ内部に実装されたLSIの消費電力はSuperSpeed 1レーンで0.5W，2レーンで0.75Wを想定しています．USBポートが1つであれば，VBUSが5Aでプラグ内部の消費電力が0.75Wでも，プラグの表面温度は64℃になります．温度上昇は29℃（＝64 − 35）となり，30℃以下に抑えられています．

▶**複数ポートの場合**

アクティブ・ケーブルを複数利用する場合は注意が必要です．**図A1.6**は，USBポートが複数ある場合の代表的な実装例を示しています．

①コネクタ：水平方向，実装：縦方向

②コネクタ：垂直方向，実装：横方向

③コネクタ：水平方向，実装：横方向

この3つの実装例で，プラグ樹脂間の距離が7mmと15mmの場合で熱シミュレーションを行った結果を示します．条件は，周囲温度が35℃，レセプタクルが実装される基板温度が60℃，プラグ内部のLSIの消費電力が0.5W（SuperSpeed 1レーンの場合）です．**図A1.7（a）**は，VBUSが3Aの場合のプラグ樹脂表面温度の熱シミュレーション結果です．いずれの場合も温度上昇が30℃以下に抑えら

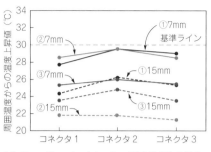

（a）SuperSpeed×1レーン，VBUS 3Aの場合

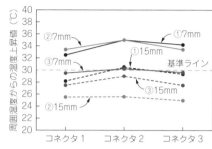

（b）SuperSpeed×1レーン，VBUS 5Aの場合

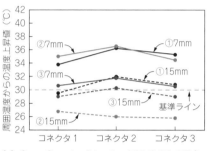

（c）SuperSpeed×2レーン，VBUS 3Aの場合

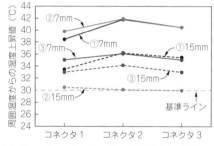

（d）SuperSpeed×2レーン，VBUS 5Aの場合

図A1.7　複数ポートの場合のアクティブ・ケーブルのプラグ樹脂の表面温度
周囲温度35℃，ホスト／デバイス機器の基板温度60℃の場合

れます．**図A1.7（b）**は，VBUSが5Aの場合です．実装方法①と②で7mmの場合
は，30℃以上の温度上昇となります．温度上昇を抑えるためには，コネクタの間
隔が15mm以上で，コネクタの向きに関わらず，横方向の実装が必要なことが分
かります．

　次は，プラグ内部での消費電力が0.75W（SuperSpeed×2レーン）の場合のシ
ミュレーション結果を示します．**図A1.7（c）**はVBUSの電流が3Aの場合です．
実装方法②で15mmの場合のみ，温度上昇が30℃以下になります．**図A1.7（d）**
はVBUSの電流が5Aの場合です．全てのケースで温度上昇が30℃以上になるの
で，プラグ間隔をさらに離すか，基板や筐体側に熱を逃がす工夫が必要になり
ます．

いけだ・ひろあき

日本航空電子工業（株）

第 2 部

Power Delivery
メカニズム

野崎 原生

第 **6** 章

供給電力を決める
Power Delivery 通信

　本章では USB Type-C コネクタを使用して，最大100W（20V，5A）までの電力供給を可能にする Power Delivery 規格について解説します．電力を供給する上で最も重要となるパワー・ルールから受給電する電圧と電流を決める通信方式，さらにバッテリへの急速充電を可能にする PPS（Programmable Power Supply）までを説明します．

6.1 　Power Delivery 規格の定義範囲

　USB Power Delivery 規格では，USB Type-C コネクタの CC1/CC2 を使った従来の USB とは別の通信経路を定義して，その通信で得られる情報や制御によって以下のような新しい機能を可能としました．

- ソースとシンクでネゴシエーションを行って5V，3A以上の電力を供給する
- データロールやパワーロールを独立に交換できるようにして，USB Type-C 規格よりも柔軟なデュアルロール・デバイスを可能とする
- ケーブルの E マーカと通信して，ケーブル特性などの情報を取得可能とする
- Alternate Mode へ遷移するための通信プロトコルを定義して，USBコネクタを USB 以外の通信で使う際の仕様を標準化した
- USB 機器間認証やファームウェア・アップデートをサポートするためのベースとなる通信を定義した

6.2 　パワー・ルールの目的

● 相互運用性を確保しつつ，誰でも使えるように

　パワー・ルールとは，Power Delivery 対応の AC アダプタと受電デバイスとの間のインターオペラビリティ（相互運用性）を確保するために，ソースとシンクにおいて守らないといけない規格のことです．Power Delivery 規格の最も重要なポイントといって過言ではないでしょう．

　Power Deliveryでは，従来のUSBやUSB Type-CのようにVBUSの電圧が5Vだけではなく，最大20Vまで供給可能となり，電流も最大5Aまで供給できるようになりました．その結果，新しい問題が発生しました．従来はVBUS電圧は5V固定のため，シンクが必要とする電力をソースが供給できるかどうかは，電流値だけを考慮していれば十分でした．しかしPower Deliveryでは，ソースやシンクが使用する電圧と電流の両方が固定でないため，どのソースがどのシンクに使えるのかどうかを判断するのが簡単ではなくなりました．

　例えば，20V，2A（40W）を供給できるソースは，12V，3A（36W）を必要とす

コラム 6.A　Power Delivery 2.0 と Power Delivery 3.0 の違い

　2019年8月にPower Delivery規格の最新版Power Delivery Specification Revision 3.0 Version 2.0が発行されました．ここでレビジョンは通信プロトコルとしての版数を示し，バージョンはそのプロトコルの規格書として版数を示します．本書でPower Delivery x.0といった場合はプロトコルの版数であるレビジョンのことを指しています．

　Power Delivery 3.0では，Power Delivery 2.0と比較して次の3つが大きく変わりました．

① IECのユニバーサル・アダプタ/チャージャ規格であるIEC 63002に対応し，Source_Capabilities_ExtendedメッセージやBattery関連のメッセージが追加されました．また，パワー・ルール規格がユニバーサル・アダプタ/チャージャの相互互換性を担保する肝となっています．

② IEC対応やUSB機器間認証のため，従来よりも多くのデータを送信できる拡張データ・メッセージに対応しました．USB機器間認証用にSecurity_Request/Responseメッセージが追加されました．

③ バッテリ充電を行うデバイスが効率的に充電できるように，充電電圧と電流を直接指定できるシンク主導充電（Sink Directed Charge）に対応し，PPS関連のメッセージが追加されました．

　特にIECのユニバーサル・アダプタ/チャージャやUSB機器間認証は，今後のUSBの使用に当たって重要な機能になります．これらを実現するためにPower Delivery 2.0ではなく，Power Delivery 3.0に対応していることが重要になります．

るシンクに使用可能でしょうか．ソースが20Vを供給できるからといって，12V も供給可能かどうかは，これだけでは分かりません．また，12Vを供給できたと しても，3Aの電流が供給可能かどうかも分からず，2Aまでかもしれません．

このように使用可能なソースを判別するためには，原理的にはソースが供給可 能な電圧の種類と，各電圧のときに供給可能な電流値の組み合わせが，シンクが 必要とする電圧と電流の組み合わせを満たすかどうかを判別しないといけませ ん．技術者であればそのような判別を問題なく行えるかもしれませんが，一般の 消費者が間違いなく行うのはおそらく困難でしょう．

そこで電圧と電流の組み合わせではなく，電力値だけで判断できるようにする， つまり，「ソースの供給可能電力≧シンクの必要とする電力」であれば，そのソー スはそのシンクを使うことができると判断できるようにすることが，パワー・ルー ルの目的です．

6.3　チャージャ・ロゴ

● 供給可能な電力値が分かる

ソースの供給電力を示すものとしてチャージャ・ロゴが定義されていて，AC アダプタ，バッテリ・チャージャのカタログやパッケージなどに表示することが 推奨されています．**図6.1**は，USB規格推進団体 USB-IFによる認証を取得した 45W供給可能なソースを示すロゴです．供給可能な電力値によってロゴの下部 に表示される数字が変わります．また，チャージャにはPPSに対応したものと しないものがあり，PPS対応のものには**図6.2**のロゴを使用します．

ユーザがACアダプタやバッテリ・チャージャを購入するときに，ロゴの下部 の W 数が使いたいデバイスのW数以上かどうかをチェックすれば良いわけで す．なお，2019年10月時点でシンク側のW数を表示する際の統一した方法はま

図6.1　USB-IFによる認証を取得した チャージャを示すロゴ
45W供給可能なことを示す

図6.2　USB-IFによる認証を取得したPPS 対応チャージャを示すロゴ
PPS対応で45W供給可能なことを示す

だ決まっていません.

6.4 供給可能な電圧と電流の組み合わせ

● パワー・ルールで電圧と電流が決まる

ソースやシンクが何の決まりもなく電圧や電流の値を選んでいては,ソースとシンクの電力を比較するだけで使用可能かどうかを判断することは実現できません.同じ電力値を得る電圧と電流の組み合わせは無数にあるからです.そのため,ある電力値に対応する電圧と電流の組み合わせを一意に決める必要があります.それがパワー・ルールです.

● ソースが供給可能な電圧と電流

ソースは供給可能な電力に応じて,**表6.1**のように必ず供給できなければいけない電圧値および電流値が決められています.なお,Power Delivery では,ソースの供給可能な電力やシンクの必要とする電力のことをPDパワーまたはPDPと呼びます.

表6.1で示された電圧をソースが供給しなければならず,かつその欄に書かれた電流を供給できないといけません.表の空欄の個所は,ソースがその電圧を供給するかはオプションであることを示します.

次に主な電圧と電源の組み合わせを示します.

- PDパワー10Wのソース:5V,2Aが最低限必要
- PDパワー18Wのソース:5V,3Aおよび9V,2Aが最低限必要
- PDパワー60Wのソース:5V,3Aと9V,3Aと15V,3Aおよび20V,3Aが最低限必要
- PDパワー80Wのソース:5V,3Aと9V,3Aと15V,3Aおよび20V,4Aが最低限必要

表6.1 PDパワーによりソースが供給する電圧と電流が決まる
空欄の個所はオプション

電圧 [V] / PDP [W]	5	9	15	20
$x \leqq 15$	(PDP ÷ 5) A			
$15W < x \leqq 27$	3A	(PDP ÷ 9) A		
$27W < x \leqq 45$	3A	3A	(PDP ÷ 15) A	
$45W < x \leqq 100$	3A	3A	3A	(PDP ÷ 20) A

3Aを超える電流供給は，PDパワーが60Wを超えるソースかつ20V出力時のみが規格上保証されています．それ以外で規格上保証されている電流値は3Aまでです．

● ソースがオプションで供給できる電圧と電流

ソースは，**表6.1**で決められている電圧と電流以外のものをオプションとして供給できます．ただし，その場合にもオプションの電圧と電流から求められる電力がPDパワー以下ということと，電流値は5Aを超えないという制限があります．これは，USB Type-Cのコネクタとケーブルは5Aまでのものしか規格として存在しないため，5A超の電流を流せないためです．

▶例1…PDパワーが10Wで9Vや15Vを供給する

PDパワーが10Wのソースは，オプションとして9Vや15Vを供給することも可能です．9Vおよび15Vの電流値はそれぞれ1.1Aおよび0.67Aまでになります（**表6.2**）.

▶例2…12Vの電圧も選べる

表6.1に書かれていない電圧も供給できます．例えば，オプションとして12Vを供給する場合に流せる電流は，PDパワーが18Wのソースは1.5Aまで，PDパワーが30Wのソースは2.5Aまでとなります（**表6.3**）.

▶例3…電圧を上げずに電流を5Aまで増やす

電圧はそのままで電流を増やすこともできます．PDパワーが18Wのソースで5Vの電流値を3.6Aまで増やせます（**表6.4**）.

▶例4…12Vの電圧を選択し5Aまで電流を増やす

PDパワーが60Wのソースにオプションで12Vを追加したときに，標準では12Vの電流値は3Aまでですが，5Aまで増やすこともできます（**表6.5**）．しかし

表6.2 オプション…PDパワーが10Wでも9Vや15Vを供給できる

電圧 [V] PDP [W]	5	9	15	20
10	2A	1.1A（オプション）	0.67A（オプション）	

表6.3 オプション…12Vの電圧を供給できる

電圧 [V] PDP [W]	5	9	12	15	20
18	3A	2A	1.5A		
30	3A	3A	2.5A（オプション）	2A	

表6.4　オプション…5Aまで電流を増やせる

PDP [W] ＼ 電圧 [V]	5	9	15	20
18	3.6A（オプション）	2A		

表6.5　オプション…12Vを追加し5Aまで電流を増やせる

PDP [W] ＼ 電圧 [V]	5	9	12	15	20
60	5A注1	5A注1	5A注1	4A注2	3A
80	5A注1	5A注1	5A注1	5A注1	4A

注1：3〜5Aまでの任意の値をオプションで選択可能
注2：3〜4Aまでの任意の値をオプションで選択可能

表6.6　シンクが受電できる電圧と電流

PDP [W] ＼ 電圧 [V]	5	9	15	20
$x \leq 15$	(PDP ÷ 5) A			
$15 < x \leq 27$	3A	(PDP ÷ 9V)		
$27 < x \leq 45$	3A		(PDP ÷ 15V) A	
$45 < x \leq 100$	3A			(PDP ÷ 20V) A

PDパワーが80Wのソースで12Vの場合の電流値は最大5Aまでです．6.67A（＝ 80W ÷ 12V）にはなりません．

● シンクが受電できる電圧と電流

　シンクのサポートしなければいけない電圧と電流は**表6.6**のとおりです．ソースの**表6.1**と比べると，ソースのPDパワーがシンクのPDパワー以上となっている場合に，必ず動作可能となる電圧と電流の組み合わせが存在することが分かります．

● シンクがオプションで受電できる電圧と電流

　ソースと同様に**表6.6**の空欄はオプションです．ソースと違ってシンクは，途中の電圧でも動作するかどうかはオプションになっています．シンクは5Vでも必ず動作しないといけないため，5Vは必ず含まれます．ただし，PDパワーが15Wを超えるシンクが，5Vを供給されたときに全ての機能が動作することまでは要求されていません．最低限Power DeliveryやUSBの通信を行えれば十分です．

シンクもオプションの電圧や電流を要求できます．そのオプションの電圧や電流をソースが供給できなかったとしても，ソースのPDパワーがシンクのPDパワー以上ならばシンクは全ての機能が正しく動作できないといけません．

▶例1…PDパワーが20Wで5Vで動作する場合

PDパワーが20Wで5V，4Aを必要とするシンクの場合，20W以上のPDパワーのソースがつながれて9V，2.2A以上が供給された場合でも，全ての機能が正しく動作できなければいけません．つまり，5Vだけでなく9Vも受けられるような回路になっている必要があります．

▶例2…PDパワーが24Wで12Vで動作する場合

PDパワーが24Wで12V，2Aを必要とするシンクの場合，24W以上のPDパワーのソースがつながれて9V，2.67A以上が供給された場合でも，全ての機能が正しく動作できなければいけません．つまり，12Vだけでなく9Vでも動作できるような回路が必要になります．

例1では降圧回路で十分でしたが，こちらの場合は9Vから12Vへの昇圧回路が必要になるかもしれません．シンクの場合，オプションの電圧と電流を使用する際は，そのメリットとデメリットを十分に検討する必要があります．

6.5　供給する電力を決める通信

● 接続検出から通信が始まるまで

デバイスを接続したときには，第3章で説明した処理を行って接続を検出し，DRPの場合はソースかシンクかのパワーロールを決定します．そして，それぞれAttached.SRCおよびAttached.SNKステートに遷移して接続状態となります．

USB Power Deliveryに対応したデバイスの場合は，接続状態になった後に後述するパワー・ネゴシエーションと呼ばれる通信処理を行って，5V，3Aを超える電力供給を可能とします．

さらにAlternate Modeにも対応したデバイスの場合，パワー・ネゴシエーションの後に，第7章で説明する通信処理を行って，Alternate Modeを有効にします．

● パケット送受信の流れ

▶パケット・フォーマット

次にPower Deliveryの通信で使用されるパケットのフォーマットを示します（図6.3）．

　パケットの先頭には，64ビットのプリアンブルと呼ばれる0と1とが交互に続くデータが必ず含まれます．受信デバイスはプリアンブルを使って受信したビット列と同期を取ります．ビット・レートは300bps ± 10%と幅を持った定義になっており，これは送信側で高精度なクロック・ソースを持たなくてもよいようにするためです．しかし，それでは受信側のCDR（Clock Data Recovery）が追従しなければならないビット・レートの変動幅が大きくなりすぎるため，プリアンブルの後半の32ビットでのビット・レートの平均に対して，同一パケット内でのビット・レートの変動は ± 0.25%以内と規定されています．

　プリアンブルの次にパケットの始まりを示すSOP（Start Of Packet）というオーダード・セット（一連のシンボル）が送られます．その後，パケット・ヘッダとパケットの本体が送られ，エラーチェック用のCRCが続き，最後にパケットの終わりを示すEOP（End Of Packet）という1つのシンボルが送られます．

▶送信部と受信部の動作

　メッセージを送受信するときのデータ変換の流れを図6.4に示します．

　送信側では，プリアンブル以外のデータは，実際に送信される前に4b/5b変換が行われます．さらにプリアンブルを含む全てのビット列に対してBMC

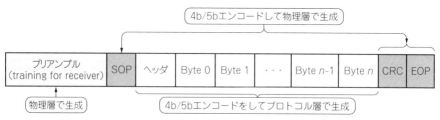

図6.3　Power Delivery のパケット・フォーマット

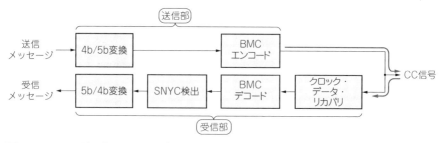

図6.4　メッセージの送信と受信のデータの流れ
Power Delivery は双方向通信なので，最終的にはCC信号に送信データと受信データがまとまる

（Biphase Mark Code）エンコードが行われます．送信データから4ビット（ニブル）を切り出す順序と，それを5bシンボルに変換した後にビット列として送信する順序を**図6.5**に示します．

受信側ではCDRで同期をとった後に，後述するBMCデコードを行い0/1のビット列に戻します．プリアンブルとSync-1との境界を検出して，その検出した境界から5ビットずつ切り出して5b/4b変換を行って元のデータに戻します．

▶符号化方式 4b/5b変換

4b/5b変換は，100M Ethernetでも使用されている符号化方式です．1バイトのデータを4ビットずつに分けて，そのそれぞれに対して**表6.7**のように5ビットに変換します．そのときに0と1との数がほぼ同数になるようにして，かつ0や1が4回以上連続しないようにします．これによりデータ転送効率は80％に落ちますが，1シンボル中に0から1もしくは1から0の変化が複数回必ず含まれることになり，受信側でCDRの同期を維持するのが容易となります．

▶オーダード・セット

オーダード・セットは**表6.7**に示される，Sync-1とSync-2，Sync-3，RST-1，RST-2の5つのK-codeから構成され，パケットの先頭を示すものやリセットとして使用されます（**表6.8**）．

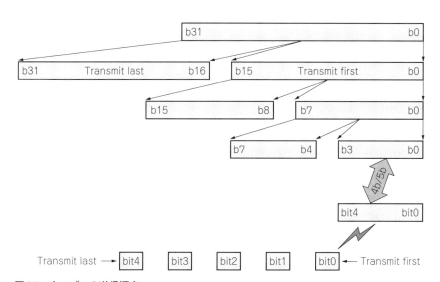

図6.5 各ニブルの送信順序
下位ビットから順番に4ビットずつ切り出して，4b/5b変換したものを送信する

175

表6.7 Power Deliveryの通信で使われる符号化方式 4b/5b変換

名前	4bのシンボル	5bのシンボル	説明
0	0000	11110	16進データ 0
1	0001	01001	16進データ 1
2	0010	10100	16進データ 2
3	0011	10101	16進データ 3
4	0100	01010	16進データ 4
5	0101	01011	16進データ 5
6	0110	01110	16進データ 6
7	0111	01111	16進データ 7
8	1000	10010	16進データ 8
9	1001	10011	16進データ 9
A	1010	10110	16進データ A
B	1011	10111	16進データ B
C	1100	11010	16進データ C
D	1101	11011	16進データ D
E	1110	11100	16進データ E
F	1111	11101	16進データ F
Sync-1	K-code	11000	Start sync #1
Sync-2	K-code	10001	Start sync #2
RST-1	K-code	00111	Reset #1
RST-2	K-code	11001	Reset #2
EOP	K-code	01101	End Of Packet
リザーブ	エラー	00000	未使用
リザーブ	エラー	00001	未使用
リザーブ	エラー	00010	未使用
リザーブ	エラー	00011	未使用
リザーブ	エラー	00100	未使用
リザーブ	エラー	00101	未使用
Sync-3	K-code	00110	Start sync #3
リザーブ	エラー	01000	未使用
リザーブ	エラー	01100	未使用
リザーブ	エラー	10000	未使用
リザーブ	エラー	11111	未使用

▶エンコード BMC (Biphase Mark Code)

4b/5b変換後に，さらにBMC (Biphase Mark Code) というエンコードが行われます (図6.6)．これは光ディジタル・オーディオとしてよく知られているS/PDIFで使われているエンコード方式と同じものです．

BMCでは，次のような変換を行います．

・ビット境界で出力波形のH/Lを反転する

表6.8 パケットの先頭やリセットを示すオーダード・セット

オーダード・セット	第1シンボル	第2シンボル	第3シンボル	第4シンボル	用　途
SOP	Sync-1	Sync-1	Sync-1	Sync-2	ソース/シンクに対するメッセージの先頭
SOP'	Sync-1	Sync-1	Sync-3	Sync-3	ソース近端のEマーカに対するメッセージの先頭
SOP"	Sync-1	Sync-3	Sync-1	Sync-3	ソース遠端のEマーカに対するメッセージの先頭
SOP'_Debug	Sync-1	RST-2	RST-2	Sync-3	将来の拡張用
SOP"_Debug	Sync-1	RST-2	Sync-3	Sync-3	将来の拡張用
Hard Reset	RST-1	RST-1	RST-1	RST-1	ソース/シンク/Eマーカのリセット
Cable Reset	RST-1	Sync-1	RST-1	Sync-3	EマーカのみのリセットⅠ

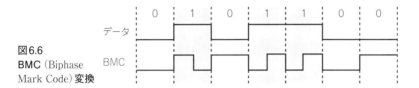

図6.6
BMC（Biphase
Mark Code）変換

- データ1を出力するときには，ビットの中央でもH/Lを反転する
- データ0を出力するときには，H/Lは変化しない
- 初期状態はLで開始する

● 効率よく双方向通信する仕組み…SinkTx

▶ Power Delivery 2.0以前の問題点

　Power Deliveryの通信路は双方向です．そのため，両方のデバイスが同時に通信を始めようとすることが起こりえます．Power Delivery 2.0では，特に排他制御のための仕組みはなく，ぶつかったらやり直すという方法が取られていました．Power Deliveryでは，それほど頻繁に通信が行われる訳ではなかったので大きな問題にはなりませんでしたが，通信が混みあったときは通信効率が低下していました．

▶ 接続検出に使用する抵抗 *Rp* を再利用する

　Power Delivery 3.0では，それを解決するためにSinkTxという方法が導入されました．これは，ソースとなっているデバイスがバスの使用権を制御する仕組みです．USB Type-Cで接続検出に使用した抵抗 *Rp* をそのために再利用します．

シンクがバスを使用できる状態をSinkTxOkと呼び，これを電流1.5AのRpで表します．ソースがバスを使用する状態をSinkTxNgと呼び，これを電流3AのRpで表します．

バスがアイドル状態のときには，ソースはRpをSinkTxOkとしてシンクからのメッセージを受信可能であることを示します．ソースがメッセージ送信を行うときにはRpをSinkTxNgに変えてシンクがメッセージを送信できないことを示してからメッセージの送信を開始します．

6.6　3種類のメッセージ・フォーマット

Power Deliveryの通信で使用するパケットをメッセージと呼びます．コントロール・メッセージ，データ・メッセージ，そしてPower Delivery 3.0で追加された拡張データ・メッセージの3種類があります（**図6.7**）．

● ヘッダ部

ヘッダ部は，全てのメッセージで共通のメッセージ・ヘッダ（**表6.9**）と，拡張データ・メッセージだけにある拡張メッセージ・ヘッダ（**表6.10**）から構成されます．

メッセージ・ヘッダのビット15が0のときは，コントロール・メッセージまたはデータ・メッセージを示します．ビット14：12の「データ・オブジェクト数」フィールドの値によって，そのメッセージがコントロール・メッセージなのかデータ・メッセージなのかを識別します．値が0ならばコントロール・メッセージです．

プリアンブル	SOP*	メッセージ・ヘッダ （16ビット）	CRC	EOP

（a）コントロール・メッセージ

プリアンブル	SOP*	メッセージ・ヘッダ （16ビット）	1〜7個の データ・オブジェクト	CRC	EOP

（b）データ・メッセージ

プリアンブル	SOP*	メッセージ・ヘッダ （16ビット）	拡張メッセージ・ヘッダ （16ビット）	データ （0〜260バイト）	CRC	EOP

（c）拡張データ・メッセージ

図6.7　Power Delivery の3種類のメッセージ・フォーマット
SOP* は SOP, SOP' または SOP" を示す

1〜7の場合はデータ・メッセージを表し,その値がペイロードに含まれるデータ・オブジェクトの個数を示します.

ビット15が1のときは拡張メッセージがあることを示し,メッセージ・ヘッダの後に拡張メッセージが続きます.

● メッセージ・タイプ

メッセージ・ヘッダのビット4:0の「メッセージ・タイプ」フィールドは,各メッセージで別々の定義となっています.

▶コントロール・メッセージ[図6.7(a)]

メッセージ・フローの管理やデータを必要としない短いコマンドなどに使用され,ヘッダのみで構成されます(表6.11).

▶データ・メッセージ[図6.7(b)]

電源情報などのデータ転送に使用され,ヘッダとデータ・ペイロードから構成

表6.9 全メッセージ共通のメッセージ・ヘッダ
SOP* は SOP,SOP’または SOP” を示す

ビット	SOP種別	フィールド名	説　明
15	SOP*	Extended	0:コントロールまたはデータ・メッセージ 1:拡張データ・メッセージ
14:12	SOP*	Number of Data Objects	データ・オブジェクトの個数
11:9	SOP*	MessageID	メッセージを識別するためのID 同じIDのメッセージを受信した場合は,直前に受信したメッセージの再送なので無視する
8	SOPのみ	Port Power Role	0:シンク,1:ソース
	SOP’ /SOP”	Cable Plug	0:シンクまたはソース,1:Eマーカ
7:6	SOP*	Specification Revision	00b:Revision 1.0,01b:Revision 2.0 10b:Revision 3.0,11b:リザーブ
5	SOPのみ	Port Data Role	0:UFP,1:DFP
	SOP’ /SOP”	リザーブ	0にセットすること
4:0	SOP*	Message Type	表6.11を参照

表6.10 拡張メッセージ・ヘッダ
拡張メッセージはメッセージ・ヘッダの後に送られる.SOP* は SOP,SOP’または SOP” を示す

ビット	SOP種別	フィールド名	説　明
15	SOP*	Chunked	拡張データ・メッセージを分割して送るかどうかを示す
14:11	SOP*	Chunk Number	分割する場合,何番目かを示す
10	SOP*	Request Chunk	分割の次を要求する
9	SOP*	リザーブ	-
8:00	SOP*	Data Size	データ・ペイロードのバイト数

表6.11　コントロール・メッセージのメッセージ・タイプ

ビット4:0	メッセージ・タイプ	送信するポート	説　明
0 0000	リザーブ	N/A	–
0 0001	GoodCRC	ソースまたはシンク	受信したメッセージのCRCが正しかったことを示す
0 0010	GotoMin	ソースのみ	シンクの電力を Minimum Operating に変更することを要求する
0 0011	Accept	ソースまたはシンク	Request または Swap を受け付けたことを示す
0 0100	Reject	ソースまたはシンク	Request または Swap を受け付けないことを示す
0 0101	Ping	ソースのみ	ポートが動作していることを示すために定期的に送られる
0 0110	PS_RDY	ソースのみ	VBUSの電源がオンまたはオフしたことを示す
0 0111	Get_Source_Cap	ソースまたはシンク	ソースが供給可能な電圧と電流の種別を通知するように要求する
0 1000	Get_Sink_Cap	ソースまたはシンク	シンクが必要な電圧と電流を通知するように要求する
0 1001	DR_Swap	ソースまたはシンク	DFP と UFP の役割を交換するように要求する
0 1010	PR_Swap	ソースまたはシンク	ソースとシンクの役割を交換するように要求する
0 1011	VCONN_Swap	ソースまたはシンク	VCONNの供給デバイスを交換するように要求する
0 1100	Wait	ソースのみ	Request, Swap などに対する応答がすぐに返せないことを示す
0 1101	Soft_Reset	ソースまたはシンク	リセット
0 1110 ~ 0 1111	リザーブ	N/A	–
1 0000	Not_Supported	ソース, シンクまたはEマーカ	要求されたメッセージが未サポートであることを示す
1 0001	Get_Source_Cap_ Extented	シンクまたはDRP	ソースの供給能力情報の拡張情報を要求する
1 0010	Get_Status	ソースまたはシンク	対向デバイスのステータスを要求する
1 0011	FR_Swap	シンク	高速版の PR_Swap を要求する
1 0100	Get_PPS_Status	シンク	プログラマブル・ソースのステータスを要求する
1 0101	Get_Country_Codes	ソースまたはシンク	国コードを要求する
1 0110	Get_Sink_Cap_ Extented	ソースまたはDRP	シンクが必要とするソース仕様の詳細情報を要求する
1 0111 ~ 1 1111	リザーブ	N/A	–

されます. またデータ・ペイロードは, データ・オブジェクトという4バイト単位のデータから構成され, 最大7つまでのデータ・オブジェクトを含むことができます (表6.12).

▶拡張データ・メッセージ［図6.7 (c)］

　Power Delivery 3.0で追加され, 電源の詳細情報やバッテリの情報などを送ります. また, USB機器間認証 (USB Authentication) で使われるSecurity_

表6.12 データ・メッセージのメッセージ・タイプ

ビット4:0	メッセージ・タイプ	送信するポート	説 明
0 0000	リザーブ	－	－
0 0001	Source_Capabilities	ソースまたはDRP	ソースが供給可能な電圧と電流の種別を通知する
0 0010	Request	シンク	直前に送られたSource Capabilitiesの中からシンクが必要な電圧と電流を指定する
0 0011	BIST	テスター，ソースまたはシンク	主にPHYのテストに使用する
0 0100	Sink_Capabilities	シンクまたはDRP	シンクが必要な電圧と電流を通知する
0 0101	Battery_Status	ソースまたはシンク	バッテリが現在充電中か放電中の状態や残容量などのステータスを通知する
0 0110	Alert	ソースまたはシンク	バッテリの状態が変化した時や過電流保護，過電圧保護，過温度保護が行われたことを通知する
0 0111	Get_Country_Info	ソースまたはシンク	国情報を要求する
0 1000 ～ 0 1110	リザーブ	－	－
0 1111	Vendor_Defined	ソース，シンクまたはEマーカ	ベンダ定義
1 0000 ～ 1 1111	リザーブ	－	－

Requestメッセージおよび Security_Response メッセージや，PDFU（Power Delivery Firmware Update）で使用される Firmware_Update_Request メッセージおよび Firmware_Update_Response メッセージも拡張データ・メッセージとして定義されています（**表6.13**）．拡張データ・メッセージの詳細は，USB機器間認証（Appendix 3）をご覧ください．

● データ・メッセージのデータ・オブジェクト

データ・メッセージでは，ヘッダの後に最大7個までデータ・オブジェクトが送られます．データ・オブジェクトには次の7種類のものがあり，メッセージ・タイプによってどれが使われるかがあらかじめ決まっています．

① **PDO**（Power Data Object）：**Source_Capabilities** および **Sink_Capabilities**

ソースが供給可能な電圧と電流や，シンクが必要な電圧と電流を示すのに使われます．また，電源の種別によって Fixed Supply PDO（**表6.14**），Variable Supply PDO，Battery PDO および PPS APDO に細分されます．

なお，PPSがAPDOなのは誤記ではなく，これはAugmented PDO，つまり拡張されたPDOを示します．当初，PDOの種別として2ビットを割り当てていたのですが，Power Delivery 3.0で4ビットに拡張したものを定義して，これを

表6.13 拡張データ・メッセージのメッセージ・タイプ

ビット4:0	メッセージ・タイプ	送信するポート	説 明
0 0000	リザーブ	−	−
0 0001	Source_Capabilities_Extended	ソースまたはDRP	ソースが供給可能な電圧と電流の拡張情報を通知する
0 0010	Status	ソースまたはシンク	ソースまたはシンクの内部温度，ソースの現在の入力源種別，保護機能の発動状況などのステータスを通知する
0 0011	Get_Battery_Cap	ソースまたはシンク	バッテリの能力を要求する
0 0100	Get_Battery_Status	ソースまたはシンク	バッテリのステータスを要求する
0 0101	Battery_Capabilities	ソースまたはシンク	バッテリの設計時容量や直近の満充電容量を通知する
0 0110	Get_Manufacturer_Info	ソースまたはシンク	製造者情報を要求する
0 0111	Manufacturer_Info	ソースまたはシンク	製造者名などのベンダ定義情報を通知する
0 1000	Security_Request	ソースまたはシンク	USB機器間認証で使用する
0 1001	Security_Response	ソース，シンクまたはEマーカ	USB機器間認証で使用する
0 1010	Firmware_Update_Request	ソースまたはシンク	PDFUで使用する
0 1011	Firmware_Update_Response	ソース，シンクまたはEマーカ	PDFUで使用する
0 1100	PPS_Status	ソース	プログラマブル・ソースのステータスを通知する
0 1101	Country_Info	ソース，シンクまたはEマーカ	国情報を通知する，国コード以外の情報は国ごとに定義される
0 1110	Country_Codes	ソース，シンクまたはEマーカ	サポートしている国情報に対応した国コードのリストを通知する
0 1111	Sink_Capabilities_Extended	シンクまたはDRP	シンクが必要とするソース仕様の詳細情報を通知する
1 0000 ～ 1 1111	リザーブ	−	−

APDOと呼びます．

② **RDO**（Request Data Object）：**Request**

RDOを**表6.15**に示します．シンクが必要な電圧と電流を指定するためにRequestメッセージを送るときに，直前に送られたSource_Capabilitiesの中から，どのPDOを選択するかを示すために使われます．さらに指定したPDOがPPS APDOの場合，具体的な電圧値および電流値をシンクから指定できます．

表6.14 データ・オブジェクトのFixed Supply PDO（ソース）

ビット	フィールド	説　明
31：30	Fixed supply	00b固定．Fixed Supply PDOを示す
29	Dual-Role Power	DRPサポートを示す
28	USB Suspend Supported	USBサスペンド・サポートを示す
27	Unconstrained Powered	外部電源などに接続されていることを示す
26	USB Communications Capable	USB通信サポートを示す
25	Dual-Role Data	DRDサポートを示す
24	Unchunked Extended Message Supported	分割せずに拡張データ・メッセージを送受信できることを示す
23：22	リザーブ	－
21：20	Peak Current	一時的にMaximum Current以上の電流を供給できることを示す
19：10	Voltage	供給可能電圧，50mV単位
9：0	Maximum Current	供給可能電流，10mA単位

表6.15 データ・オブジェクトのRDO

ビット	フィールド	説　明
31	リザーブ	－
30：28	Object position	何番目のPDOを要求しているかを示す
27	GiveBack flag	GiveBackメッセージのサポートを示す
26	Capability Mismatch	Souce Capabilitiesメッセージにシンクが必要な電圧または電流がないことを示す
25	USB Communications Capable	USB通信サポートを示す
24	No USB Suspend	USBサスペンド時もRDOで要求する電圧と電流が必要なことを示す
23	Unchunked Extended Message Supported	分割せずに拡張データ・メッセージを送受信できることを示す
22：20	リザーブ	－
19：10	Operating current	通常動作電流，10mA単位
9：0	Maximum Operating Current	最大動作電流，10mA単位

③ **BDO**（BIST Data Object）：**BIST**

BISTメッセージで使用され，主にPHYのテストに使用するPRBSなどのパターンを出力します．

④ **VDO**（Vendor Defined Data Object）：**Vendor_Defined**

Vendor_Definedメッセージ（VDM）で使われるデータ・オブジェクトですが，文字どおりベンダが自由に定義してよいものと，あらかじめフォーマットが決まっているものの2種類があります．VDMの始めのデータ・オブジェクトは，全てのVDMで共通のヘッダとなっています．

　VDMヘッダのビット15が0の場合は，ビット31：16がベンダのVIDを示し，ヘッダの残りのビットや後続のVDOはそのベンダが自由に定義してよいデータになります．一方，VDMヘッダのビット15が1の場合は，あらかじめフォーマットが決まっているものになり，SVDM（Structured Vendor Defined Message）と呼びます．SVDMの詳細は後程説明します．

⑤ **BSDO**（Battery Status Data Object）：**Battery_Status**

　バッテリが現在充電中か放電中の状態や，残容量などのステータスを示すのに使われます．

⑥ **ADO**（Alert Data Object）：**Alert**

　バッテリの状態が変化したときや，過電流保護，過電圧保護または過温度保護が行われたことを示すのに使われます．

⑦ **Country Code Data Object**：**Get_Country_Info**

　国情報を取得するときに国コードを指定するために使われます．

コラム 6.B　Alternate Modeに関する情報を通知する「ビルボード・デバイス・クラス」

　Alternate Modeに関連する新しいデバイス・クラスの規格「ビルボード・デバイス・クラス」が作られました．しかし，ビルボード・クラスの仕様書を見ても，デバイス・ディスクリプタの規定があるだけでそれ以外には何もなく，何ができるデバイスなのかよく分かりません．ビルボード・クラスは自身が何かするためのものではなく，このデバイスがどのようなAlternate Modeをサポートしているのかをホスト・パソコンに通知するためのものになります．

　例えば，パソコンが複数のUSB Type-Cポートを持っていて，その内の1つのポートだけがDisplayPortのAlternate Modeに対応していたとします．ユーザが正しいポートに挿した場合はよいのですが，そうでない場合，パソコンから正しくないポートに挿したということを表示してユーザに差し替えてもらう必要があります．そのため現在ポートに挿されているデバイスが，Alternate Modeに対応しているのかどうか，また対応している場合にはどのAlternate Modeに対応しているのかという情報をデバイス・ディスクリプタで示すのが，ビルボード・デバイス・クラスになります．

● Alternate Mode用メッセージSVDM

SVDMは，Alternate Modeで使われることを主目的としたメッセージです．そのため，メッセージ・フォーマットはAlternate Modeで使われる通信の規格化団体（VESAやHDMIなど）が定義することを想定していますが，ベンダ独自のメッセージをSVDMを使って定義することも可能です．

SVDMの場合，VDMヘッダは**表6.16**のようなフォーマットになります．Discover Identity，Discover SVIDs，Discover Modes，Enter Mode，Exit ModeおよびAttentionコマンドは，USB規格推進団体USB-IFが定義したSVDMで，SIDは0xFF00となります．

コマンド・タイプがREQ，NAK，BUSYの場合はSVDMヘッダだけがVDOとして含まれ，それ以外のVDOは含まれません．コマンド・タイプがACKの場合はVDMヘッダ以外にコマンドごとに定義されるVDOが返されます．

▶ Discover Identityコマンドの動作

ここではDiscover Identityコマンドの動作を説明します．その他のコマンドについては，第7章を参照してください．

Discover Identityコマンドは，対向デバイスやEマーカの種別，サポートして

表6.16 SVDMでベンダの独自メッセージを定義するVDMのヘッダ

ビット	フィールド	説　明
31：16	Standard or Vendor ID (SVID)	規格化団体のSID（Standard ID）または各ベンダのVID（Vendor ID）
15	VDM Type	1：Structured VDM
14：13	Structured VDM Version	SVDMのバージョン Version 1.0：00b（PD 2.0のとき，PD 3.0では使用禁止） Version 2.0：01b（PD 3.0のとき） リザーブ：10b～11b
12：11	リザーブ	－
10：8	Object Position	Enter Mode，Exit ModeまたはAttentionコマンドのときにVDOを指定する
7：6	Command Type	00b：REQ（イニシエータ・ポートからのリクエスト） 01b：ACK（レスポンダ・ポートからの肯定応答） 10b：NAK（レスポンダからの否定応答） 11b：BUSY（レスポンダのビジー応答）
5	リザーブ	－
4：0	Command	0：リザーブ　　　　　　　5：Exit Mode 1：Discover Identity　　6：Attention 2：Discover SVIDs　　　7～15：リザーブ 3：Discover Modes　　　16～31：SVID独自コマンド 4：Enter Mode

ヘッダ No. of Data Objects=4〜7	VDM ヘッダ	IDヘッダ VDO	認証状態 VDO	プロダクト VDO	0〜3 プロダクト・タイプ VOD

図6.8　Discover Identity ACKのメッセージ・フォーマット

表6.17　IDヘッダVDO
製品のプロダクト・タイプやAlternate Modeの情報が含まれる

ビット	説　明
31	USBホストとしてUSB通信可能な場合1，それ以外は0
30	USBデバイスとしてUSB通信可能な場合1，それ以外は0
29：27	プロダクト・タイプ（UFP） 000b：未定義　　　　　　　　　　　011b〜100b：リザーブ 001b：PD USBハブ　　　　　　　　101b：AMA（Alternate Mode Adapter） 010b：PD USBペリフェラル　　　　110b〜111b：リザーブ プロダクト・タイプ（Eマーカ） 000b：未定義　　　　　　　　　　　100b：アクティブ・ケーブル 001b〜010b：リザーブ　　　　　　101b〜111b：リザーブ 011b：パッシブ・ケーブル
26	Alternate Modeに対応している場合1，それ以外は0
25：23	プロダクト・タイプ（DFP） 000b：未定義　　　　　　　　　　　011b：電源アダプタ 001b：PD USBハブ　　　　　　　　100b：AMC（Alternate Mode Controller） 010b：PD USBホスト　　　　　　　101b〜111b：リザーブ
22：16	リザーブ
15：0	USBベンダ ID

いる機能を取得するときに使います．応答メッセージにはレスポンダが
Alternate Modeに対応しているかどうかや，レスポンダがケーブルの場合はケー
ブルが許容できる電圧や電流の値などの情報が含まれます．

　Discover Identityコマンドの ACKは，**図6.8**のようなフォーマットのデータ・
メッセージです．VDMヘッダを含む始めの4つのデータ・オブジェクトは，全
てのDiscover Identityコマンドに対して共通です．プロダクト・タイプによっ
て0〜3個のプロダクト・タイプVDOがそれに続きます．

- IDヘッダVDO：**表6.17**のように製品のプロダクト・タイプやAlternate Mode
に対応しているかどうかの情報が含まれます．
- 認証状態VDO：その製品がUSB-IFの認証テストにパスした場合にUSB-IFか
ら割り当てられる32ビットのXIDが含まれます．
- プロダクトVDO：その製品のプロダクトIDおよびbcdDevice（製品のバージョ
ン情報）が含まれます．

表6.18 パッシブ・ケーブルVDO

ビット	フィールド	説　明
31：28	HW Version	ベンダにより割り当てられるHWバージョン
27：24	Firmware Version	ベンダにより割り当てられるファームウェア・バージョン
23：21	VDO Version	VDOバージョン ・Version 1.0：000b ・リザーブ：001b～111b 現状はVersion 1.0のみ
20	リザーブ	—
19：18	USB Type-C plug to USB Type-C/Captive	USB Type-C to USB Type-Cケーブルもしくはキャプティブ・ケーブルかを示す 00b：リザーブ 01b：リザーブ 10b：USB Type-Cケーブル 11b：キャプティブ・ケーブル
17	リザーブ	—
16：13	Cable Latency	ケーブルの信号遅延時間 0000b：リザーブ 0001b：＜10ns（～1m） 0010b：10n～20ns（～2m） 0011b：20n～30ns（～3m） 0100b：30n～40ns（～4m） 0101b：40n～50ns（～5m） 0110b：50n～60ns（～6m） 0111b：60n～70ns（～7m） 1000b：＞70ns（＞～7m） 1001b～1111b：リザーブ
12：11	Cable Termination Type	EマーカがDiscover IdentityコマンドꞋ外の動作でVCONNが必要かどうかを示す 00b：VCONN不要 01b：VCONN必要 10b～11b：リザーブ
10：9	Maximum VBUS Voltage	ケーブルが許容する最大電圧 00b：20V 01b：30V 10b：40V 11b：50V
8：7	リザーブ	—
6：5	VBUS Current Handling Capability	ケーブルが許容する最大電流 00b：リザーブ 01b：3A 10b：5A 11b：リザーブ
4：3	リザーブ	—
2：0	USB SuperSpeed Signaling Support	USB SuperSpeedのサポート 000b：USB 2.0のみ、SuperSpeedは非サポート 001b：USB 3.1 Gen1 010b：USB 3.1 Gen1およびGen2 011b～111b：リザーブ

表6.19　アクティブ・ケーブル VDO

ビット	フィールド	説　明
31：28	HW Version	ベンダにより割り当てられる HW バージョン
27：24	Firmware Version	ベンダにより割り当てられるファームウェア・バージョン
23：21	VDO Version	VDO バージョン（現状は Version 1.0 のみ） ・Version 1.0：000b ・リザーブ：001b～111b
20	リザーブ	－
19：18	USB Type-C plug to USB Type-C/Captive	Type-C to Type-C ケーブルまたはキャプティブ・ケーブルかを示す 00b：リザーブ 01b：リザーブ 10b：USB Type-C ケーブル 11b：キャプティブ・ケーブル
17	リザーブ	－
16：13	Cable Latency	ケーブルの信号遅延時間 0000b：リザーブ 0001b：＜10ns（～1m） 0010b：10n～20ns（～2m） 0011b：20n～30ns（～3m） 0100b：30n～40ns（～4m） 0101b：40n～50ns（～5m） 0110b：50n～60ns（～6m） 0111b：60n～70ns（～7m） 1000b：1000ns（～100m） 1001b：2000ns（～200m） 1010b：3000ns（～300m） 1011b～1111b：リザーブ
12：11	Cable Termination Type	E マーカがケーブルの片端のみで VCONN を使うか，両端で使うかを示す 00b～01b：リザーブ 10b：片端はアクティブ，他端はパッシブ，VCONN 必要 11b：両端ともアクティブ，VCONN required
10：9	Maximum VBUS Voltage	ケーブルが許容する最大電圧 00b：20V　　10b：40V 01b：30V　　11b：50V
8：7	リザーブ	－
6：5	VBUS Current Handling Capability	VBUS がケーブルを通っている場合，ケーブルが許容する最大電流 00b：リザーブ　　10b：5A 01b：3A　　11b：リザーブ
4	VBUS Through Cable	VBUS がケーブルを通っているかどうかを示す 0：No 1：Yes
3	SOP″ Controller Present	SOP″ の E マーカが存在するかどうか 0：SOP″ の E マーカがない 1：SOP″ の E マーカがある
2：0	USB SuperSpeed Signaling Support	USB SuperSpeed のサポート 000b：USB 2.0 のみ，SuperSpeed は非サポート 001b：USB 3.1 Gen1 010b：USB 3.1 Gen1 および Gen2 011b～111b：リザーブ

表6.20　AMA VDO

ビット	フィールド	説　明
31：28	HW Version	ベンダにより割り当てられるHWバージョン
27：24	Firmware Version	ベンダにより割り当てられるファームウェア・バージョン
23：21	VDO Version	VDOバージョン（現状はVersion 1.0のみ） ・Version 1.0：000b ・リザーブ：001b～111b
20：8	リザーブ	－
7：5	VCONN power	VCONNが必要な場合，必要な電力 000b：1W　　　　100b：4W 001b：1.5W　　　101b：5W 010b：2W　　　　110b：6W 011b：3W　　　　111b：リザーブ
4	VCONN required	VCONNが必要かどうか 0：No，1：Yes
3	VBUS required	VBUSが必要かどうか 0：No，1：Yes
2：0	USB SuperSpeed Signaling Support	USB SuperSpeedのサポート 000b：USB 2.0のみ，SuperSpeedは非サポート 001b：USB 3.1 Gen1 010b：USB 3.1 Gen1およびGen2 011b～111b：リザーブ

- プロダクト・タイプVDO：プロダクト・タイプがパッシブ・ケーブル，アクティブ・ケーブル，AMAまたはAMCの場合，プロダクト・タイプVDOとしてそれぞれパッシブ・ケーブルVDO（**表6.18**），アクティブ・ケーブルVDO（**表6.19**）およびAMA VDO（**表6.20**）が返されます．それ以外の場合，プロダクト・タイプVDOはありません．

6.7　メッセージの送受信の流れ

ここでは，各メッセージをどのように使って実際の通信が行われるのかを，いくつかの代表的なシーケンスを例に説明します．

● 基本のメッセージ・シーケンス

基本となるメッセージ送信と，それに対するGoodCRCメッセージのレスポンスを説明します．

メッセージを受け取ったポートは，全てのメッセージに対してCRCおよびMessageIDをチェックして，エラーがなければGoodCRCメッセージを返さなけ

図6.9　メッセージの送信（正常な場合）のシーケンス

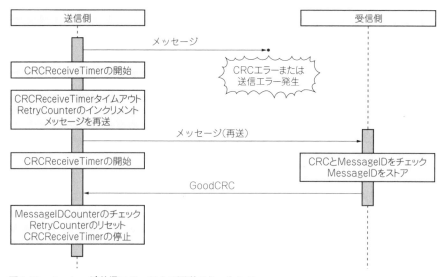

図6.10　メッセージ送信エラーによる再送のシーケンス

ればなりません（**図6.9**）．エラーがあった場合は，受信側は単にそのパケットを
無視します．送信側は一定時間たっても GoodCRC が返って来なかった場合，メッ
セージを再送します（**図6.10**，**図6.11**）．3回目の再送でも GoodCRC が返って来
なかった場合は，Soft Reset メッセージを送って初期化します．

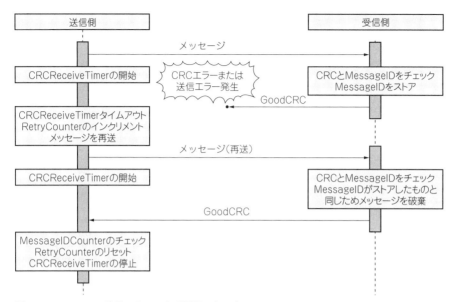

図6.11 GoodCRC送信エラーによる再送のシーケンス

● パワー・ネゴシエーションのシーケンス

　パワー・ネゴシエーションは，Power Deliveryの中心となるメッセージ・シーケンスです．このシーケンスによって電圧や電流を変更します．次にパワー・ネゴシエーションの基本的なシーケンスの例を示します（**図6.12**）．

1. 始めにソースから自分が対応している電圧と電流の組み合わせをSource Capabilitiesメッセージで送ります．

2. それを受け取ったシンクは，PDO（Power Data Object）の中から自分が必要とする電圧と電流があるかどうかを探し，対応するPDOの番号をセットしたRDOを持つRequestメッセージを返送します．

3. ソースはRequestメッセージを受信したことを示すためにAcceptメッセージを返送し，自身の電源回路の電圧と電流をRDOで指定された値に変更します．

4. 電圧と電流の変更が終わると，ソースはPS_RDYメッセージを送ってシンクへ通知します．

5. シンクはPS_RDY受信により要求した電圧と電流がVBUSへ供給されていることを認識し，所定の動作を開始します．

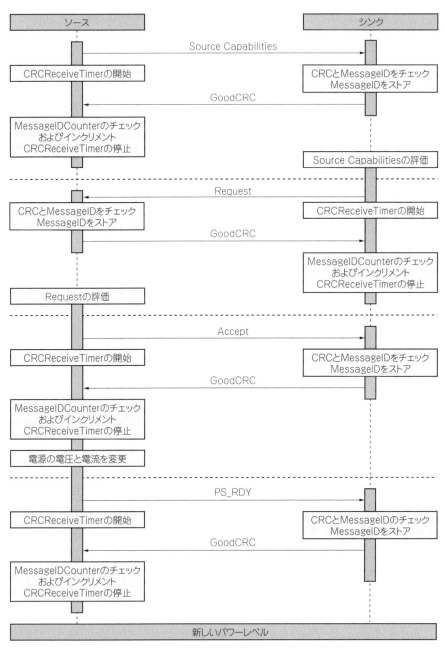

図6.12　パワー・ネゴシエーションのシーケンス

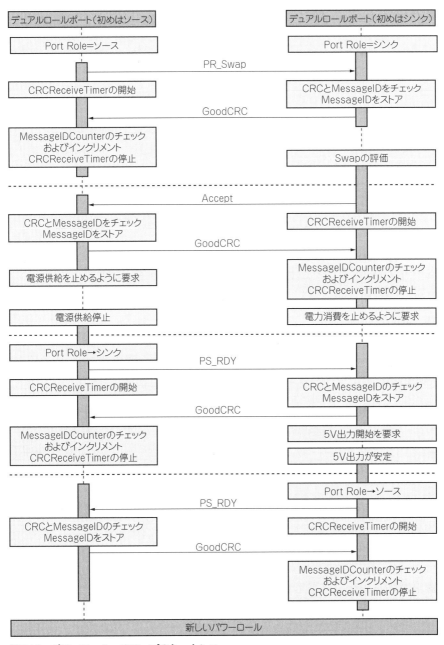

図6.13 パワーロール・スワップのシーケンス

● パワーロール・スワップのシーケンス

パワーロール・スワップは，ソースとシンクを入れ替えるときに使われるシーケンスです．現在ソースとなっているポートから開始することも，シンクとなっているポートから開始することも可能です．

次に，ソースから開始する場合の例を示します（図6.13）．

1. ソースはPR_Swapメッセージをシンクへ送ります．
2. PR_Swapメッセージを受け取ったシンクは，ソースへ変更可能かどうかをチェックして，可能ならばAcceptメッセージを返送します．またシンクとしての動作を停止してVBUSから電流を引くことをやめます．
3. ソースはAcceptメッセージを受け取ると自身の電源をOFFにしてPS_RDYメッセージを送信します．そしてソースはこの時点からシンク動作となります．
4. PS_RDYを受信したシンクは，自身の電源をONにしてVBUSへデフォルトの5Vを供給開始します．電源が安定したらシンクはPS_RDYメッセージを送ります．そしてシンクはこの時点からソース動作となります．
5. この後に元シンク/現ソースからSource Capabilitiesメッセージを送ってパワー・ネゴシエーションを行います．

また，DFPとUFPを入れ替えるデータロール・スワップというものもあります．

6.8　バッテリ充電に必要な機能「PPS」

Power Delivery 3.0 V1.1で新しく追加された機能の中に，PPS（Programmable Power Supply）という機能があります．今後主流になると予想されるバッテリ充電方式としてダイレクト・チャージと呼ばれるものがあり，PPSはそれを実現するための重要な構成要素となる機能です．本稿では，そのPPSの仕様について説明します．

ダイレクト・チャージは，Power Delivery 3.0の仕様書ではシンク主導充電（Sink Directed Charging）と呼ばれていますが，ここでは市場で一般的に使われているダイレクト・チャージと呼ぶことにします．

● 通常のバッテリ充電方式

図6.14は通常の充電方式を表したものです．ACアダプタや充電アダプタは，100～240VのACを5Vや9VなどのDCに変換します．

スマホやタブレットなどのシンク・デバイスは，ACアダプタなどのソース・

デバイスが供給できる電圧と電流の中から最適なものを選択します．ソース・デバイスが供給する電圧と電流を，シンク内のバッテリ・チャージャによってバッテリ充電に必要な電圧と電流に再度変換してバッテリに供給します．

　リチウム・イオン電池の充電には，通常CVCC（Constant Voltage Constant Current）充電と呼ばれる方法が用いられます．この方法では始めは定電流で充電し，バッテリの電圧があるレベルに達したら定電圧充電に切り替え，充電電流がある値以下になったら充電完了とします．

　この方法ではACアダプタとバッテリ・チャージャの両方で電圧と電流変換を行いますが，変換効率は100％ではないためそれぞれで変換ロスが発生します．失われたエネルギーは全て熱に変わるため，それぞれで発熱します．また，バッテリ自体も充電により発熱するため，シンクではバッテリ・チャージャとバッテリの両方から熱が加えられて温度が上がることになります．バッテリの温度が上がり過ぎると発煙・発火などが起きるため，シンクでは温度を監視して，温度が上昇した場合は充電を一時中断するなどの対策を行い，バッテリの温度が上がり過ぎないようにしています．

● ダイレクト・チャージのバッテリ充電方式

　ダイレクト・チャージの特徴を一言でいうと，バッテリ・チャージャの機能をACアダプタや充電アダプタなどに持たせた充電方式となります．

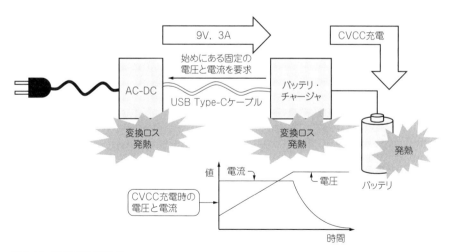

図6.14　通常の充電方式
変換ロスによる発熱を監視する必要がある

> **コラム 6.C**　USB Type-C/Power Delivery 以外の 充電方式はどうなるの？

　USB規格としては，USB Type-Cコネクタとケーブルでバッテリ・チャージング を行うときに，USB Type-CまたはPower Delivery以外の充電方式を使うことは仕 様違反になります．

　現在，いくつかの携帯電話メーカは標準以外の高速充電方式を採用していますが， これらはUSB Type-Cでは全て使えないことになります．ただし，VBUS電圧が5V で電流だけを増やしているものについては，当初のUSB Type-C規格では許容して いました．最近の仕様変更で禁止となったため，2019年までの猶予期間が設けられ ています．

　一方，Power Delivery以外の方法でVBUS電圧を5V超に変更するものは，規格 制定当初から禁止と明記されています．

　図6.15はダイレクト・チャージの充電方式を表したものです．バッテリ・チャー ジャでは電圧と電流の変換を行わず，ACアダプタからもらった電圧と電流をそ のままバッテリに供給します．その代わりにシンクはCVCC充電で必要となる 電圧と電流をACアダプタへ指定して，ACアダプタだけで電圧と電流を変換し ます．

　これにより変換ロスが少なくなり，発熱も少なくなります．何よりもバッテリ・ チャージャの発熱がほとんどなくなるため，シンクでの発熱が大きく下がり，温 度上昇も通常の方式よりも抑えることができます．これにより温度上昇による充 電中断の頻度を減らしたり，シンクが備えているバッテリの放熱能力にも余裕が できるので充電電流を通常よりも大きくすることが可能となったりします．その 結果，従来よりも高速な充電が可能となります．

● 電圧と電流を指定する通信方法「PPS」

　このダイレクト・チャージで必要となる，シンクからソースへ電圧と電流を指 定するための通信方法がPPSになります．

▶メッセージ・フォーマット

　PPSではパワー・ネゴシエーションに使用するSource_Capabilitiesメッセージ とRequestメッセージに，それぞれPPS用のPDO（Power Data Object）とRDO

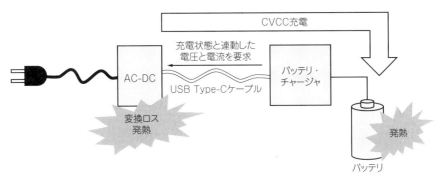

図6.15 ダイレクト・ジャージの充電方式
発熱が少ないため，急速充電ができる

表6.21 PDOの種別

ビット	説　明
31：30	00b：固定電圧 01b：バッテリ 10b：変動電圧（バッテリ以外） 11b：APDO
29：0	各PDO固有

**表6.22 ADPOの場合は29：28も
PDOに割り当てられる**

ビット	説　明
31：30	11b：APDO
29：28	00b：PPS 01b～11b：リザーブ
27：0	各APDO固有

表6.23 PPS ADPOの定義

ビット	フィールド	説　明
31：30	APDO	11b：固定，APDOを示す
29：28	APDO Type	00b：PPS 01b～11b：リザーブ
27	PPS Power Limited	PPS電力制限
26：25	リザーブ	リザーブ，ゼロとする
24：17	Maximum Voltage	最大電圧，100mV単位
16	リザーブ	リザーブ，ゼロとする
15：8	Minimum Voltage	最小電圧，100mV単位
7	リザーブ	リザーブ，ゼロとする
6：0	Maximum Current	最大電流，50mA単位

（Request Data Object）が追加されました．

　PDOの種別を示すのがビット31と30の2ビットしかなく，すでに3種類の PDOを割り当ててあります．そのため，ビット31:30 = 11をADPO（Augmented Power Data Object），すなわち拡張されたPDOとして定義しています．APDO の場合はビット29:28もPDOの種類を示すビットと定義して，PPSのPDOには ビット29:28 = 00が割り当てられています．残りは将来の拡張用です（**表6.21，表6.22**）.

　表6.23にPPS ADPOの定義を示します．ソースが供給可能な電圧の範囲と最

表6.24　PPS RDOの定義

ビット	フィールド	説　明
31	リザーブ	リザーブ，ゼロとする
30：28	Object position	何番目のPDOを要求しているかを示す
27	リザーブ	リザーブ，ゼロとする
26	Capability Mismatch	Souce Capabilities メッセージにシンクが必要な電圧または電流がないことを示す
25	USB Communications Capable	USB通信サポートを示す
24	No USB Suspend	USBサスペンド時もRDOで要求する電圧と電流が必要なことを示す
23	Unchunked Extended Message Supported	分割せずに拡張データメッセージを送受信できることを示す
22：20	リザーブ	リザーブ，ゼロとする
19：9	Output Voltage	出力電圧，20mV 単位
8：7	リザーブ	リザーブ，ゼロとする
6：0	Operating Current	動作電流，50mA 単位

大電流を定義します．ビット27のPPS電力制限については後述します．

　表6.24にPPS RDOの定義を示します．従来のRDOと大きく違うのはソースが出力する電圧を指定できるようになったことです．しかも20mVという細かい単位で指定できます．これによりバッテリ充電に最適な電圧を指定可能となります．ビット26：23は従来のRDOと同様のため，説明は省略します．

▶シーケンス

　パワー・ネゴシエーションのときに，ソースはSource_Capabilitiesメッセージに含まれるPDOとして従来の固定電圧のPDOなどと一緒にPPS APDOも送ります．これにより，PPSに対応していることをシンクへ教えます．そして，シンクもPPSに対応してる場合は，シンクはRequestメッセージに含まれるRDOのオブジェクト・ポジションでPPS APDOの位置を指定し，かつ必要とする電圧と電流も指定します．

● PPSでのシンクが指定する電流値の意味

　従来は，シンクがRDOで指定した電流値よりも多くの電流を消費した場合に，ソースがどのように動作するかはソースの実装に任されていました．ソースの過電流検出・保護はこの時点で行う必要はなく，ケーブルとコネクタが許容できる電流やソース自身が許容できる電流を越えた時点で過電流保護が働けば十分でした．また過電流保護が働いた場合の電圧と電流特性も実装に任されていました．

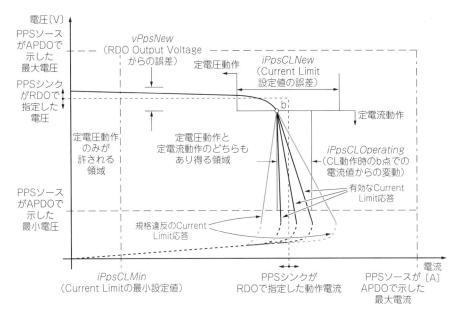

図6.16　PPSソースの電圧と電流特性

　しかし，PPSではシンクがRDOで指定する電流値はバッテリを定電流充電するときの電流値を意味するので，シンクがその電流値を越えた電流を引こうとした場合，ソースは定電圧動作から定電流動作に移行して設定された電流を維持しなければならず，電圧と電流特性も決められた範囲内に収まる必要があります（**図6.16**）．

● PPSのパワー・ルール

　PPS APDOで設定できる電圧や電流は自由度が高いものになっていますが，PPSでも他のソース・シンクと同様にパワー・ルールが決められていて，標準でサポートが必要な電圧範囲と電流値が決められています．電圧範囲は**表6.25**のように決められています．固定電圧のPDOと同様にPPSでも 5V，9V，15V そして20V が標準の電圧です．ただし，PPSでは**表6.25**のように範囲を持った電圧になっています．

　PPSでも，PDパワーに応じてサポートが必要なAPDOおよびそれの電流値が**表6.26**のように決まっています．従来のものとは違ってPPSでは高い電圧のAPDOが低いものを包含しているので，基本的には高い電圧のものが1つあれば

199

表6.25
PPSの電圧範囲

	Fixed Nominal Voltage			
	5V Prog	9V Prog	15V Prog	20V Prog
最大電圧	5.9V	11V	16V	21V
最小電圧	3.3V	3.3V	3.3V	3.3V

表6.26　PPS APDOのパワー・ルール

PDP [W]	5V fixed	9V fixed	15V fixed	20V fixed	5V Prog	9V Prog	15V Prog	20V Prog
$x<15$	(PDP÷5V)A	–	–	–	(PDP÷5V)A	–	–	–
15	3A				3A			
$15<x<27$	3A[注2]	(PDP÷9V)A	–	–	3A[注1]	(PDP÷9V)A		
27	3A[注2]	3A				3A		
$27<x<45$	3A[注2]	3A[注2]	(PDP÷15)A	–		3A[注1]	(PDP÷15V)A	–
45	3A[注2]	3A[注2]	3A				3A	
$45<x<60$	3A[注2]	3A[注2]	3A[注2]	(PDP÷20V)A	–		3A[注1]	(PDP÷20V)A[注2]
60	3A[注2]	3A[注2]	3A[注2]	3A				3A
$45<x<60$	3A[注2]	3A[注2]	3A[注2]	(PDP÷20V)A	–			(PDP÷20V)A
100	3A[注2]	3A[注2]	3A[注2]	5A				5A

注1：このPPS APDOはオプション
注2：5Aケーブルがある場合は3A超の電流を供給可能

十分で低い電圧のものはオプションとなります．しかし，低い電圧のAPDOが3A超の電流をサポートする場合はその限りではありません．

● PPSの電力制限

　最後にPPS電力制限について説明します．**表6.25**を見ると分かるように最大電圧が標準の電圧よりも高いものになっています．一番顕著なのは9V Progで，9Vに対して最大電圧は11Vになっています．一方，**表6.26**から27W PDパワーの9V Progの電流値は3Aとなります．つまり33W（＝11V×3A）を供給できる必要があります．しかしPDパワーは27Wなので，ソースによっては27W超を供給できない可能性があります．そのようなソースの場合は，APDOのPPS電力制限ビットを1にセットして，PDパワーを越えた電力を供給できないことをシンクへ通知します．

のざき・はじめ

ルネサス エレクトロニクス（株）

長野 英生

第 7 章

映像信号を流せる
Alternate Mode

Alternate Mode を使うことで，現在使用されている多数のビデオ・インターフェースのコネクタやケーブルを USB Type-C に統一でき，機器のインターフェース設計を極めてシンプルにできます．

本章では，ビデオ・インターフェースの最新動向と Alternate Mode の必要性を説明します．そして，Alternate Mode の概要とユースケース，対応するビデオ・インターフェースを示します．

7.1 現在のビデオ・インターフェースの状況

● 複数の規格があり，それぞれコネクタ形状は異なる

図7.1 にパソコンやテレビ，周辺機器のインターフェースを示します．

パソコンとモニタ間のビデオ・インターフェースは，以前はアナログ・インターフェースとして VGA（Video Graphic Array，D-Sub 端子とも呼ばれる）が広く使われてきました．現在は高速ディジタル・インターフェースとして，コンテンツ保護や音声伝送も1本のケーブルで対応が可能な，HDMI（High-Definition Multimedia Interface）や DisplayPort が広く普及するようになりました．その他，Thunderbolt もパソコンのビデオ・インターフェースとして使われています．

テレビのインターフェースは，パソコンと同様に，HDMI が標準インターフェースとして広く普及するようになりました．テレビと接続される DVD，STB（Set Top Box），ゲーム機器なども HDMI が標準的に搭載されています．

また，マウスやプリンタなどのパソコン周辺機器とのデータ・インターフェースや充電ケーブルとして，USB が標準インターフェースとして広く普及しています．

このように，パソコンやテレビのインターフェースは，それぞれ専用のインターフェースが使用されており，ユーザはそれぞれに対応した専用のコネクタとケーブルを準備する必要があります（図7.2）．

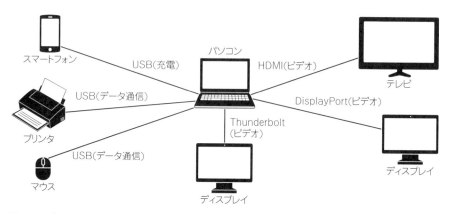

図7.1　パソコンやテレビに使用されているインターフェースはいろいろ

HDMI（19ピン）	DisplayPort（20ピン）	Thunderbolt （20ピン，24ピン）	USB Type-C （24ピン）
Type-A	スタンダード		
 4.55 × 14.0 =62.3mm²	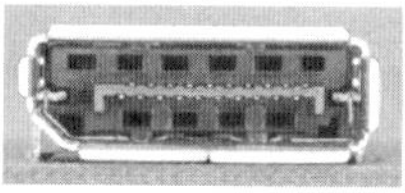 4.76 × 16.1 =76.6mm²	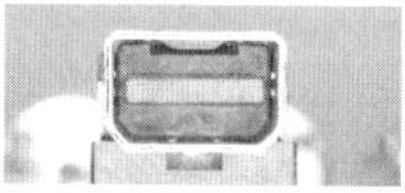 4.5 × 7.5 =33.75mm²	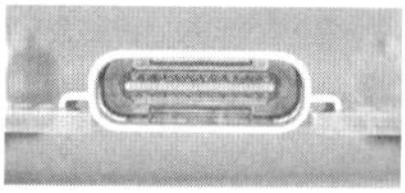 2.56 × 8.34 =21.35mm²
Type-C	ミニ		
 2.5 × 10.5 =26.25mm²	 4.5 × 7.5 =33.75mm²		
Type-D	※DisplayPortは ミニ・コネクタが 使われることが多い		
 2.3 × 5.9 =13.57mm²			

図7.2　各インターフェースのコネクタ形状や大きさは異なる

● 主要ビデオ・インターフェース

　パソコンはすでにに4Kの製品が市場投入されており，今後HDR（High Dynamic Range）の普及が進むと考えられます．モニタもすでに4K以上の製品

表7.1　主要なビデオ・インターフェース規格の比較

規格名	HDMI	DisplayPort	Thunderbolt
初版リリース	2002年	2006年	2011年
主要アプリケーション	TV，パソコン，DVD	パソコン	パソコン
データ伝送量	48Gbps	32.4Gbps	41.25Gbps
伝送プロトコル	HDMI	DisplayPort	DisplayPort PCI Express
データ伝送	単方向 （音声のみ逆方向可）	単方向	双方向
デイジーチェーン伝送	No	Yes	Yes
コネクタ	HDMI Type-A/C/D/E	DisplayPort Std/Mini	DisplayPort Mini USB Type-C
規格策定	HDMI Forum	VESA	Intel, Apple
規格入手	HDMIとライセンス締結 が必要	VESAとライセンス締結 が必要	Intelとのライセンス締結 が必要
Alternate Mode対応	Yes	Yes	Yes

が多数市場投入されており，今後8Kの製品へ拡大していくものと考えられます．

テレビ，パソコンともディスプレイの性能が向上するのに伴い，各種ビデオ・インターフェースも，それに対応するように高速化，高機能化が進んでいます．**表7.1**に主要ビデオ・インターフェースの比較を示します．

▶ HDMI

HDMIは2002年に初版のV1.0がリリースされ，ビデオ解像度はFull-HD（High-Difinition，1920×1080）までサポートされました．映像と音声を1本のケーブルで伝送でき，コンテンツ保護機能にも対応したため，それまで使われていたコンポーネント・ケーブルからの置き換えが進み，広く普及しました．2011年にV1.4がリリースされ，4K解像度で30Hzのフレーム・レートまで対応できるようになりました．2017年1月にV2.1がリリースされ，最大48Gbpsの伝送帯域までサポートし，8K解像度で60Hzのフレーム・レートまで対応可能になり，コントラストのレンジが広いHDRもサポートしています．

規格策定はHDMI Forumで行われています．

▶ DisplayPort

DisplayPortは初版のV1.0が2006年にリリースされ，VGAやDVI（Digital Visual Interface．1999年にDigital Display Working Groupというコンソーシアムによって開発されたディジタル・ビデオ・インターフェース）から置き換えが進みました．2012年にリリースされたV1.2で一足先に4K@60Hz伝送が可能になりました．2014年にリリースされたV1.3で最大32.4Gbpsの伝送帯域がサポー

トされ，8K＠60Hz伝送も可能になりました．現在，V2.0がリリースされています．

　規格策定はVESA（Video Electronics Standard Association）にて行われています．

▶ Thunderbolt

　Thunderboltは，IntelとAppleが開発したパソコンのインターフェースで，2011年にMacBook Proに搭載されました．Thunderboltで伝送するプロトコルはDisplayPortとPCI Expressです．2015年にV3.0がリリースされ，データ伝送帯域は1レーン当たり20.625Gbps，2レーン合計で41.25Gbpsに対応しています．コネクタはDisplayPortのミニ・コネクタからUSB Type-Cに変更されました（Appdneix 2参照）．

● ディスプレイの性能を測る5つの指標

　図7.3にディスプレイに求められる5つの項目と指標を示します．

① 解像度とは，ディスプレイ上の画素数を示します．きめ細やかで美しい映像を表現するために，Full-HDから4Kへ，さらには8Kへと高解像度化が進んでいます．

② 広色域とは，どのくらい広い色の範囲を扱えるかを示します．同じ解像度でも表現できる色の範囲が広い方が，より現実に近い色を映像で表現できます．色域の規格として，国際電気標準会議（IEC）が策定した色空間の国際標準規格であるsRGB（standard RGB）や，国際電気通信連合（ITU）が策定したHDテレビ向け色空間の国際標準規格であるBT.709が広く使われてきました．ディスプレイの性能向上により，4K/8K時代の色域の定義として，ITUが策定した色空間の国際標準規格であるBT.2020が適用され，より広い色域が表現できるようになっています．

③ コントラストとは，最も暗い部分と最も明るい部分の輝度の差を示します．LED（Light Emitting Diode；発光ダイオード）のバックライトにより，ディスプレイの性能は向上しました．それに伴い，暗い黒をより現実に近い黒色で表現したり，より明るい白をより現実に近い白色で表現できるHDRが適用されています．

④ フレーム・レートとは，1秒あたりのフレームの数を表します．60Hzより120Hzの方がなめらかな映像表示が可能になり，特にゲーミング・パソコンやテレビで120Hzが求められます．

項　目	意　味	指　標	図
解像度	ディスプレイ上の画素の数を表す. 高い方がきめ細やかで美しい映像	8K 4K	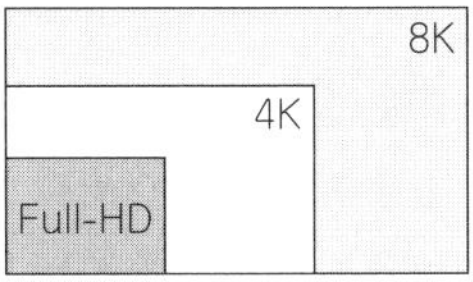 Full-HD / 4K / 8K
広色域	どのくらい広い色の範囲を扱うことができるかを表す. 広い方が美しい映像	BT.2020 BT.709	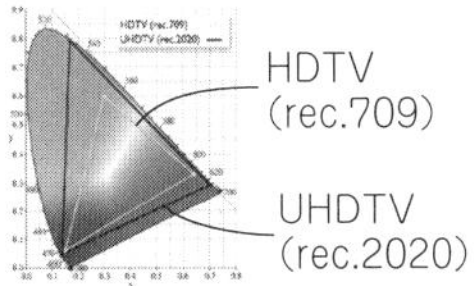 HDTV (rec.709) UHDTV (rec.2020)
コントラスト	最も暗い部分と，最も明るい部分の輝度の差を表す. 大きい方が鮮やかな映像	HDR (High Dynamic Range) SDR (Standard Dynamic Range)	 SDR　　HDR
フレーム・レート	1秒間の映像フレームの数	120Hz 60Hz	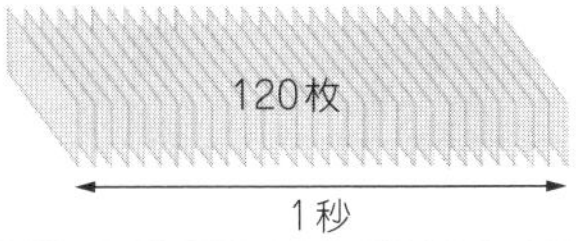 120枚 / 1秒
色深度	1ピクセル当たりの画像の分解能を表す. 大きい方が滑らかな映像	24ビット，30ビット，36ビット，48ビット	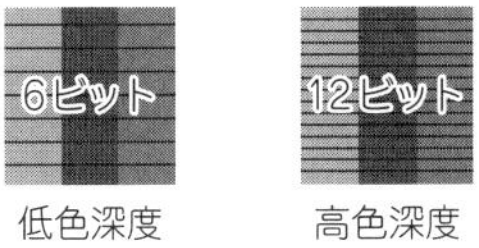 6ビット / 12ビット 低色深度　　高色深度

図7.3　ディスプレイの性能は5つの指標で評価される

⑤色深度とは，1ピクセル当たりの画像の分解能を示します．24ビット（RGBの各色8ビット×3）から30ビット（10ビット×3），36ビット（12ビット×3），48ビット（16ビット×3）へと1ピクセル当たりの表現できる色の分解能が細かくなってきており，グラデーション・パターンなどでより滑らかな映像が表現できるようになっています．

　HDMIやDisplayPortなどの主力のビデオ・インターフェースは，これらの指標を先取りして規格のアップデートが進められています．

● Alternate Modeに求められること
　Alternate Modeにより，各ビデオ・インターフェースおよびデータ・インター

フェースのコネクタとケーブルが統一され，その中を既存のビデオ・インターフェースが伝送できれば，ユーザによって大変使い勝手が良く，メリットが大きくなります．

　上記を実現するために，Alternate Mode には，市場の主要なビデオ・インターフェースの仕様をカバーし，ディスプレイのロードマップと同期して高速な伝送帯域を確保し，さらにそれぞれのビデオ・インターフェースごとの個別機能に対応するために，フレキシブルな機能拡張が提供できることが求められています．

7.2　Alternate Mode の概要

● パソコンのコネクタ・ケーブル仕様を統一

　これまでのビデオ・インターフェースやデータ・インターフェースでは，おのおの異なるコネクタやケーブルが必要でしたが，Alternate Mode により，全てのコネクタやケーブルを USB Type-C に置き換えることができる環境が整いました．

　パソコン周辺のインターフェース・システムであれば，ディスプレイとのビデオ・インターフェースも，プリンタやマウスなどの周辺機器とのデータ・インターフェースも，**図7.4** に示すように，全て USB Type-C にできます．

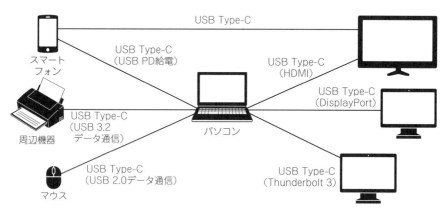

図7.4　Alternate Mode によってパソコンの全ての周辺機器の接続を USB Type-C に置き換えられる

● USBケーブルの中を映像信号がそのまま流れる

Alternate Modeは，USB Type-Cのコネクタとケーブルを使っているだけで，その中を通る信号はHDMIやDisplayPortなどのデータそのものです．既存のビデオ・インターフェース規格からUSBへ変換しているわけではありません．

USB Type-Cでは，HDMIやDisplayPortなどの既存ビデオ・インターフェースの仕様をあらかじめ考慮したコネクタ・ケーブル仕様が策定されており，生のHDMIやDisplayPortのデータをそのままUSB Type-Cのコネクタ・ケーブルで伝送できます．ネイティブ伝送を可能にすることで，プロトコル変換回路を不要にできました．

● Alternate Mode対応のビデオ・インターフェース

次にAlternate Modeに対応しているビデオ・インターフェースを示します（2019年9月時点）．USB規格推進団体USB-IFが標準としている，つまりStandard IDをアサインしている規格を次に示します．

- DisplayPort
- HDMI
- Thunderbolt
- MHL

現在のパソコンとディスプレイ間の高速ビデオ・インターフェースとして使われている，DisplayPort, HDMI, Thunderbolt 3, MHLがAlternate Modeをサポートしています．また，スマホのビデオ・インターフェースであるMHLもAlternate Modeをサポートしています．HDMIは2017年1月にV2.1がアナウンスされましたが，Alternate Modeに対応するHDMIの規格はV1.4bであるため，10.2Gbps，4K@30Hzまでとなる点に注意が必要です．機器内インターフェースであるPCI Expressは，Vendor独自のAlternate Modeとしてであれば対応できます．

● 給電しながら音声・映像もデータも伝送

Alternate Modeとして考えられる，個別のユースケースを**図7.5**に示します．

図7.5（a）は，USB Type-Cによる充電です．Alternate Modeの機能は，Power Deliveryの規格を使い，パソコンをUSB Type-Cケーブルで充電することが可能です．

図7.5（b）は，外部ディスプレイへの映像・音声の伝送です．パソコンの映像・

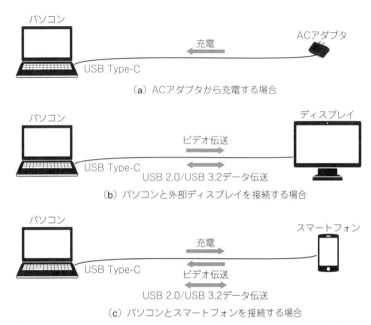

（a）ACアダプタから充電する場合

（b）パソコンと外部ディスプレイを接続する場合

（c）パソコンとスマートフォンを接続する場合

図7.5　Alternate Mode により USB Type-C ケーブル1本で全てを伝送できる

音声信号（DisplayPort，HDMIなど）を外部ディスプレイに表示し，さらにUSB 2.0あるいはUSB 3.2のデータ伝送も同時に行うというものです．

図7.5（c）は，スマートフォンの接続です．図7.5（b）とは逆に，パソコンからスマートフォンに給電しながら，スマートフォンの映像・音声をパソコン上に表示し，さらにUSB 2.0あるいはUSB 3.2のデータ伝送も同時に行うというものです．

このようにUSB Type-Cで，給電と映像伝送，USBデータ伝送の3つを同時に行うことが可能になりました．

7.3　映像信号の割り当ての工夫

● USB Type-Cプラグのピン配置

USB Type-Cで，どのようにして，充電，映像・音声伝送，USBデータ伝送の3つを同時に行うことができるのか説明します．

USB Type-Cのプラグのピン配置と機能を図7.6に示します．USB Type-Cコネクタは，上下おのおの12ピンで2段の合計24ピンにて構成されています．

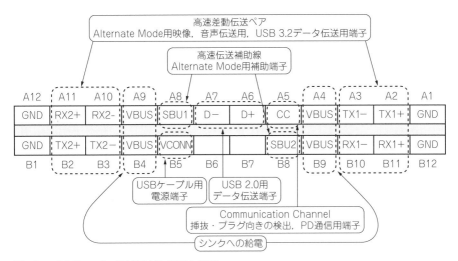

図7.6 USB Type-C プラグのピン配置と機能

● 映像・音声信号は4レーンの高速差動伝送ラインを流れる

TX1＋/TX1－，TX2＋/TX2－，RX1＋/RX1－，RX2＋/RX2－ の各信号は，4レーン（差動信号の＋と－を合わせた1ペアのことをレーンという）の高速差動伝送ラインです．DisplayPortやHDMIなどの映像・音声データ信号は，このピンに割り当てられます．

HDMIやDisplayPortなどの主要なビデオ・インターフェースは最大4レーンで構成されているため，USB Type-Cコネクタで高速差動伝送ラインが4レーン確保されていることは重要なポイントといえます．USB Type-Cではこの4レーン分をコネクタ・ケーブル内に確保することで，さまざまなインターフェースのAlternate Modeをサポートすることができました．

さらに4レーンを全てDisplayPortやHDMIなどの映像・音声データに割り当てる以外に，2レーンだけ映像・音声データに割り当てし，残りの2レーンをUSB 3.2のデータ伝送レーンに割り当てることもできます（ただしHDMIでは常に4レーン必要）．

● 補助線によりビデオ・インターフェース独自機能にも対応

CC（Communication Channel）信号は，Alternate Modeに移行するためにDFP（Downstream Facing Port，データ通信のホスト側）とUFP（Upstream

Facing Port，データ通信のデバイス側）の間の Power Delivery メッセージの通信に使われます．

　SBU1/SBU2 信号はサイドバンド・チャネルで，高速差動伝送ラインの補助線になります．DisplayPort では AUX-CH（Auxiliary Channel）信号に割り当てられます．HDMI では HEAC（HDMI Ethernet and Audioreturn Channel）信号や，HPD（Hot Plug Detect）信号に割り当てられています．

● USB 2.0 専用線により映像・音声と同時にデータ通信

　D ＋ /D － 信号は，USB 2.0 専用の差動データ・レーンです．USB 2.0 のデータは，高速差動伝送ラインとは独立してデータを伝送することが可能です．

● 最大 100W の給電

　4 本の VBUS 信号は，バス・パワー端子です．Power Delivery では，この端子によって最大 100W の給電が可能です．VCONN 信号は，ケーブル用のパワー端子です．

● 動作モードごとに使える機能が変わる

　Alternate Mode の各動作モードにおいて使用できる機能を**表7.2**に示します．

　DisplayPort の Alternate Mode で，DisplayPort が高速差動伝送ラインを 2 レーン使う場合，残りの 2 レーンは USB 3.2 を割り当てることが可能です．この場合，USB 3.2 伝送 と DisplayPort 伝送 の 同時動作 が 可能 に なります．しかし，DisplayPort が高速差動伝送ラインを 4 レーン使う場合は，USB 3.2 は割り当てることができません．USB 2.0 のデータは D ＋ /D － に専用にアサインされており，高速差動伝送ラインとは独立しているので，DisplayPort 伝送との同時動作が可能になります．

表7.2　各動作モードで使用できる機能

モード 機能	USBのみ	DisplayPortの Alternate Mode （2レーン）	DisplayPortの Alternate Mode （4レーン）	HDMIの Alternate Mode （4レーン）
USB 2.0	○	○	○	×
USB 3.2	○（4レーン）	○（2レーン）	×	×
DisplayPort	×	○（2レーン）	○（4レーン）	×
HDMI	×	×	×	○（4レーン）

　HDMIのAlternate Modeでは，高速差動伝送ラインが必ず4レーン必要であるため，USB 3.2伝送はできません．また，現在のHDMIのAlternate Modeでは，HDMI信号を送信する機器（例えばパソコン）をUSB Type-Cコネクタで，HDMI信号受信する機器（例えばテレビ）側はHDMIコネクタを前提としているので，HDMI信号のみを伝送します．

7.4　Alternate Modeへの切り替え手順

● Alternate Modeのシステム構成

　Alternate Modeのシステム構成を**図7.7**に示します．

　DFP側はUSB 2.0とUSB 3.2のホスト以外に映像・音声データのソース（Source，送信側）となる，HDMI/DisplayPortの送信回路（TX）が存在します．USB 3.2データを出力するか，HDMI/DisplayPortのデータを出力するかを選択するためのMUX（マルチプレクサ）があります．また，CCラインを介してDFPとUFP間でコミュニケーションするALTモード・コントローラを内蔵しています．

　UFP側もUSB 2.0とUSB 3.2のデバイス以外に，映像・音声データのシンク（Sink，受信側）となる，HDMI/DisplayPortの受信回路（RX）が存在します．

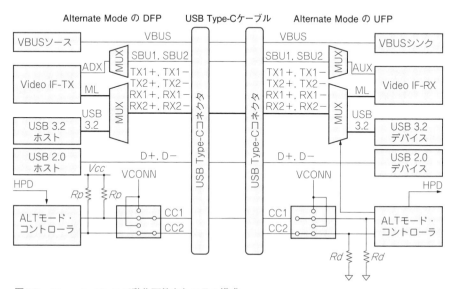

図7.7　Alternate Modeで動作可能なシステム構成

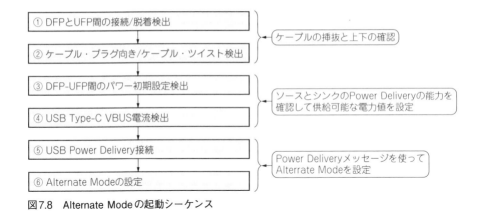

図7.8　Alternate Mode の起動シーケンス

USB 3.2データを入力するか，HDMIあるいはDisplayPortのデータを入力する
かを選択するためのMUXがあります．また，CCラインを介してDFPとUFPの
間でコミュニケーションするALTモード・コントローラを内蔵しています．

● USB Type-Cの接続検出から動作開始

Alternate Modeの起動方法と動作フローを図7.8に示します．USB Type-C全
体の起動シーケンスを含めて示しています．

▶ステップ1　ケーブルの接続確認

DFPとUFPが未接続の状態から，ケーブルの接続が開始されると，「①DFP
とUFP間の接続/脱着検出」ステータスになります．

図7.9において，DFP側のCC端子にはRpを介してVCCに接続され，UFP側
のCC端子はRdを介してGNDに接続されます．DFPがRdを検出することで
UFPの接続を確認します．

▶ステップ2　ケーブルのオリエンテーション

「②ケーブル・プラグ向き/ケーブル・ツイスト検出」ステータスでは，USB
Type-Cケーブルの接続の向き（裏表）を検出します．図7.9に示すように組み合
わせは4通りあります．Rpによる電圧降下vRpと，Rdによる電圧降下vRdを検
出することでケーブル接続の表裏の4つの接続状態を確認します．表7.3にCC1
とCC2ピンの接続の組み合わせによる状態を示します．

▶ステップ3　DFPとUFPの関係の検出

「③DFP-UFP間のパワー初期設定検出」ステータスでは，CC端子を介して

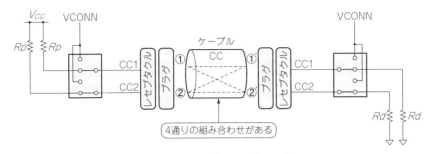

図7.9 ケーブルの接続を検出する…パッシブ・ケーブルの場合
プルアップ抵抗 *Rp* またはプルダウン抵抗 *Rd* を検出することによってケーブルの接続を確認する

表7.3 ケーブルが接続された向き（裏表）をCC1とCC2により検出する

	ソース電圧		プラグ	シンク電圧		ソース-シンクの接続状態
	CC1	CC2	CC	CC1	CC2	
1	*vRp*	Open	CC	*vRd*	Open	CC1 – CC – CC1（表–表）
2	*vRp*	Open	CC	Open	*vRd*	CC1 – CC – CC2（表–裏）
3	Open	*vRp*	CC	*vRd*	Open	CC2 – CC – CC1（裏–表）
4	Open	*vRp*	CC	Open	*vRd*	CC2 – CC – CC2（裏–裏）
–	Open	Open	Open	Open	Open	未接続

DFPとUFPの関係を検出します．その後，DFPはUFPにVBUSの供給を開始します．

▶**ステップ4 給電の設定**

「④USB Type-C VBUS電流検出」ステータスでは，DFPから供給するVBUSの電流値をデフォルト設定にします．デフォルト設定値はUSBの仕様で定義されたデフォルト設定値か1.5Aか3.0Aかのいずれかです．USB Type-Cではさらに高い電流値の設定も可能なため，CC端子を介して電流値を決定します．

▶**ステップ5 USB Power Deliveryの設定**

DFPとUFP間の通信にはPower Delivery規格で定義されたコミュニケーションを使います．「⑤USB Power Delivery接続」ステータスでは，次のような設定を行います．

- VBUSの電流と電圧値
- VBUSのPort Sourcing変更
- VCONNのPort Sourcing変更

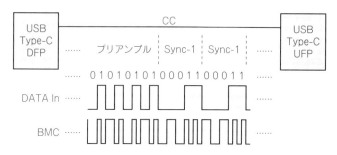

図7.10 **Power Delivery** では**BMC**(Biphase Mark Coding)**が使われる**

| プリアンブル | SOP | ヘッダ | データ・オブジェクト | CRC | EOP |

図7.11 **PDメッセージのパケットの構成**

・DFPとUFPのロール変更

CCの通信には，BMC(Biphase Mark Coding)が使われます(**図7.10**)．

▶**ステップ6 Alternate Modeの設定**

「⑥Alternate Modeの設定」ステータスでは，Alternate Modeの設定を行います．このステータスではUSB Power Deliveryで定義されたPDメッセージを使います．

● **Power Delivery パケットの拡張**

PDメッセージのパケット構成を**図7.11**に示します．PDメッセージはPreamble, SOP (Start of Packet)，メッセージ・ヘッダ，メッセージ・データ (Data Object)，CRC，EOP (End of Packet) で構成されます．

PDメッセージには，コントロール・メッセージとデータ・メッセージがあります．コントロール・メッセージには，データ・ロールの変更に使われるDR_Swapメッセージや，パワー・ロール変更に使われるPR_Swapメッセージ，VCONNのソース変更に使われるVCONN_Swapメッセージなどがあります．データ・メッセージには，ソースとシンクの能力を表すCapabilityメッセージや，物理層 (Physical Layer) のテスト・モードに使われるBISTメッセージ，機能拡張のためにベンダが個別に設定可能なVendor Definedメッセージ (VDM) などがあります．

図7.12　VDMのパケット構成

● Alternate Modeで使用されるメッセージVDM

Alternate Modeでは，Power Deliveryのパケットを拡張したメッセージとしてVDMが使用されます．

▶VDMのパケット＆ヘッダの構成

VDMのパケット構成を**図7.12**に示します．プリアンブル，SOP，ヘッダ，VDMヘッダ，ベンダ定義オブジェクト，CRC，EOPで構成されます．

プリアンブルはメッセージの最初に配置される64ビットのデータで，メッセージを受信する際に信号の同期をとるために使われます．SOPはメッセージのスタートを示します．ヘッダは16ビットで，全てのメッセージに共通して使われ，データ・オブジェクトの個数やメッセージを識別するためのIDなどが格納されています．VDMヘッダはVDMのメッセージ情報の一覧を示すヘッダで，32ビットで構成されます．ベンダ定義オブジェクトはメッセージ・データの本体です．VDOの後にCRCと，メッセージの終わりを示すEOPが続きます．

VDMヘッダの構成を**表7.4**に示します．

31 ～ 16ビットは，SVID（Standard or Vendor ID）でAlternate Modeで使うIDを示し，SID（Standard ID）とVID（Vendor ID）が定義可能です．Power Deliveryで定義されたSIDは0xFF00ですが，DisplayPortやHDMIのAlternate Modeを使うときは，VESAやHDMIなどの個別の団体のSIDを設定します．

15ビット目はVDMタイプを示し，Alternate Modeでは1のStructured VDMを設定します．1の場合，あらかじめ決められたVDMのフォーマット（SVDM；Standard VDM）になります．0の場合Unstructured VDMとなり，ヘッダの0 ～ 14ビットまでとVDOのデータはベンダが自由に設定できます．

10 ～ 8ビットは，Alternate Modeで使う各種コマンドを示します．Enter Modeコマンド，Exit Modeコマンド，AttentionコマンドでVDOがあります．

6 ～ 7ビットは，Alternate Modeで使うACKやNAKなどのコマンドのタイプを示します．次の4種類がVDMで使用できます．

表7.4 VDMヘッダの内容

ビット	フィールド	説　明
31：16	SVID	規格団体のSID (Standard ID) 各ベンダのVID (Vendor ID)
15	VDM Type	1：Structured VDM 0：Unstructured VDM
14：13	Structured VDM Version	Structured VDM のバージョン 00：バージョン1.0 (PD = 2.0) 01：バージョン2.0 (PD = 3.0) 10，11：リザーブ
12：11	Reserved	リザーブ
10：8	Object Position	Enter Modeコマンド，Exit Modeコマンド，Attentionコマンド でVDOを指定する
7：6	Command Type	VDMで使用できるコマンドのタイプ 00：REQ（イニシエータ・ポートからのリクエスト） 01：ACK（レスポンダ・ポートからのACK） 10：NAK（レスポンダ・ポートからのNAK） 11：BUSY（レスポンダ・ポートからのビジー）
5	Reserved	リザーブ
4：0	Command	VDMで使用できるコマンド 0：Reserved 1：Discover Identity コマンド 2：Discover SVIDs コマンド 3：Discover Modes コマンド 4：Enter Mode コマンド 5：Exit Mode コマンド 6：Attention コマンド 15：7：リザーブ

- Request：イニシエータから発行するリクエスト・コマンド
- ACK：レスポンダが正常受信し処理できるときに応答
- NAK：レスポンダがコマンドの理解不能か処理できないときに応答
- BUSY：レスポンダがコマンドの受信時Busyであるときに応答

0～4ビットは，VDMで使用できるコマンドを定義します．Power Delivery
では下記コマンドが定義されていますが，ベンダ独自のコマンドを定義すること
も可能です．

- Discover Identity
- Discover SVIDs
- Discover Modes
- Enter Mode
- Exit Mode
- Attention

● Alternate Modeで使うコマンド

VDMヘッダの0〜4ビットは，VDMで使用できるコマンドを定義します．

①Discover Identityコマンド

Discover Identityコマンドは，イニシエータがレスポンダに対して，相手がどのようなデバイスなのか，そのデバイス仕様を確認するためのコマンドです．応答メッセージでは，Alternate Modeに対応しているか，ケーブルの場合は共用できる電圧や電流値などを返信します．Discover Identityコマンドのパケット構成を図7.13に示します．

IDヘッダVDO（表7.5）は，UFP，ケーブル・プラグ，DFPについて，それぞれのデバイス仕様の情報が示されます．UFPならハブなのか周辺機器なのか，ケーブル・プラグならパッシブ・ケーブルなのかアクティブ・ケーブルなのか，DFPならホストなのかハブなのかなどです．Cert Statには，認証前にUSB規格推進団体USB-IFから取得する32ビットのID（XID）が示されます．プロダクトVDOには，製品に関連する32ビットのプロダクトIDが示されます．

プロダクト・タイプVDOは，パッシブ・ケーブル，アクティブ・ケーブル，Alternate Modeアダプタ，Alternate Modeコントローラ（AMC）の特性情報が返されます．

②Discover SVIDsコマンド

Discover SVIDsコマンドは，イニシエータがレスポンダに対して，相手がどのようなSVID（Standard or Vendor ID）を有するか確認するためのコマンドです．3つのSVIDを有する場合のDiscover SVIDsコマンドのパケット構成を図7.14に示します．

③Discover Modesコマンド

Discover Modesコマンドは，イニシエータがレスポンダに対して，相手がどのようなモードに対応しているかを確認するためのコマンドです．3つのモードに

ヘッダ	VDMヘッダ	IDヘッダVDO	Cert Stat VDO	プロダクトVDO	プロダクト・タイプVDO

図7.13　Discover Identityコマンドのパケット構成

ヘッダ	VDMヘッダ	VDO 01		VDO 02	
		SVID-0	SVID-1	SVID-2	0x0000

図7.14　Discover SVIDsコマンドのパケット構成
3つのSVIDを有する場合の例

対応する場合のDiscover Modesコマンドのパケット構成を**図7.15**に示します.

④**Enter Mode コマンド**

Enter Mode コマンドは，DFPからUFPに対してAlternate ModeへEnterする際に送るコマンドです.イニシエータは，1000ms以内にAlternate Modeに入らなかったら，USBモードに戻ります.

⑤**Exit Mode コマンド**

Exit Mode コマンドは，DFPからUFPに対してAlternate ModeからExitする

表7.5　IDヘッダVDOの内容

ビット	説　　明
31	1：USBホストとして通信可能 0：それ以外
30	1：USBデバイスとして通信可能 0：それ以外
29：27	プロダクト・タイプ（UFPの場合） 　000：未定義 　001：PD USBハブ 　010：PD USB周辺機器 　011〜100：予約 　101：オルタネート・モード・アダプタ（AMA） 　110〜111：予約 プロダクト・タイプ（ケーブル・プラグの場合） 　000：未定義 　001〜010：予約 　011：パッシブ・ケーブル 　100：アクティブ・ケーブル 　101〜111：予約
26	Modal Operation Support 1：Alterrate Mode対応 0：それ以外
25：23	プロダクト・タイプ（DFP） 　000：未定義 　001：PD USBハブ 　010：PD USBホスト 　011：電源アダプタ 　100：オルタネート・モード・アダプタ（AMA） 　101〜111：予約
22：16	予約
15：0	USBベンダID

ヘッダ	VDMヘッダ	MODE 1	MODE 1	MODE 3

図7.15　Discover Modesコマンドのパケット構成
3つのMODEを有する場合の例

際に送るコマンドです.

● Alternate Mode の起動方法

Alternate Mode へ入る Enter シーケンスと,Alternate Mode から脱する Exit シーケンスを,そこで使う VDM のコマンドの動作と合わせて説明します.

ここでは,**図7.16**のフローにおいて,USB PD Connection まで確立されているものとし,それ以降の Discovery and Configuration of ALT Mode のフローについて説明します.

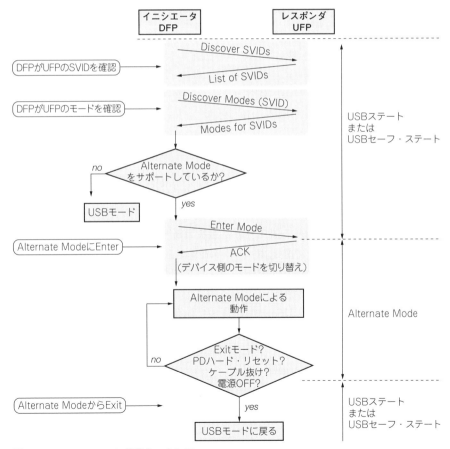

図7.16 Alternate Mode 動作シーケンス

▶ステップ1 対応機器かどうかの確認

DFPからUFPに，Discover SVIDsコマンドを送ります．これによりUFPが Alternate Modeに対応しているSVIDを有する機器かどうかを確認します．UFP がSVID対応の場合，そのリストをDFPに返信します．

▶ステップ2 対応するインターフェース規格の確認

DFPからUFPに，Discover Modesコマンドを送ります．これによりUFPが， DisplayPortやHDMIなどのAlternate Modeに対応している機器かを確認します．

▶ステップ3 Alternate Modeの起動

DFPからUFPにEnter Modeコマンドを送ります．UFPがAlternate Modeに Enter可能であればACKを返信します．これによりUFPが，DisplayPortや HDMIなどの特定のAlternate Modeに入ることができます．

▶ステップ4 Alternate Modeの終了

下記の条件の場合，Alternate ModeからExitすることができます．Exitすると， USBモードに戻ります．

- DFPかUFPのいずれかからExitコマンドが送信されたとき
- ハード・リセットがアサートされたとき
- ケーブルが抜けたとき

7.5 Alternate Modeによる映像信号の伝送

● DisplayPortを流す場合

▶2レーン・モードか4レーン・モードを選択可能

DisplayPortの規格を開発しているVESAは，2014年9月にDisplayPortの Alternate Modeの規格初版V1.0をリリースしました．その後，2019年にV2.0が リリースされ現在に至ります．

DisplayPortのAlternate Modeでは，USB Type-Cコネクタの4レーンある高 速差動伝送ラインを，DisplayPortで4レーン使用するモードと，2レーン使用す るモードをサポートしています．2レーンのモードでは，余った2レーンの高速 差動伝送ラインにUSB 3.2を割り当てることができます．

▶ピン配置

DisplayPortのAlternate ModeにおけるUSB Type-Cプラグへの信号の割り当 てを図7.17に示します．

高速差動伝送ラインにDisplayPortのMain Link（ML0＋/ML0－，ML1＋/

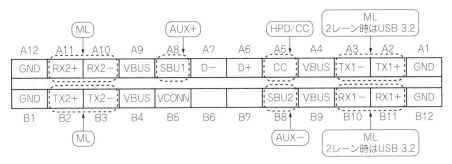

図7.17　Alternate Modeにおける DisplayPort信号の割り当て

ML1-，ML2+/ML2-，ML3+/ML3-）が割り当てられています．補助線である AUX-CHは，サイドバンド・チャネルのSBU1とSBU2に割り当てられます．HPD（Hot Plug Detect．ディスプレイ・デバイスが接続されたことを示す信号）は，CCラインのVDMにて，そのH/Lの極性が伝送されます．

　また，DisplayPortのAlternate Modeでは，1レーン当たり最大8.1Gbps，4レーンで最大32.4Gbpsの伝送が可能です．4K@60Hz，8K@60Hz（YCC420）の表示と音声伝送が可能になります．

▶システム構成

　DisplayPortのAlternate Modeのシステム構成は，図7.7で示した通りです．

　DFP側は，Alternate Modeのデータ送信側となるDisplayPortのTX回路，USB 3.2，USB 2.0のホスト回路があります．DisplayPortのデータとUSB 3.2のデータのとちらを出力するかは，MUXで選択されます．また，CCラインを介してDFPとUFP間でコミュニケーションするALTモード・コントローラを内蔵しています．UFP側の回路構成は，受信回路となるだけで，DFP側の回路構成と同じになります．

▶起動シーケンス

　図7.18にDisplayPortのAlternate Modeの起動シーケンスを示します．

　最初にDFPからUFPにDiscover SVIDsコマンドを送ります．これによりUFPがDisplayPortのAlternate Modeに対応しているSVIDを有する機器であるか確認します．UFPがそのリストをDFPに返信します．次にDFPからUFPに，DisplayPortのDiscover Modesコマンドを送ります．これによりUFPがDisplayPortのAlternate Modeの詳細情報を確認します．次にAlternate Modeに入るためにDFPからUFPにEnterコマンドを送ります．Enter可能であれば

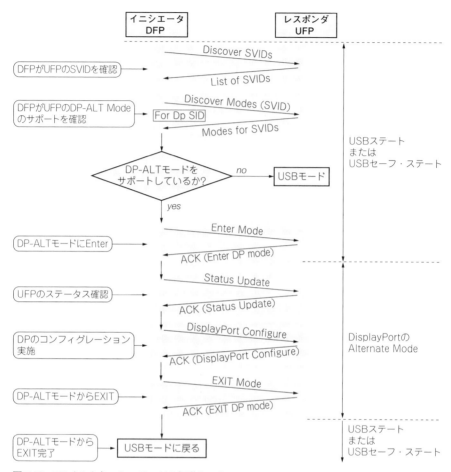

図7.18　DP オルタネート・モードの起動シーケンス

UFP は ACK を返信します．これにより UFP が Alternate Mode に入ることがで
きます．Alternate Mode に入ると，DFP は UFP に DisplayPort ステータスの確
認や DisplayPort のコンフィグレーションの設定コマンドを送ることができま
す．その後，Alternate Mode から抜けるときには，Exit コマンドを発行します．

● HDMI を流す場合

▶ ALT モードで対応する HDMI のバージョンは V1.4

　HDMI Alternate Mode は，2016 年9月に HDML.LLC からリリースされました．

図7.19　USB Type-C to HDMIケーブル

　HDMI 1.4bのAlternate Modeでは，最大3.4Gbps/レーン，10.8Gbps/3レーン（＋専用のクロック・レーンが必要）の伝送が可能です．4K@30Hzまでの伝送が可能になります．HDMIの仕様は，現在V2.1がアナウンスされていますが，HDMIのAlternate Modeの規格として対応しているのは，HDMI 1.4bまでとなることに注意が必要です．HDMI 1.4b相当のため，次の機能に対応しています．

- 映像解像度 4K@30Hz
- 伝送帯域 10.2Gbps
- サラウンド音声
- Audio Return Channel（ARC）
- 3D（4KおよびHD）
- HDMI Ethernet Channel（HEC）
- Consumer Electronic Control（CEC）
- Deep Color
- x.v.Color
- コンテンツ保護（HDCP 1.4/2.2）

　現在のHDMIのAlternate Modeでは，図7.19に示すように，HDMI信号を送信する機器（例えばパソコン）をUSB Type-Cコネクタで，HDMI信号受信する機器（例えばテレビ）側は既存のHDMIコネクタを前提としているので，HDMIのAlternate ModeにてHDMI信号のみを伝送することになります．

▶ピン配置

　HDMIのAlternate ModeにおけるUSB Type-Cプラグへ信号の割り当てを図7.20に示します．

　高速差動伝送ラインにHDMIのTMDS（Transition Minimized Differential Signaling，D0＋/D0－，D1＋/D1－，D2＋/D2－，CLK＋/CLK－）が割り当てられています．SBU1とSBU2には，HPD信号とHEAC＋/－信号が割り当てられます．CCには，CEC（Consumer Electronics Channel）信号と，DDC（Display Data Channel）信号のクロック（SCL）とデータ（SDA）が割り当てられます．

▶ システム構成

　図7.21にHDMIのAlternate Modeのシステム構成図を示します．4レーンあるHDMIの高速差動伝送線であるTMDS（D0＋/－，D1＋/－，D2＋/－，CLK＋/－）は，Type-Cコネクタ・ケーブル上の高速差動伝送ラインにアサインされます．

　DisplayPortのAlternate Modeでは，4レーンあるUSB Type-Cの高速差動伝

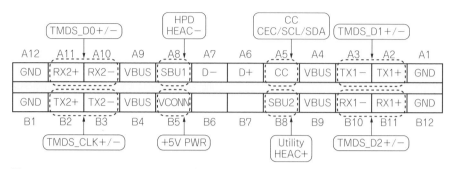

図7.20 Alternate Mode における HDMI 信号の割り当て

送ラインのうち2レーンをDisplayPortへ，残り2レーンをUSB 3.2へアサインすることができましたが，HDMIでは高速差動ラインが常時4レーン必要です．

HDMIのAlternate Modeでのポイントは，**図7.22**の通りDFP側にALTモード・コントローラが配置されていて，DDCのSCL（クロック）とSDA（データ）およびCEC線は，ALTモード・コントローラでUSB Type-CのCC線へ変換されます．DDCとCECの信号はPDメッセージにてCC線へ伝送されます．CC線はケーブル内のALTモード・コントローラに接続され，CC信号を元のDDCとCEC信号に復元します．その後HDMIのシンク・デバイスにHDMIコネクタとして接続できるようになっています．＋5V PWRはVCONN線にて伝送されます．HPDとHEACは，SBU1とSBU2のサイドバンド線にて伝送されます．

USB 2.0のD＋/D−線は，ケーブル内に実装されるUSB Billboard Detector回路に接続されます．USB Billboard Device Classは，自身がAlternate Modeを備えていることをDFP側に通知するためのものです．

▶起動シーケンス

図7.23にHDMIのAlternate Modeの起動シーケンスを示します．

最初にDFPからUFPにDiscover SVIDsコマンドを送ります．これによりUFPがHDMIのAlternate Modeに対応しているSVIDを有する機器であるか確認します．UFPがそのリストをDFPに返信します．

次にDFPからUFPに，HDMIのDiscover Modesコマンドを送ります．これによりUFPが，HDMIのAlternate Modeの詳細情報を確認します．次にDFPからUFPに，Enterコマンドを送ります．UFPがAlternate ModeにEnter可能であればACKを返信します．これによりUFPが，HDMIのAlternate Modeに入ることができます．HDMIのAlternate Modeに入ると，DFPはケーブルの状態や，

HDMIのAlternate ModeのDFP　　　　　Type-C－HDMIケーブル　　　　HDMIのシンク

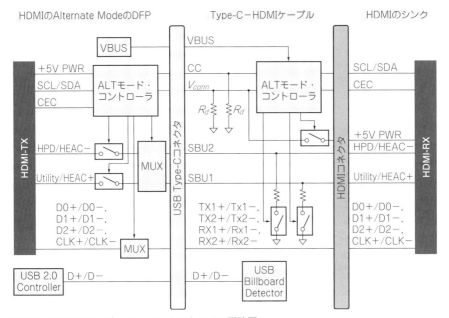

図7.21　HDMIオルタネート・モードのシステム回路図

HDMIのAlternate ModeのDFP　　　　Type-C－HDMIケーブル　　　HDMIのシンク

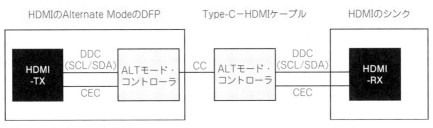

図7.22　HDMIオルタネート・モードコントローラ

EDID（Extended Display Identification Data. ディスプレイの機器情報や対応する仕様などが記述されたEEPROM）およびHPDのステータスを確認することで，接続状態をモニタすることができます．その後，Alternate Modeから抜けるときには，Exitコマンドを発行することができます．

ながの・ひでお

（株）セレブレクス

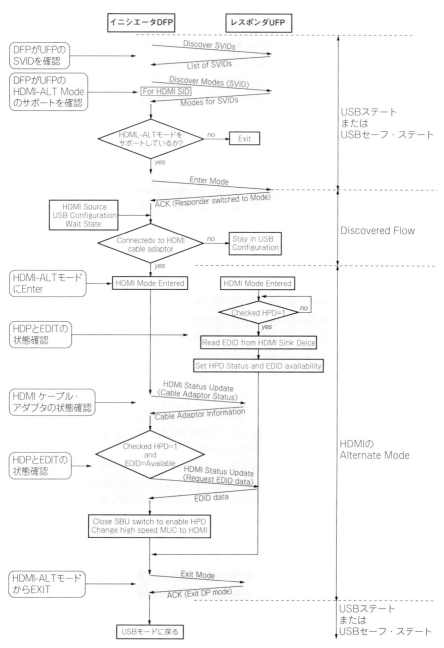

図7.23　HDMI オルタネート・モードの起動シーケンス

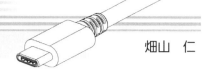

Appendix **2**

畑山 仁

USB4で注目の
Thunderbolt Technology

A2.1 Alternate Mode対応のThunderbolt

　DisplayPort同様にUSB Type-Cコネクタを採用した規格として，Intel社とApple社によって開発されたThunderbolt Technology（以下，Thunderbolt）があります（**写真A2.1**）．Thunderbolt3はネイティブとしてUSB 3.2 Gen2として動作し，DisplayPortともども USB Type-CのAlternate Modeでサポートされます．

　ネイティブとは，Thunderbolt3のUSB Type-Cコネクタにそのまま USB 3.2デバイスを接続できることを意味します．ホスト，ケーブルおよびデバイス間でパワー・ネゴシエーションの後にThunderbolt3をサポートしていることを確認した上で，Thunderbolt3で接続されるようになります．

A2.2 Thunderboltの概要

● 各世代の仕様

　Thunderboltは，パソコンと周辺機器間をケーブルで接続する，10Gbps超でのマルチプロトコル・インタコネクト技術として最初は開発されました．

　2011年2月24日（米国時間）発表のMacBook Proに突然搭載され，業界内に衝撃が駆け巡りました．コネクタは，第2世代のThunderbolt2まではMini DisplayPort（以下，Mini-DP）互換のコネクタを使用していましたが，第3世代のThunderbolt3

（a）レセプタクル　　　　　　　　　（b）プラグ

写真A2.1 Thunderbolt3のコネクタは USB Type-Cで，Thunderboltかはアイコンで識別する

表A2.1　Thunderboltの各世代の仕様

第3世代でコネクタがUSB Type-Cに変わりAlternate Modeに対応した

規　格	Thunderbolt1	Thunderbolt2	Thunderbolt3	
コントローラ	Light Ridge Cactus Ridge Redwood Ridge	Falcon Ridge	Alpine Ridge	Titan Ridge
データ・レート	10.3125Gbps × 2		10.3125Gbps × 2 20.625Gbps × 2	
チャネル・アグリゲーション	×	○		
符号化	64b/66b		64b/66b (10.3125Gbps) 128b/132b (20.625Gbps)	
PCI Express	5Gbps × 4		8Gbps × 4	
DisplayPort	HBR2 (5.4Gbps)			HBR3 (8.1Gbps)
コネクタ	Mini-DP		USB Type-C	
ケーブル	アクティブ，AOC		パッシブ，アクティブ，AOC	
ネイティブ・サポート	DP，HDMI (DP++)		USB 3.2, DP (USB Type-C Alternate Mode)	
最大受給電力	10W		100W (USB Power Delivery)	

からはUSB Type-Cコネクタに変更されました．そして，物理層データ・レート
も1レーンあたり20.625Gbpsにアップされ，2レーン合計のチャネル・アグリゲー
ションは41.25Gbpsに対応しています（**表A2.1**）．

　Thunderboltの狙いは，1本のケーブルを通しての機能分散と高品位なグラ
フィックスの提供です．例えば映像制作現場では，従来ではワークステーション
上で実行していた映像，特に非圧縮のHD（High Definition）映像の編集を，廉価
なパソコンと分散ストレージで実現可能にしています．また，広帯域でのマルチ
プロトコルを生かして，各種のインターフェースを備えた高機能ドッキング・ス
テーションやUSBポートを備えたディスプレイなども考えられます．

● 物理層

　データ・レートは，Thunderbolt2までは10G Ethernetと同じ10.3125Gbpsで
したが，Thunderbolt3で最高20.625Gbpsにアップされました．ホストからデバ
イスの向きにデータを転送するダウンリンクと，逆方向のアップリンクが独立し
た双対単方向伝送の2レーン，すなわち4組の差動ペアで構成されており，2レー
ンのチャネル・アグリゲーションで最高41.25Gbpsを達成しています（**図A2.1**）．

　符号化技術も10.3125Gbpsは64b/66bを使用しています．64b/66bでは，64ビッ
ト（8バイト）のデータの先頭にデータ・パケットかリンク・コントロール・パケッ

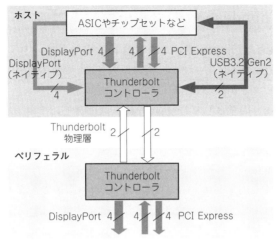

※数字はレーン数を表す

図A2.1
Thunderboltの物理層の構成
PCI ExpressとDisplayPortのパケットがThunderboltコントロー
ラによりThunderbolt物理層/パケットに変換される. ネイティブ
のUSB 3.2 Gen2やDisplayPortもサポートする. 接続するケーブ
ルやデバイスによりThunderboltとUSB 3.2 Gen2, DisplayPort
を切り替える

トかを判断する2ビットの識別子を追加し, 1つのパケットとして送信します.
データにはスクランブラを適用します. 20.3125Gbpsは128b/132bを使用します.

コネクタやケーブル規格の電気的特性は, USB Type-C規格と同じ考え方で,
*ILfitatNq*や*IRL*, *IMR*, *INEXT*, *IFEXT*などがあります. 20Gbpsに対応する
ために, 若干規格値が厳しくなっており, Thunderbolt3特有の項目もいくつか
追加されています.

● 受給電機能

Thunderbolt2では10Wまでの電力を受給電可能でしたが, Thunderbolt3は
USB Power Deliveryにより最大100Wに拡張されています. ディスプレイにモ
バイル機器を接続し, 画像を含むデータ転送を行いながら, 同時に受電が可能です.

A2.3　Thunderbolt のマルチプロトコル

● PCI Express と DisplayPort のプロトコルをサポート

　Thunderbolt と他のインターフェースの大きな違いは，マルチプロトコルだという点です．データと画像に1つずつのプロトコルをサポートしており，前者として PCI Express，後者として DisplayPort が選ばれています．これは，両者ともさまざまなプロトコルに橋渡しできるからです．例えば，PCI Express では USB 3.2，Ethernet，SAS（Serial Attached SCSI）/SATA（Serial Advanced Technology Attachment），FireWire（IEEE1394）などへ，また DisplayPort はデュアル・モード（DP++）のサポートで HDMI，DVI へ接続できます（**図A2.2**）．ただし，Thunderbolt3 からは DP++ モードの直接のサポートはなくなり，外部の DisplayPort→HDMI プロトコル・コンバータでの対応に変更されました．

　Thunderbolt は，この両者のパケットを Thunderbolt のパケットとしてプロトコル的にトンネリング（内包）する集約型のインターフェースとして実現されています．つまり，物理層を流れるのは Thunderbolt パケットであり，PCI Express や DisplayPort のパケットがそのまま流れるわけではありません．逆に物理層は Thunderbolt パケットを流すための物理層として仕様化されています．

　原稿作成時点（2019年10月）では，Thunderbolt は Intel 社の Thunderbolt コントローラによってホスト側もデバイス側も対応します．Thunderbolt3 の第2世

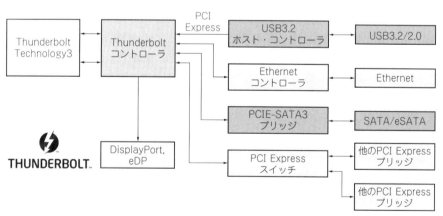

図A2.2　Thunderbolt が PCI Express プロトコルをサポートすることにより，さまざまなインターフェース規格に変換できる

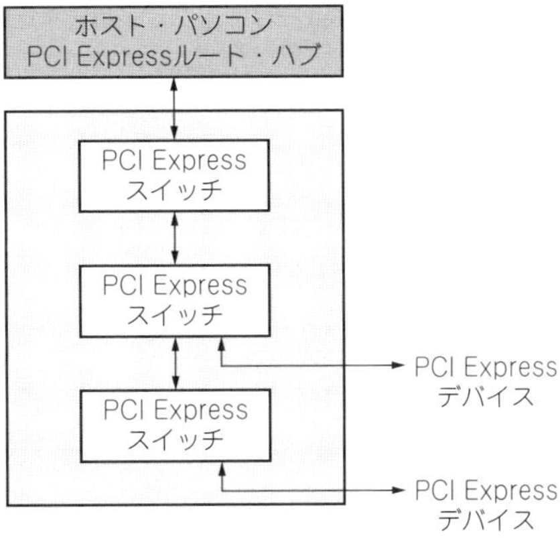

図A2.3
ThunderboltはPCI Expressで
デバイスと接続する
ホストから見るとPCI Expressスイッチと
してしか見えず，Thunderboltというイン
ターフェースの存在を意識する必要がない

代コントローラのTitan Ridgeでは，PCI ExpressはGen3（8Gbps），DisplayPort
はV1.4でかつHBR（High Bit Rate）3（8.1Gbps）をサポートしています．トンネ
リングされることにより，この両者のパケットは混在して転送されます．この結
果，41.25Gbpsのリソースを最適化でき，専用線路で各々のパケットを転送する
よりもバスの使用効率が向上します．

　Thunderboltは，ホスト側から見ると単なるPCI Expressスイッチに見えます．
つまり，論理的なThunderboltというインターフェースを意識する必要がありま
せん（**図A2.3**）．そういう意味ではThunderboltはブラック・ボックスと見なす
ことができ，詳細な仕様やプロトコルについて理解する必要はないといえます．
また，PCI Expressインターフェースを備えているデバイスならば，Thunderbolt
コントローラの先にFPGAでも何でも接続できるので，Thunderboltのインプリメ
ンテーションやデザインへの取り込みはセキュリティに注意は必要ですが，簡単
と思われます．

A2.4　USB4と今後の方向性

● Thunderbolt3を後方互換とするUSB4の登場

　ThunderboltはIntel社とApple社によって開発されましたが，今日では標準
規格は，PCI-SIGやUSB-IFなどの標準規格団体で規格を策定し公開されます．
しかし，Thunderboltに関する詳細な仕様やその他設計に必要な情報の入手には，
Intel社とのライセンス・デベロッパ締結が必要で，一般には公開されていません．

表A2.2　USB4, Thunderbolt3 および USB3.2 を比較する

規　格		USB 3.2		USB4		Thunderbolt3	
		Gen1	Gen2	Gen2	Gen3	Gen2	Gen3
ケーブル・コネクタ		USB Type-C, Type-A, Type-B, Micro-AB		USB Type-C		USB Type-C	
ケーブル長		2m	1m	2m	0.8m	2m	0.8m
データ・レート		5Gbps	10Gbps	10Gbps	20Gbps	10.3125Gbps	20.625Gbps
データ転送レート	1レーン	5Gbps	10Gbps	10Gbps	20Gbps	10.3125Gbps	20.625Gbps
	2レーン	10Gbps[*1]	20Gbps[*1, *2]	20Gbps	40Gbps	20.625Gbps	41.25Gbps
符号化		8b/10b	128b/132b	64b/66b	128b/132b	64b/66b	128b/132b
SSC 変調周波数		30kHz ~ 33kHz				35kHz ~ 37kHz	
SSC 周波数偏差		4,000PPM ~ 5,000PPM				5,800PPM	
トンネリング・プロトコル		なし		USB 3.2, DisplayPort 1.4 PCI Express(オプション)		DisplayPort 1.4 PCI Express	
ネイティブ・プロトコル		USB 3.2/2.0, DisplayPort 1.4 (DP Alternate Mode[*3])					
時刻同期		なし		Hi-Fi モード：1ns 以内，LowRes モード：4ns 以内			
サイドバンド信号		なし		1Mbps，調歩同期式，シングルエンド			

＊1：USB Type-C のみ
＊2：Type-B は事実上存在しない
＊3：USB4 と Thunderbolt3 では搭載している必要がある

　また，Thunderbolt は Thunderbolt コントローラを必要とするため，従来のプレミアム・クラスのパソコンへの搭載に限定されていました.

　しかし，2019 年中旬に販売・出荷開始された Intel 社の第 10 世代 Core プロセッサ「Ice Lake」に Thunderbolt3 が搭載され，パソコンに Thunderbolt3 が標準搭載されるようになりました．そして，2019 年 8 月に公開された USB の次世代規格 USB4 は Thunderbolt3 を基盤に作成されました．Thunderbolt3 を後方互換とすることで，USB-IF を通して Thunderbolt3 の仕様が公開されたことになります.

　USB4 では PCI Express のトンネリングがオプションとなり，代わりに USB 3.2 のトンネリングが標準でサポートされました．Thunderbolt3 はパソコン搭載を主体としたインターフェースですが，USB4 は従来の USB 同様にパソコン以外のモバイル機器や家電機器への搭載も見込んでいます．パソコンで Intel 製の CPU を使うのであれば Thunderbolt3 が搭載され，USB4 として PCI Express トンネリングがサポートされる可能性があります.

　表A2.2 に USB4, Thunderbolt3 および USB 3.2 との比較を，図A2.4 に USB4 がサポートする規格を示します．なお，USB4 と同時に USB Type-C Rev.2.0 と USB Power Delivery 3.0 Rev.2.0 が発行されました．USB4 へは Alternate Mode

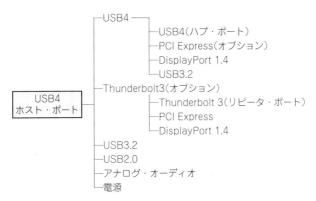

図A2.4 USB4がサポートする規格

ではなく，ホスト，ケーブルおよびデバイス間でパワー・ネゴシエーションの後に新たに設定されたUSB4モードでUSB4をサポートしていることを確認した上で接続するようになりました．

　USB4の規格化の結果，Intel社以外のベンダがIPやデバイスを開発・販売できるようになったので，今後USB4/Thunderbolt3の普及に弾みが付くでしょう．

はたけやま・ひとし

テクトロニクス社

Appendix **3**

野崎 原生

粗悪ケーブルをはじく
USB機器間認証

A3.1　USB機器間認証が規格化された背景

● 問題 ①…パソコンへの不正侵入を可能とする Bad USB

　昨今のUSBの問題として，いわゆるBad USBと呼ばれるものがあります（**図A3.1**）．これは，USBフラッシュドライブ内のファームウェアを悪意のあるものに書き換えたものです．そのUSBを挿したパソコンにバックドアを仕掛けて，ネットワークから侵入できるようにします．

　バックドアを仕掛けられたパソコンは，攻撃者からは丸見えの状態になり，そのパソコン内にある情報やファイルの全てを取り放題となってしまいます．あるいは，攻撃者が他のサーバへ侵入するときの踏み台としてバックドアを仕掛けられたパソコンが使われるかもしれません．そして，そのサーバからはあなたのパソコンが侵入したように見えるため，最悪の場合にはあなたが犯人として逮捕されることも起こり得ます．

● 問題 ②…粗悪なケーブルによる発熱・発煙・発火

　Power Deliveryでは供給可能な電力を大幅に増やし，最大100W（＝20V×5A）まで可能となりました．USBケーブルだけで電力供給できるアプリケーションも大幅に増え，ユーザの利便性も向上しました．

　その一方で従来よりも大きな電力を扱うため，ケーブルに要求される電気特性や耐久性も従来よりもより良いものが必要になります．例えば，VBUSワイヤの

図A3.1　Bad USBをパソコンに挿すだけで感染．インターネット侵入を許しデータを改ざんしたり盗み取ることも可能に…

電気抵抗を小さくして大電流時の電圧降下を小さくすることや，大電流により発熱が増えてもその熱に耐えられるようにする必要があります．また，これらはケーブルだけでなく，ACアダプタや受電・給電するデバイスについても同様です．

　もし正しく設計されていないケーブルやデバイスを使った場合，発熱で変形したり溶けたり，さらにはバッテリが発火あるいは爆発するといったことが起こりえるため，従来のUSBに比べて被害も大きくなります．

● 対策…USB機器間認証

　そのような事態を避けるために，正しく設計されたケーブルやデバイスかどうかを識別できるように，Power DeliveryではDiscover IdentityコマンドのACK中にXIDとして，USB規格推進団体 USB-IFの認証テストにパスしたかどうかが示せるようにしました．しかしこの方法では，他社の正しい製品が返すXIDをコピーして，自社の製品のXIDとして返すことは簡単にできてしまうので，そのような悪用を防ぐことはできません．またBad USBのように元々ユーザを欺く目的でニセの情報を渡すようなデバイスに対してはまったくの無力です．

　そのため，データの改ざんや不正使用を防ぐために，USB機器間認証（USB Authentication）という規格が作られました．

コラム A3.A　USB認証と USB機器間認証は別物

　従来のUSBという単語が出てくる文脈で「認証」と言った場合，USB-IFやテストハウスの実施するコンプライアンス・テストに合格してUSBロゴマークの使用許諾を得ることを指しています．従来といいましたが，実際には現在でも99％の場合がこちらの「認証」を意味しているはずです．

　しかし，ここにUSB Authenticationという規格が出てきました．このAuthenticationというのは日本語にすると，これも「認証」となってしまいます．実は従来の意味の「認証」は，英語ではCertificationと別の単語なので，これは日本語に訳すときのみの問題です．本稿ではAuthenticationの方を従来の「認証」と誤解されないように意訳して，機器間認証としました．

A3.2 使用される認証技術「ITU-T X.509」

● サーバ認証で使われている技術

USB機器間認証では，ポートに接続されたデバイスが不正なものでないことを確認するために，インターネットなどのサーバ認証に使われるものと同じ技術を使用します．USB機器間認証の説明の前に，この技術について説明します．少し難しい話になるので，まずは例え話から始めます．

● 例え話…その骨董品は本物ですか？

あなたは，とある国を旅行中にとても良い骨董品を見つけて，それを買おうとしています（図A3.2）．しかし，それは偽物かもしれません．店主に尋ねると「モチロン，本物デス．ソノ証拠ニ鑑定書アリマス」と言って鑑定書を見せてきました．さて，これで信用してよいでしょうか？

Noです．その鑑定書も偽物かもしれません．鑑定書が正しいものかどうかも調べる必要があります．鑑定書には，鑑定を行った鑑定士の署名がありました．そこで，その鑑定士を調べたところ，確かに鑑定士協会に所属しているようで，協会の鑑定士リストに載っている名前と協会員番号が一致しました．

でも，まだ信用するのは早いです．この協会も架空のものかもしれません．そこで，さらにその協会のことも調べます．その結果，その協会はとある国の法人登録が行われていて，協会名と法人番号は確かに法人一覧に記載されていました．政府機関が承認しているならば大丈夫だろうと判断して，あなたはその骨董品を購入することにしました．

図A3.2
骨董品が本物かどうかは
どう証明する？

この例え話では,

- 骨董品の鑑定書を鑑定士が署名する
- 鑑定士を鑑定士協会が証明する
- 鑑定士協会をとある国の政府が証明する
- 政府の保証ならば大丈夫だろうと信用する

というように, AをBが証明し, BをCが証明し…と証明を行っているものを一段ずつ上がっていき, 自分が信用できるものに達したことで骨董品を本物と判断しました.

● サーバの証明方法

コンピュータ上で行われるサーバ認証も, これと同じことを行います. その方法はITU-TのX.509という仕様で, 電子証明書のフォーマットや証明書パス検証アルゴリズムなどが決められています. 電子証明書は例え話の鑑定書にあたり, 証明書パス検証アルゴリズムは, 鑑定書や鑑定士リストなどをさかのぼっていき最終的に信頼できるところにたどり着くまでの一連の手順に相当します(**表A3.1**).

電子証明書には, 主なものとして次のような情報が含まれています.

- 証明書の発行機関名
- 発行機関の電子署名
- 証明される対象機関名
- 対象機関の公開鍵
- 証明書の有効期間

CA(Certificate Authority)とは, 証明書を発行することを認められた機関のことで, 認証局とも呼ばれます. その中で一番大元のCAはルートCAと呼ばれ, 全世界で限られた機関のみがルートCAとして認められています.

図A3.3のように, 各電子証明書には, それを発行したCAの電子署名が入って

表A3.1　骨董品の例, 一般的な電子署名およびUSB機器間認証との対比

骨董品の例	一般的な電子署名	USB機器間認証
とある国の政府	ルートCA	USB-IF
鑑定士協会	中間CA	中間CA
鑑定士	中間CA	USB機器ベンダ
骨董品	認証される対象	認証されるUSB機器
法人一覧, 鑑定士リスト, 鑑定書	電子証明書	電子証明書

います．そして，発行したCAの公開鍵でその電子署名を検証して，電子証明書が改ざんされていないことを確認します．証明書の発行機関と証明される対象機関は，通常は異なっているのですが，ルートCAの証明書では，どちらもルートCAになっています．

　認証を行う機器は，ルートCA自身の証明書を何らかの信頼できる方法で入手して機器の中に保持しています．例えばインターネット・ブラウザはWebサーバを認証するために，VeriSignなどのルートCAの証明書を持っています．

　ルートCAが全ての証明書を発行することは，証明書の数が多くなると現実的ではなくなるので，中間CAというものを設けて，証明書の発行機関を分散できるようにしています．中間CAの証明書は，ルートCAが発行するだけでなく，ルートCAに証明された中間CAが別のCAを証明して，さらにそのCAがまた別のCAを証明するというように，中間CAは複数の階層になることもできます．この階層構造のことを証明書チェーンといいます．

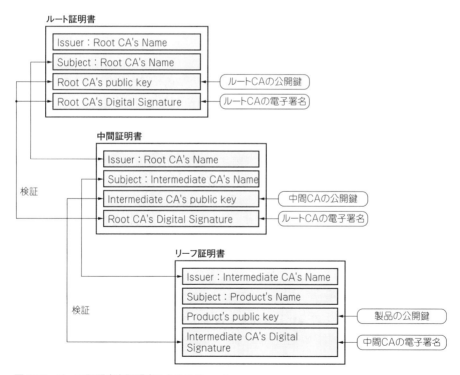

図A3.3　リーフ証明書を証明するためのチェーン

A3.3　USB機器間認証の認証方法

● 2つの追加ルール

USB機器間認証も基本的にはITU-T X.509の認証方式に従うのですが，いくつか追加のルールがあります．その中で主なものは次の2つになります．

1つ目は，USB-IFが必ずルートCAになり，機器の証明書を発行する最終的なCAはその機器ベンダになるというものです．またUSB-IFと機器ベンダとの間にさらに別の中間CAが入ることも規格上可能です．

2つ目は，各機器が証明書チェーン（ルートCAの証明書から機器の証明書までの一連の証明書）の全てを保持する，そのために証明書チェーン全体のバイト数が4096バイト以下という制限が付いていることです．Webサーバの場合は，各サーバは自分の証明書だけを持っていて，認証を行うブラウザが逐次上位CAから証明書を取得します．そのため，証明書チェーンの階層数やチェーン全体のバイト数に仕様上の制限はありません．しかし，USB機器間認証では各機器が証明書チェーンを持つため，現実的なサイズに抑える必要があります．

● 使用される暗号化の方式…ECDSA

USB機器間認証では，Webサーバの認証などで広く使われているRSAという公開鍵方式ではなく，ECDSAという公開鍵方式を使用しています．

▶ 公開鍵方式とは

公開鍵方式とは，暗号や署名に使う暗号鍵に秘密鍵と公開鍵の2種類を使って行う暗号化・復号化を行う方式のことです．通常の暗号では暗号化と復号化で同じ鍵を使う共通鍵方式というものが使われるのですが，この方式だと復号を行う相手にどうやって安全に鍵を渡すかというのが問題になります．

それを解決するのが公開鍵方式です．暗号化をする鍵と復号化をする鍵を別のものにして，一方の鍵を公開します．この時に公開しなかった鍵を秘密鍵，公開した鍵を公開鍵と呼びます．暗号通信を行う場合は，送信者は受信者の公開鍵を使って暗号化を行って，その暗号文を受け取った受信者は自分の秘密鍵で復号します．

▶ 電子署名は秘密鍵で暗号化し公開鍵で復号化する

電子署名の場合は，署名をしたい文書の内容を自分の秘密鍵を使って暗号化した情報を署名として付加します．署名を行った者がその文書を作成したかどうかを確かめるために，署名者の公開鍵を使って電子署名を復号化して，文書の内容

と一致するかどうかで確認します.

上記では文書の内容全てを暗号化すると説明しましたが,実際は**図A3.4**のようにハッシュという処理を行って,一定の長さに変換したものを秘密鍵で暗号化して電子署名します.検証者も文書をハッシュしたものと署名が一致するかどうかを確認します.なお,電子署名を検証するときに署名を公開鍵で復号化できるのはRSAの場合です.RSAは暗号・復号にも署名にもどちらにも使える方式なのに対して,ECDSAは署名専用の方式で復号化はできないため,文書のハッシュ,電子署名および公開鍵を使った別の計算方法で確認します.

公開鍵方式のポイントは,公開鍵から秘密鍵を類推するのが現実的な計算時間では不可能である点にあります.Webサーバの認証などで広く使われているRSAという公開鍵方式では,大きな素数同士を掛け合わせた数を因数分解して元の素数を求めるのが困難であるということを利用しています.

それに対して,USB機器間認証で使われているECDSAでは楕円曲線上の対数問題の解を求めることが困難であるということを利用しています.RSAは現在最も広く用いられている公開鍵方式ですが,因数分解を従来よりも効率的に求めるアルゴリズムが開発され,現在では鍵の長さを4096ビット以上にしないと安全ではないと考えられています.

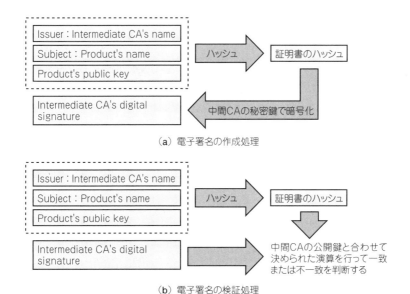

（a）電子署名の作成処理

（b）電子署名の検証処理

図A3.4　公開鍵による暗号化・復号化の流れ

　一方ECDSAは新しい公開鍵方式で，一部の先進的なところで使われ始めた段階です．しかし，楕円曲線上の対数問題の効率的な解法はまだ発見されていないため，鍵長が256ビット以上あれば安全だと考えられています．鍵長を小さくできることと，WebサーバなどではRSAからECDSAへ主流が移行するであろうことを考慮して，USB機器間認証では認証方式としてECDSAを採用しました．

● USB機器間認証の通信

　USB機器間認証は具体的にどのような通信を行うのかを説明します．

　Power Delivery 3.0で拡張データ・メッセージが追加されました，その中のSecurity_RequestメッセージとSecurity_Responseメッセージの2つを使用します．この2つのメッセージを使うため，イニシエータ（認証を行うデバイス）とレスポンダ（認証されるデバイス）の両方とも，Power Delivery 3.0に対応している必要があります．

　実際には上記の2つのメッセージだけでは足りないので，拡張データ・メッセージのデータ・ペイロードの先頭4バイトをAuthentication Headerとして，その中にUSB機器間認証用のMessage Typeフィールドを設けて，それによりメッセージの種類を増やしています（**表A3.2**，**表A3.3**）．

▶ DIGESTSメッセージ

　ダイジェストは，証明書チェーンのデータをハッシュにかけて32バイトの固定長にしたものです．イニシエータは一度取得した証明書チェーンをキャッシュすることが許されています．その場合，イニシエータはGET_DIGESTSメッセージをレスポンダに送り，レスポンダはDIGESTSメッセージを送ります．イニシエータは，キャッシュしている証明書チェーンがダイジェストとマッチするかどうかを確認して，マッチした場合はレスポンダが過去に認証済みのデバイスと同じだと判断して，キャッシュされた証明書チェーンを使用します（**図A3.5**）．これにより最大4096バイトの証明書チェーンを通信しなくて済み，機器間認証に

表A3.2　Authentication Header

オフセット	フィールド	バイト数	説　明
0	ProtocolVersion	1	01h：Version 1.0
1	MessageType	1	表A2.3を参照
2	Param1	1	メッセージ固有
3	Param2	1	メッセージ固有

表A3.3 USB機器間認証用に追加されたメッセージ

値	メッセージ・タイプ	説 明	使用者
00h	Reserved	–	レスポンダが使用
01h	DIGESTS	証明書チェーンのダイジェストを送信	
02h	CERTIFICATE	証明書チェーンを送信	
03h	CHALLENGE_AUT	チャレンジ・データに対する応答	
04h ~ 7Eh	Reserved	–	
7Fh	ERROR	エラー	
80h	Reserved	–	イニシエータが使用
81h	GET_DIGESTS	証明書チェーンのダイジェストを要求	
82h	GET_CERTIFICATE	証明書チェーンを要求	
83h	CHALLENGE	チャレンジ・データを送信	
84h ~	Reserved	–	

必要な時間を短縮できます.

▶ GET_CERTIFICATE メッセージ

　イニシエータが証明書チェーンをキャッシュしていない場合，または取得したダイジェストがキャッシュとマッチしなかった場合，イニシエータはGET_CERTIFICATEメッセージを送ってレスポンダの証明書チェーンを要求します．レスポンダはCETIFICATEメッセージを送信して証明書チェーンを返します．しかし，拡張データ・メッセージで送れるデータ長は最大260バイトです．上記のSecurity_Request/Responseメッセージのヘッダの4バイトを除くと，一度には256バイトまでのデータしか送ることができません．それに対して，証明書チェーンは最大4096バイトあるので，複数回の転送に分けて送信する必要があ

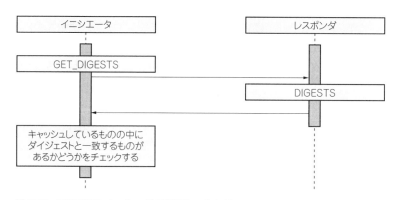

図A3.5 DIGESTSメッセージの取得シーケンス

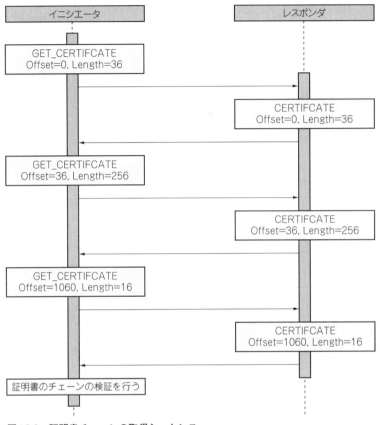

図A3.6　証明書チェーンの取得シーケンス

ります．そのためGET_CERTIFICATEメッセージでは，証明書チェーンの何
バイト目から何バイト送るかを指定します（**図A3.6**）．

　また，レスポンダにはスロットと呼ばれる証明書チェーンの格納場所が8個あ
り，0 ～ 7までの番号が付いています．スロット1つにつき証明書チェーン1つ
が対応するので，レスポンダは最大8個までの証明書チェーンを持つことができ
ます．その内スロット0 ～ 3はUSB-IFがルートCAとなる証明書チェーンを格
納しなければならず，スロット4 ～ 7はベンダ独自のルートCAを持った証明書
チェーンを持つことができます．

▶ CHALLENGEメッセージ

　イニシエータは受信した証明書チェーンをチェックして全ての証明書が正しい

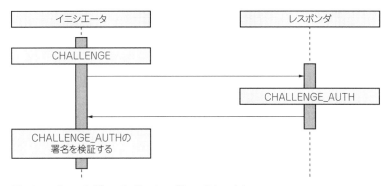

図A3.7 チャレンジ・アンド・レスポンスのシーケンス

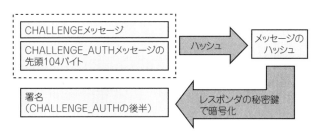

図A3.8 USB機器間認証の流れ

と分かると，レスポンダの機器間認証を行います．これはチャレンジ・アンド・レスポンスという方法で行われます．**図A3.7**のように，イニシエータはCHALLENGEメッセージで32バイトのランダムなデータをレスポンダへ送ります．レスポンダは，受信したCHALLENGEメッセージと自分が返すCHALLENGE_AUTHメッセージから署名を除いたデータに対して署名を行います．そして生成された電子署名を付加して，CHALLENGE_AUTHメッセージを送信します．イニシエータは受信したCHALLENGE_AUTHメッセージに含まれる署名を，前に取得した証明書チェーンのリーフ証明書に含まれるレスポンダの公開鍵で検証します（**図A3.8**）．証明書やデバイスが返すCHALLENGE_AUTHメッセージが正しいものでなければ，この検証が成功することはないので，検証が成功するかどうかでレスポンダが正しいデバイスかどうかを判断できます．

のざき・はじめ

ルネサス エレクトロニクス (株)

第3部

USB Type-C
ソフトとハード

永尾 裕樹

第8章

USBシステムの
ソフトウェア

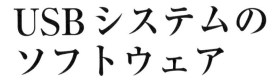

　USB Type-Cコネクタのサポートにより，Type-AまたはType-Bコネクタの形状によって固定化されていたホストまたはデバイスのソフトウェアの実装方法は，デュアルロール機能に対応するために変化することになります．

　本章では，Windows OS/Linux OSでの最新デバイス・クラス対応やデュアルロール機能対応について解説し，さらにサンプル・ソースコードを示します．

8.1　USBソフトウェアが担うシステム機能の変遷

● USB規格と利用用途

　USBインターフェースが世の中に登場してから20年が経過し，現在ではパソコン用周辺機器のインターフェースとしてなくてはならない存在となっています．各規格とその利用用途を**図8.1**に示します．

　USBの歴史は，1996年に発表されたUSB 1.0規格から始まります．この時代は，まだパソコンに接続される周辺機器の種類も限られており，マウスやキーボードのPS/2ポート，モデムのシリアル・ポート，プリンタのパラレル・ポートなどの置き換えとして，USBは使われました．USB 1.0の転送速度の上限は12Mbpsで，当時のハードディスク・インターフェースとして使われていたSCSI（Small Computer System Interface）と比較すると十分な転送速度ではありませんでした．そのため，ストレージ・デバイスとしては，コンパクトフラッシュのリーダ・ライタやフロッピーディスク・ドライブのインターフェースにUSBは使われました．

　2000年にUSB 2.0規格が発表され，転送速度の上限がUSB 1.0の約40倍の480Mbpsに上がりました．この速度域がサポートされたことにより，ストレージ・デバイス（USBメモリやUSBハードディスク）のインターフェースとして，USBは一般的になりました．ストレージ・デバイスの拡張インターフェースとして普及すると同時に，周辺機器インターフェースとしての用途が一気に多様化しまし

USB規格	転送速度	利用分野
USB 1.0	1.5Mbps	マン・マシン I/F系(HIDクラス) 
	12Mbps	音声，コマンド通信，端末 I/F系(CDC/オーディオ/プリンタ・クラス) 
USB 2.0	480Mbps	データ転送系 I/F(ストレージ/PTP/MTPクラス) 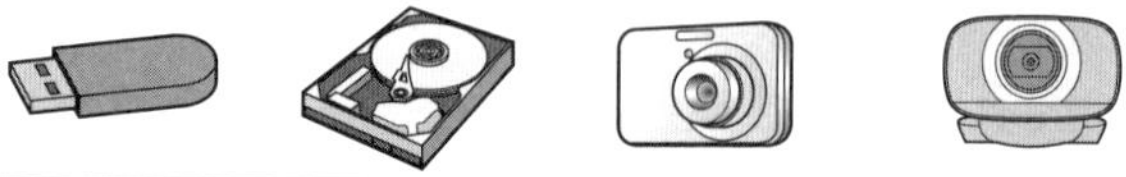
USB 3.0/ 3.1/3.2	5/10/20 Gbps	映像・超大容量転送I/F(VIDEO/AVDeviceクラス) 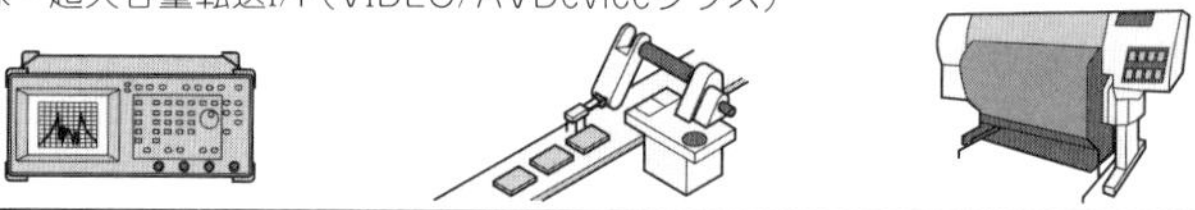

図8.1　USB規格別の利用分野イメージ
USB規格のバージョンが上がり転送速度が速くなるにつれて，利用用途も広がっていった

た．ディジタル・カメラや音楽プレーヤ，携帯電話などの大容量データを持つ機器の静止画や音楽データの転送や，ネットワーク機器（有線/無線LANアダプタ），スキャナ・プリンタなどの印刷・画像イメージの転送など，さまざまな用途で使われるようになりました．

そして，2008年にUSB 3.0規格が発表され，USB 2.0のさらに約10倍の5Gbpsまで転送速度が上がりました．USB 2.0の速度域ではボトルネックになりつつあったUSBメモリ/ハードディスクなどは，USB 3.0へ移行が進みました．そして，USB 2.0への移行で周辺機器の利用用途が広がったのと同様に，USB 3.0への発展では映像伝送の分野での利用が拡大しています．

USB 3.1で10Gbps，USB 3.2では20Gbpsと高速化し，高解像度CMOSセンサなどから出力される4K解像度レベルの高品質な動画や静止画映像を，リアルタイムで転送可能となる帯域を得ました．

● USB規格と映像規格の関係

表8.1に映像規格の非圧縮動画（RGBフォーマット）のデータ転送レートとUSB規格との関係を示します．プロトコル・オーバーヘッドを考慮した，USB 2.0

表8.1 各映像規格のデータ転送レートとUSB規格の関係
USB 3.2では4K/60pまで対応可能になった

映像規格	画素数	フレーム・レート	データ転送レート	USB 3.2	USB 3.0	USB 2.0
480/60i	640 × 480	30fps	28MByte/秒	○	○	○
480/60p	704 × 480	60fps	61MByte/秒	○	○	×
1080/60i	1920 × 1080	30fps	187MByte/秒	○	○	×
1080/60p	1920 × 1080	60fps	374MByte/秒	○	△	×
4K/60p	3840 × 2160	60fps	1.5GByte/秒	○	×	×

での実質的なデータ転送レートの上限は約40MByte/秒なので，流せる映像規格はSD（Standard Definition）画質の480/60iが限界でした．USB 3.0ではフルHD（High Definition）と呼ばれる1080/60pの帯域までカバーし，USB 3.2では4K/60p伝送が実現可能となりました．

高画質/高フレーム・レートなカメラで製造現場を撮影し，製品の品質検査などに使用するためのマシンビジョンに，USBインターフェースを利用する動きも高まっています．このマシンビジョン用のUSB 3.0規格である「USB3 Vision」はAIA（Automated Imaging Association）によって規格化され，2013年4月に正式仕様として発表されました．USB Type-C（以下，Type-C）規格では，USB3 Vision装置などで使用されているLockingコネクタの仕様が標準規格として取り込まれています．USBインターフェースの利用は，インダストリ分野における映像伝送用途に，今後さらに拡大していきそうです．

● デバイス・クラスとWindows OSの関係

USBバス・インターフェースのアーキテクチャにおいて，システム用途別の機能実装は，デバイス・クラスの階層で実装されます．WindowsやLinuxなどの汎用OS（Operating System）を使用するシステム環境では，このデバイス・クラスの実装は，一部の専用コントローラを除き，全てソフトウェアで設計し実装されます．前述した利用分野の拡大は，デバイス・ドライバやミドルウェアといったソフトウェアが標準的にカバーするデバイス・クラスの範囲が拡大してきた歴史でもあります．

表8.2は，USB 1.x，USB 2.0，USB 3.x規格の公開時期と並行してリリースされたWindowsバージョンと，標準サポートされたデバイス・クラスの一覧です．USBバスの世代が変わるたびに，Windowsがサポートするデバイスが増えてきたことが分かります．

表8.2　USB の世代と Windows のバージョン，標準サポートするデバイス・クラスの関係
USB の利用用途の拡大はデバイス・ドライバのサポートの拡大ともいえる

デバイス・クラス	クラス・ドライバ	USB 3.x 世代		USB 2.0 世代		USB 1.x 世代	
		Win 10	Win 8	Win 7	Win XP	Win 2000	Win 98
Audio Class	Usbaudio.sys	○	○	○	○	○	○
Bluetooth Class	Bthusb.sys	○	○	○	○	○	−
Communications Device Class（CDC）	Usbser.sys (CDC_ACM)	○	△	△	△	−	−
	Wmbclass.sys (Mobile)	○	○	−	−	−	−
Content Security Class	USBccgp.sys	△	△	−	−	−	−
Imaging Class	Usbscan.sys	○	○	○	○	○	
Hub Device Class	Usbhub.sys	○	○	○	○	○	○
	Usbhub3.sys (USB 3.0 対応)	○	○	−	−	−	−
Human Interface Device（HID）Class	Hidclass.sys/ Hidusb.sys	○	○	○	○	○	
Mass Storage Class	Usbstor.sys	○	○	○	○	○	
	Uaspstor.sys (UASP 対応)	○	○	−	−	−	−
Media Transfer Protocol Devices	Wpdusb.sys	○	○	○	○	○	−
Printer Class	Usbprint.sys	○	○	○	○	○	○
Smart Card Class	Usbccid. sysWUDFUsbccid Driver.dll	−	○	○	○	○	○
Video Class	Usbvideo.sys	○	○	○	○	○	−

● 利用用途の拡大が続く USB インターフェース

　USB インターフェースの転送速度が向上するに従って，従来の周辺機器デバイスの動作速度が向上するだけではなく，応用可能なシステム用途自体が広がります．今まで PCI Express などの汎用インターフェースはもちろん，CameraLink や CoaXpress，DisplayPort，HDMI などの映像専用インターフェースを，USB インターフェースに置き換える動きも加速しています．

　Type-C では，Alternate Mode という機能が追加されています．この機能を使用すると，USB ケーブルを使用して，他のインターフェース規格の信号伝送が可能になります．

　チップセットでの USB 3.2 ホストと USB Power Delivery（以下，Power Delivery），Alternate Mode の標準サポートにより，今後発売されるパソコンのほとんどに

Type-Cコネクタ・ポートが搭載され，システム・コスト面でもメリットが享受
できる環境が整うでしょう．ごく普通のパソコンに，汎用性の高い10/20Gbpsの
帯域を持つUSBインターフェースが標準搭載されることにより，新しい使い方
がどんどん切り開かれていきます．

8.2 　Windows OSのUSB 3.2ドライバ・モデル

● Type-C対応に伴うドライバ・スタックの変更

USB 3.2規格では，USB 3.0から転送速度が10/20Gbpsと速くなり，Power
DeliveryとType-Cの対応が強化されました．このうち，10/20Gbpsの高速伝送
とPower Deliveryの機能は，主にハードウェア・コントローラで実現されるため，
ソフトウェアへの影響はデバイス・ドライバとファームウェア，BIOSの一部の
機能のみにとどまります．

Type-Cの対応については，一般的にはケーブルやコネクタがリバーシブル対
応になり，ユーザの使い勝手が向上することが取り上げられることが多く，ソフ
トウェアへのインパクトが少ないように思われています．しかし，実はこの
Type-C対応は，特にパソコン環境においてホスト/デバイスの関係性が変化す
るため，ソフトウェアの設計面で大きな影響があります．

Type-Cではホスト/デバイスで共通のコネクタ形状になるため，見かけ上も
USBホスト/デバイスの区別がなくなります．USBホスト/デバイス両方に対応
する機器のことを，デュアルロール・デバイスといいます．

通常パソコンには，USBホスト機能のみ実装されています．パソコン用OSと
して普及してきたWindows OSも，Windows 8以前はその思想で設計されてき
ました．USB 2.0からも「USB On The Go」という規格で，デュアルロール・デ
バイスはサポートされてきました．この規格では，5ピン仕様（通常は4ピン）の
Micro-ABコネクタが使われており，携帯電話などには搭載されましたが，パソ
コンにこの規格のコネクタが搭載されることはほとんどありませんでした．

この状況がType-Cでは一変します．USBホストとデバイスの両方に対応する
「USBデュアルロール機能」が，Windows 10からサポートされるようになりまし
た．同時にUSB 3.1の特徴である，Power Delivery，Alternate Modeへのネイティ
ブ・サポートも追加されています．また，いくつかのデュアルロール・コントロー
ラに対応したコントローラ・ドライバが標準ドライバとして組み込まれています．
図8.2がWindows10 における，Type-C対応をサポートするUSB 3.2対応

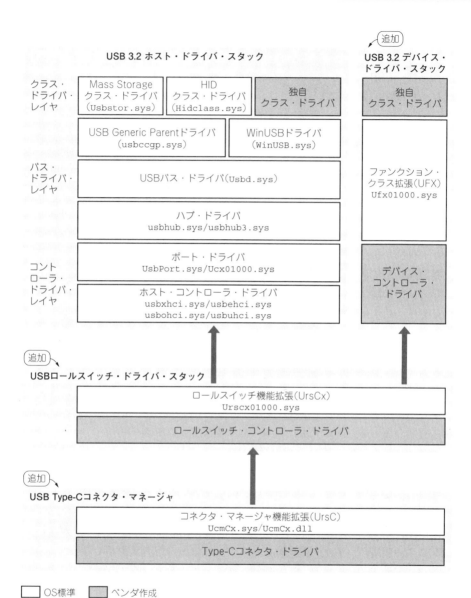

図8.2　Type-C に対応する Windows ドライバ・スタックの構成（Windows 10）
従来は USB ホスト・ドライバ・スタックのみが Windows でサポートされていたが，Type-C の登場により，
USB デバイス・ドライバや Type-C に対応するためのドライバがサポートされるようになった

Windowsドライバ・スタックの全体イメージです．

　従来のUSB規格では，ケーブルのコネクタ形状がホストとデバイスで異なっており，一部の機器で使用されているUSB On The Goを除き，ホストはType-Aコネクタに，デバイスはType-Bコネクタで統一されていました．一般のデスクトップ／ノート型パソコンにはType-Aコネクタのみが搭載され，Type-Bコネクタはパソコンに接続する周辺機器側に用いられます．つまり，パソコン環境で動作する従来のWindows OSでは，ホスト機能のみをサポートすることが普通でした．そのため，**図8.2**の左上部分のUSBホスト・ドライバ・スタックだけが，パソコンOSとしてのWindowsではサポートされてきていました．

　しかし，Type-Cコネクタがリリースされ，この状況は変わります．Type-Cコネクタには，リバーシブルやフリッパブルという特徴があり，これにより，ホスト／デバイスで同じ形状のコネクタが使用されることになります．つまり，パソコン側もデバイスとして利用されることを想定する必要が出てくることになり，この仕様変更はパソコンのOS環境にも影響を及ぼします．

　ドライバ・スタックとしても，Windows 10からはホストだけではなく，デバイス（ファンクション）機能に対応するための，USBデバイス・ドライバ・スタックのサポートや，ポートの向きの変更をサポートする「ロールスイッチ・ドライバ・スタック」，Type-Cコネクタのポート制御を行う「Type-Cコネクタ・マネージャ」の機能が追加されます．以降で，これらのドライバ・スタックの詳細について説明します．

● USBホスト・ドライバ
▶ USB標準クラス・ドライバのサポート状況

　1996年にUSB 1.0規格が公開され，Windows OSとしては，Windows 95 OSR（OEM Service Release）2.1からUSBのサポートが始まりました．しかし，Windows 95やWindows 98の時代はOS標準で使用できるデバイスは限定されており，最も一般的な用途であるマスストレージ・デバイスでさえも，各デバイス・ベンダがドライバを供給していました．

　その後，Windows 98，Windows Me，Windows 2000，Windows XP，Windows 7，Windows 8とバージョンアップされるのに伴い，USBサポートも充実してきました．そして，最新のWindows 10では，ほとんどのUSB標準クラス・ドライバがOS標準のドライバとして提供されるようになりました．

　USB 3.0ホスト・コントローラ・ドライバ（xHCIドライバ）については，

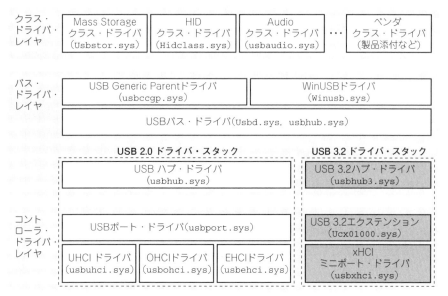

図8.3　Windows 10のUSBホスト・ドライバ・スタック構成

Windows 8以降で正式サポートがされています．さらに，Windows 10でxHCI
ホスト・コントローラ・ドライバはマイナーアップデートにとどまりますが，ホ
スト・ドライバ・スタックとしては，Power Delivery/Type-Cの対応が強化さ
れています．

▶ USBホスト・ドライバ・スタック構成

　図8.3にWindows 10のUSBホスト・ドライバ・スタック構成を示します．最
下層にUHCI/OHCI/EHCI/xHCIに対応したコントローラ・ドライバが存在しま
す．USB 3.2ホストは，USB 3.0ホスト同様にIntel社によって作成されたxHCI
規格に準拠しています．そのため，USBホスト・ドライバ・スタック構成につ
いて大きな違いはなく，基本的にUSB 3.0に作られたドライバ・スタックが動作
します．

　USB 3.2機器では，USB 2.0ドライバ・スタックで使用されていたUSBポート・
ドライバ(usbport.sys)，USBハブ・ドライバ(usbhub.sys)は使用されず，
USB 3.2エクステンション(Ucx01000.sys)とUSB 3.2ハブ・ドライバ(usbhub3.
sys)を含んだドライバ・スタックが使用されます．新しいエクステンションや
ハブ・ドライバでは，バルク・ストリーム転送や，複数の非連続メモリ領域を一

度に転送するためのChained MDLなどへの対応が追加されています．今後，登場する新しいコントローラについては，この新しいドライバ・スタックで対応することになるようです．

▶ USB Generic Parent ドライバ

USBデバイスには，コンポジット・デバイス（複合デバイス）と呼ばれる複数のインターフェース定義を持つデバイスが存在します．例えば，近年コンシューマ向けに発売されるプリンタの多くは，印刷機能以外にスキャナ機能やカードスロット・インターフェースを持っています．MFP（Multi Function Printer）とも呼ばれるこれらのプリンタは，USBケーブル1本で複数の異なった機能を，同時にハンドリングする必要があります．このようなデバイスをサポートするドライバとして，USB Generic Parentドライバ（usbccgp.sys）が存在します．USBハブ・ドライバとUSB Generic Parentドライバがバス・トポロジにおけるバス・ドライバ階層を構成します．

▶ クラス・ドライバ

バス・ドライバ階層の上位に，各USBデバイスに対応するクラス・ドライバ階層が存在します．クラス・ドライバ階層には，USB規格で定義された標準デバイス・クラス用のクラス・ドライバが存在し，多くのUSB周辺機器が「プラグ アンド プレイ」で利用可能となっています．また，標準デバイス・クラスに対応していないUSB周辺機器ではデバイス・ドライバCDが添付されています．それらのCDに入っているデバイス・ドライバは，クラス・ドライバ・レイヤのドライバとなります．

最新のWindows 10では，USB規格で定義されている約16種類のデバイス・クラス（ベンダ・クラス，アプリケーション・クラス，診断デバイス・クラスなどを除く）のうち，14種類のデバイス・クラスがOS標準のドライバでサポートされています．以前は，周辺機器メーカ独自プロトコルであるベンダ・スペシフィック・クラスを使ったデバイスが多く見られましたが，Windowsにおける USBデバイス・クラス・ドライバ・サポートが拡大するに従い，追加ドライバのインストールが必要なくなり，USBバス仕様本来の「プラグ アンド プレイ対応」が進んでいます．

▶ 3つのドライバ・モデル KMDF，UMDF，WinUSB

Windows環境でUSBデバイスのクラス・ドライバを作成するには，3つのドライバ・モデルの選択肢があります．

KMDFドライバ・モデルは，USBデバイスの全機能を最も効率良く動作させ

表8.3　WinUSB 関数の一覧

WinUSB 関数	説　明
WinUsb_AbortPipe	パイプ内のペンディング状態の転送を全てアボートする
WinUsb_ControlTransfer	コントロール・エンドポイント上にコントロール・データを転送する
WinUsb_FlushPipe	パイプ内のキャッシュ・データ全てをフラッシュする
WinUsb_Free	WinUsb_Initialize 関数が割り当てたリソースの全てを解放する
WinUsb_GetAdjustedFrameNumber	タイプ・スタンプで調整されたフレーム番号を取得する
WinUsb_GetAssociatedInterface	関連付けられたインターフェースのハンドルを取得する
WinUsb_GetCurrentAlternateSetting	現在のオルタネート・インターフェース設定を取得する
WinUsb_GetCurrentFrameNumber	現在のフレーム番号を取得する
WinUsb_GetDescriptor	デスクリプタ情報を取得する
WinUsb_GetOverlappedResult	WinUSB に対する非同期操作の状態を取得する
WinUsb_GetPipePolicy	エンドポイントのポリシ情報を取得する．ポリシ情報には，最大転送サイズ・ショート・パケット時の NULL パケットの扱い，タイムアウト設定，パイプクリアの設定などがある
WinUsb_GetPowerPolicy	デバイスの電源管理ポリシ情報を取得する．ポリシ情報にはセレクティブ・サスペンド・ウェイクアップなどの設定がある
WinUsb_Initialize	WinUSB デバイス・ハンドル情報を生成する
WinUsb_QueryDeviceInformation	デバイスの情報を要求する
WinUsb_QueryInterfaceSettings	デバイスのインターフェース・ハンドルを渡して，対応するインターフェース記述子を取得する
WinUsb_QueryPipe	各インターフェースの各エンドポイントに関する情報を取得する
WinUsb_QueryPipeEx	各インターフェースの各エンドポイントに関する拡張情報を取得する．この情報はアイソクロナス・パイプのハイバンド転送時の最大転送サイズを含む
WinUsb_ReadIsochPipeAsap	アイソクロナス IN エンドポイントのデータ・リード
WinUsb_ReadPipe	エンドポイントのデータ・リード
WinUsb_RegisterIsochBuffer	アイソクロナス転送で使われるバッファを登録する
WinUsb_ResetPipe	パイプのデータトグル状態およびストール状態のクリアを行う
WinUsb_ReadIsochPipe	フレーム・ナンバ指定でのアイソクロナス IN エンドポイントのデータ・リード
WinUsb_SetCurrentAlternateSetting	インターフェース・オルタネート・セッティングをする
WinUsb_SetPipePolicy	エンドポイントのポリシ情報を設定する
WinUsb_SetPowerPolicy	デバイスの電源管理ポリシ情報を設定する
WinUsb_UnregisterIsochBuffer	アイソクロナス転送で使われるバッファを解放する
WinUsb_WriteIsochPipeAsap	アイソクロナス OUT エンドポイントのデータ・ライト
WinUsb_WriteIsochPipe	フレームナンバ指定でのアイソクロナス OUT エンドポイントのデータ・ライト
WinUsb_WritePipe	エンドポイントのデータ・ライト

表8.4 ドライバ・モデル別の USB デバイス・サポート機能
WinUSB は広く使われているが，複数アプリケーションからの制御などに制限がある

機　能	KMDF	UMDF	WinUSB
コントロール・バルク・インタラプト転送	○	○	○
アイソクロナス転送	○	×	○
USB スタック上位層としてのカーネル・モード・ドライバのサポート	○	×	×
複数アプリケーションの同時アクセス	○	○	×
ドライバ・アドレス空間，アプリケーション・アドレス空間の分離	×	○	×

ることが可能なドライバ・モデルです．Windows XP 以前の OS ドライバ・モデルであった WDM (Windows Driver Model) をベースとしており，本モデルで作成したドライバはカーネル・モードで動作します．

　UMDF ドライバ・モデルは，Windows XP SP2, Windows Vista 以降からサポートが始まった，ユーザ・モードで動作するドライバ・モデルです．USB デバイスについても，UMDF でクラス・ドライバを記述することにより，安定性の向上，開発の容易性，セキュリティの向上などが期待できます．一方，UMDF の仕組み上，USB ドライバ・スタックの上位層にカーネル・ドライバが存在することが許されません．そのため，USB デバイス・スタックの最上位に位置するドライバしか記述することができません．また，UMDF では USB バスの4種類の転送モードのうち，アイソクロナス転送が非サポートとなります．

　もう1つの USB デバイス制御のアプローチとして，Microsoft 社が提供する汎用ドライバ (WinUSB ドライバ) を使用する方法があります．WinUSB は，カーネル・モード・ドライバ (`Winusb.sys`) と，ユーザ・モード・コンポーネント (`Winusb.dll`) で構成されており，WinUSB 関数 (**表8.3**) を用いて USB デバイスにアクセスできます．

　KMDF と UMDF，WinUSB のドライバの機能比較を**表8.4**に示します．多くの場合，WinUSB ドライバを使用することにより，USB デバイス機能を制御することが可能ですが，複数アプリケーションからの制御や，カーネル・モードのみでサポートされる機能などには制限があります．また，Windows 8以前の OS ではアイソクロナス転送は使用できません．

● USB デバイス (ファンクション)・ドライバ
▶ USB デバイス・ドライバ・スタック構成
　USB デバイス (ファンクション) は，USB 周辺機器 (マウスやプリンタ，スト

レージなど）に搭載される機能のことをいいます．通常，USB周辺機器側を設計するときには，組み込みOSと呼ばれるソフトウェアを機器に搭載します．OSの種別としては，iTRONやT-Kernel，VxWorksなどがよく使われます．これら組み込みOS用にはUSBデバイス・ドライバ・スタックを提供するサードパーティ・ベンダが複数あり，それらの製品を使うことにより，簡単にUSBデバイス機能を搭載できます．

　機能的に複雑なものは，組み込みLinux/Android，Windows MobileなどのOSを使用するものもあり，これらのOSにもUSBデバイス機能の仕組みが搭載されています．例えば，Linuxには「USB Gadget」という仕組みがあります（詳細は後述）．また，組み込み機器用WindowsであるWindows Mobileや，その前身であるWindows CEなどにも，以前からUSBデバイス機能のサポートがあります．

　パソコン用のWindowsに関しては，周辺機器用OSとして搭載されることは非常にまれなケースであり，Windows 8以前は，USBデバイス機能のサポートはありませんでした．そもそもパソコン用マザーボードのコネクタはType-Aにほぼ統一されており，On The GoのABコネクタが搭載されるマザーボード/拡張ボード類も見当たらず，サポートする必然性もありませんでした．

　しかし，Type-Cコネクタの登場によりホスト/デバイスの区別がなくなり，パソコン用マザーボードにもType-Cの搭載が始まりました．現時点では，パソコンが周辺機器として振る舞うケースは，一部産業用途やバックアップ用途以外にはまだ多くありませんが，今後のためにOSとしての仕組み作りは必要となってくると思われます．そのような背景もあり，Windows 10から，USBデバイス機能を組み込むためのクラス拡張機能が搭載されています．

　図8.4が，Windows 10のUSBデバイス・ドライバ・スタックの構成です．デバイス・コントローラ・ドライバは，USBデバイス機能を制御するコントローラ・ハードウェア依存部分であり，デバイス・ベンダが各コントローラ用に用意する必要があります．USBホスト・コントローラには，xHCI/EHCIなどの標準規格がありますが，USBデバイス・コントローラには業界標準の規格は存在せず，各デバイス・ベンダが独自仕様で作成しています．また，クラス・ドライバについても，周辺機器としての用途・目的別に設計する必要があります．

▶ファンクション・クラス・ドライバ

　ファンクション・クラス・ドライバ階層には，周辺機器として実現する機能をUSBデバイス上に実装します．Windows 10標準機能として提供されるクラス・

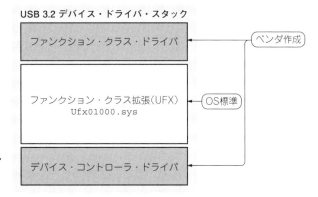

USB 3.2 デバイス・ドライバ・スタック

ファンクション・クラス・ドライバ ← ベンダ作成

ファンクション・クラス拡張(UFX)
Ufx01000.sys ← OS標準

デバイス・コントローラ・ドライバ

図8.4
Windows USBデバイス・
ドライバ・スタック構成
(Windows 10)

ドライバとしては,MTPやIpOverUsbなどがあります.クラス・ドライバは,カーネル・モード・ドライバ・フレームワーク(KMDF)として設計することや,OSが提供する汎用クラス・ドライバであるGenericUSBFn.sysと組み合わせたユーザ・モード・ドライバとして設計することもできます.ファンクション・クラス・ドライバは,UFXドライバ・インターフェースを使って,コントローラ・ドライバに要求を送信します(**表8.5**).

▶ **UFXクラス拡張**

USBファンクション・クラス拡張機能(UFX)は,KMDFを使って設計されたクラス・ドライバに提供される機能をサポートするドライバです.個別のデバイス機能に関してはクラス・ドライバ階層で処理されるため,UFXは個別機能の要求処理/完了処理を担当します.また,エミュメレーションを含む標準リクエスト(コントローラ・エンドポイントで処理される共通リクエスト)など,全てのUSBデバイスに必要な機能についてUFXドライバ内で処理します.

▶ **ファンクション・クライアント・ドライバ**

USBホスト・コントローラには,xHCI/EHCIなどのソフトウェア・インターフェース仕様が存在します.現在出荷されているコントローラも,これらの仕様に基づいて設計されるものがほとんどです.以前は独自仕様のホスト・コントローラも多数存在しましたが,徐々に製品が減少してきています.理由は,LSI(高密度集積回路)の製造プロセスが微細化し,搭載可能なゲート規模数が大きくなり,xHCI/EHCI規格に基づいたIPコアが適切なコストで搭載可能になってきたことが大きいと思います.また,USB 3.0/USB 3.1レベルの実効転送速度を発揮するには,バス・マスタ転送やインテリジェントDMA転送などの対応が必須な

表8.5　UFX ドライバ・インターフェース

コマンド	説　明
IOCTL_INTERNAL_USBFN_ACTIVATE_USB_BUS	バス・イベント/転送処理が受け付け可能であることを通知するため，このコマンドを送信し，バスをアクティブにする
IOCTL_INTERNAL_USBFN_BUS_EVENT_NOTIFICATION	ポート・タイプ変更，標準コマンド以外のSetupパケット受信など，USBファンクション・クラス拡張（UFX）からのバス・イベントに応答するために，このコマンドを送信する
IOCTL_INTERNAL_USBFN_CONTROL_STATUS_HANDSHAKE_IN	エンドポイント0（IN方向）に長さゼロの制御ステータスを送信する
IOCTL_INTERNAL_USBFN_CONTROL_STATUS_HANDSHAKE_OUT	エンドポイント0（OUT方向）に長さゼロの制御ステータスを送信する
IOCTL_INTERNAL_USBFN_DEACTIVATE_USB_BUS	バスを非アクティブにする
IOCTL_INTERNAL_USBFN_GET_CLASS_INFO	レジストリで構成されたデバイスのパイプに関する情報を取得する
IOCTL_INTERNAL_USBFN_GET_INTERFACE_DESCRIPTOR_SET	デバイス上のインターフェース・ディスクリプタを取得する
IOCTL_INTERNAL_USBFN_GET_PIPE_STATE	指定パイプのストール状態を取得する
IOCTL_INTERNAL_USBFN_TRANSFER_IN	指定パイプを使ったホストへのデータ送信（IN転送）を開始する
IOCTL_INTERNAL_USBFN_TRANSFER_IN_APPEND_ZERO_PKT	指定パイプを使ったホストへのデータ送信（IN転送）を開始し，転送終了を示すためにの長さゼロのパケットを追加する
IOCTL_INTERNAL_USBFN_TRANSFER_OUT	指定パイプを使ったホストからのデータ受信（OUT転送）を開始する
IOCTL_INTERNAL_USBFN_REGISTER_USB_STRING	USBストリングを登録する
IOCTL_INTERNAL_USBFN_RESERVED	予約
IOCTL_INTERNAL_USBFN_SET_PIPE_STATE	指定パイプのストール状態を設定する
IOCTL_INTERNAL_USBFN_SET_POWER_FILTER_EXIT_LPM	下位のフィルタ・ドライバにリンク電源管理（LPM）を終了するよう要求する
IOCTL_INTERNAL_USBFN_SET_POWER_FILTER_STATE	現在のデバイス状態を下位のフィルタ・ドライバに通知する
IOCTL_INTERNAL_USBFN_SIGNAL_REMOTE_WAKEUP	エンドポイントからのリモート・ウェイクアップ通知を取得する

ため，独自仕様といえども，これらの機能を追加するためには，それなりの回路規模が必要です．そのため，実装のコスト差が小さくなってきていることもある

と思います. さらに, ソフトウェアの観点からいうと, 標準仕様のドライバを使えるメリットは非常に大きいといえます.

このように特に USB 3.0/USB 3.1 の USB ホストに関しては, xHCI 仕様に一本化されてきていますが, USB デバイス (ファンクション) に関しては, 今も各社独自仕様のコントローラを製品化しています (コラム 8.A).

Windows 10 の USB デバイス・ドライバ・スタック階層で, このコントローラ依存部分を吸収し, 実際にコントローラのハードウェア制御を行う部分が, ファンクション・クライアント・ドライバになります.

前記した UFX は, 異なる USB デバイス・コントローラのハードウェア依存部分を吸収するために, 抽象化インターフェースを提供します. デバイス・コントローラは, 最大エンドポイント数, サポートするエンドポイント種別, パワー・マネジメント対応などにおいて, 必ずしも USB 規格の全ての機能を満たしていない可能性もあります. また, 特殊な DMA コントローラの実装や, 各 USB デバイス・クラスに特化した性能向上のためのハードウェア機能を持つものもあります. ファンクション・クライアント・ドライバは, このようなハードウェア固有の制御部などの UFX の抽象化インターフェース仕様に合わせこむことも含めて, ハードウェア・コントローラの各機能を制御します.

ファンクション・クラス・ドライバは, ユーザ・モード・ドライバ/カーネル・モード・ドライバのどちらの方式でも実装可能でしたが, ファンクション・クライアント・ドライバは KMDF に基づく, カーネル・モード・ドライバとして設計する必要があります. Windows 10 には, ChipIdea 社, Synopsys 社のコントローラ・ドライバ (UfxChipidea.sys, Ufxsynopsys.sys) が標準で組み込まれています.

● USB ロールスイッチ・ドライバ

Windows 10 では USB デュアルロール機能をサポートするために, USB ロールスイッチ・ドライバ (URS ドライバ) が提供されます. URS ドライバは, デュアルロール・コントローラ・ハードウェアからの情報を受けて, 現状の USB ポートがホストまたはデバイスのどちらで機能しているのかを認識し, 適切な USB ドライバ・スタックのロード/アンロードを管理します.

図8.5 はデュアルロール・コントローラ用の USB ソフトウェア・ドライバ・スタックのブロック図です. また, Windows 10 では Type-C コネクタを搭載したシステム向けに, Type-C コネクタ用のドライバ・プログラミング・インターフェー

　NECエンジニアリングでも，独自仕様のFPGA向けUSB 3.0 IPコアを製品化しています．**図8.A**にUSB 3.0デバイスIPコアのブロック図を示します．

　左側がUSB物理インターフェースと接続するためのPIPE3/ULPIインターフェースとなり，右側はシステム・バスと接続するマスタ（データ転送）/スレーブ（レジスタRead/Write）になります．PIPE3/ULPIにつながる，リンク層/エンドポイント層/プロトコル層に関しては，USBバス規格などで定められた仕様に準拠する必要がありますが，システム・バス側のデータ転送/レジスタ・インターフェースは，各社が性能や機能，ユーザビリティなどで工夫を凝らす部分となります．そして，それらの差分があることにより，制御するドライバ/ファームウェアなどの設計も異なることになります．

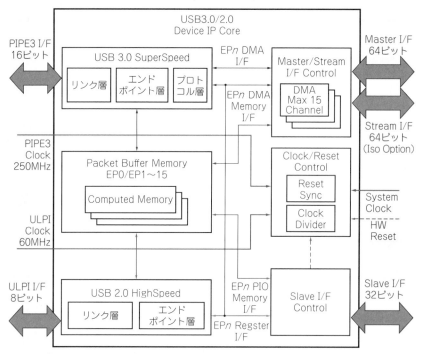

図8.A　USB 3.0デバイスIPコアの例（NECエンジニアリング）

図8.5 デュアルロール・コントローラ用のUSBソフトウェア・ドライバ・スタックのブロック図

スが提供されています．ホスト・ドライバ・スタックとデバイス・ドライバ・ス
タックは，URSクライアント・ドライバが検出するコネクタ状態の情報を
UrxCx経由で受信し，メッセージに応じて切り替えなどの動作を実現します．
URSクライアント・ドライバはハードウェア・イベントを検出し，接続状態を
UrxCxインターフェースに通知します．ポート動作が切り替わる場合には，
URSドライバがポートの役割を決定し，その機能に対応するドライバを読み込
みます．コントローラがUSBホストになる場合は，ホスト用ドライバ・スタッ
クが読み込まれ，USBデバイスになる場合は，デバイス用ドライバ・スタック
が読み込まれます．

Type-C対応の各デュアルロール・コントローラについては，コントローラご
とに，ロールスイッチ・クライアント・ドライバを作成する必要があります．ク
ライアント・ドライバは，USB Type-C connector driver programming reference
のプログラミング・インターフェース仕様を用い作成します．USBデュアルロー
ル・クラス拡張機能(UrsCx)によって定義されるコールバック機能一覧を**表8.6**，
表8.7に示します．これらの機能は，ロールスイッチ・クライアント・ドライバ
によって実装される必要があります．UrsCxはロールスイッチ・クライアント・
ドライバのこれらの関数を呼び出して，ロールスイッチ要求などのイベントにつ
いて，ロールスイッチ・クライアント・ドライバに通知します．

● Type-C コネクタ・ドライバ

USB 3.1で新しいType-Cコネクタが導入され，同時に100Wまでの電力供給を
可能とするPower Deliveryがサポートされました．Windows 10では，これらの
新機能に対応していますが，ホスト/デバイスの切り替え，パワー・マネージメ

表8.6　USBデュアルロール・クラス拡張機能 UrsCx のイベント機能

機　能	説　明
EVT_URS_DEVICE_FILTER_RESOURCE_REQUIREMENTS	各ロールの動作期間中に使用されるリソース・リストにドライバ・リソースを挿入するために，このコールバックを呼び出す
EVT_URS_SET_ROLE	ロールスイッチ・クライアント・ドライバがコントローラの役割を変更する必要があるときに，このイベント・コールバックを呼び出す

表8.7　USBデュアルロール・クラス拡張機能 UrsCx のコールバック機能

機　能	説　明
UrsDeviceInitialize	FDO（フレームワーク・デバイス・オブジェクト）を初期化し，イベント・コールバック関数を UrsCx に登録する
UrsReportHardwareEvent	新しいハードウェア・イベントについて UrsCx に通知する
UrsIoResourceListAppendDescriptor	指定されたリソース・リストを I/O リソース・リスト・オブジェクトに追加する
UrsSetHardwareEventSupport	ロールスイッチ・クライアント・ドライバのハードウェア・イベント・サポートを示す
UrsSetPoHandle	ロールスイッチ・クライアント・ドライバの Power Management Framework（PoFx）への登録および削除を行う
URS_CONFIG_INIT	URS_CONFIG 構造体を初期化する

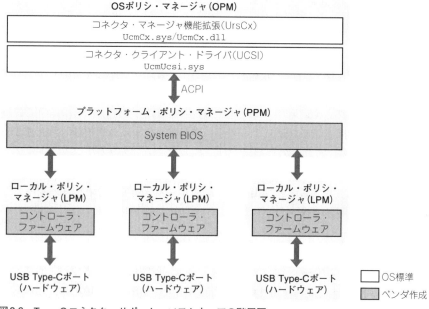

図8.6　Type-C コネクタ・サポート・ソフトウェアの階層図

表8.8 ACPI_UPC (USB Port Capabilities) オブジェクト定義

Element	Object Type	説　明
Connectable	BYTE	コネクト可否を示す 0：接続不可 0以外：接続可能
Type	BYTE	ホスト・コネクタ・タイプを示す 0x01 ：Mini-AB connector 0x02 ：ExpressCard 0x03 ：USB 3 Standard-A connector 0x04 ：USB 3 Standard-B connector 0x05 ：USB 3 Micro-B connector 0x06 ：USB 3 Micro-AB connector 0x07 ：USB 3 Power-B connector 0x08 ：Type C connector - USB2-only 0x09 ：Type C connector - USB2 and SS with Switch 0x0A ：Type C connector - USB2 and SS without Switch 0x0B ～ 0xFE：Reserved 0xFF：Proprietary connector
Reserved0	BYTE	予約 (0固定)
Reserved1	BYTE	予約 (0固定)

ント制御など，システム・ハードウェア構成・制御に関わるため，BIOSおよびACPI機能の実装に依存しています．Type-C/Power Deliveryをサポートするソフトウェア・スタック構成図を図8.6に示します．Type-Cのソフトウェア・スタックは大きく，OPM（OSポリシ・マネージャ），PPM（プラットフォーム・ポリシ・マネージャ），LPM（ローカル・ポリシ・マネージャ）の3つの階層に分かれます．

Type-C/Power Deliveryの機能を実現するには，データ転送用コントローラとは別に，ポート制御を行うためのハードウェア・コントローラを必要とします．LPM階層のソフトウェアは，これらのハードウェア・コントローラのファームウェアとして実装されます．CCラインを使った通信プロトコルにおけるシステムでの役割付け/電力制御など，個別のType-Cコネクタ・ポート制御にあたる処理を，この階層で実現します．

PPM階層のソフトウェアは，システム・レベルでの構成管理/電力マネージメントを行い，パソコンではBIOSとして実装される階層になります．パソコンでは，これらの機能の管理はEC（Embedded Controller）により制御されており，ACPI（Advanced Configuration and Power Interface）に基づいて管理されています．

ACPI仕様Rev6.1に，Type-Cのサポートが追加されています．ACPIでは，USBポートは，_UPC（USB Port Capabilities）のオブジェクトで管理されます．

表8.9 コネクタ・マネージャ UcmCxのイベント・インターフェース

イベント	説 明
EVT_UCM_CONNECTOR_SET_DATA_ROLE	各コネクタのデータロール状態について，指定されたロールに設定する
EVT_UCM_CONNECTOR_SET_POWER_ROLE	各コネクタの電源ロール状態について，指定されたロールに設定する

表8.10 コネクタ・マネージャ UcmCxのコールバック・インターフェース

関 数	説 明
UcmInitializeDevice	USBコネクタ・マネージャ・フレームワーク拡張（UcmCx）を初期化する
UcmConnectorCreate	コネクタ・オブジェクトを作成する
UcmConnectorTypeCAttach	コネクタ接続を通知する
UcmConnectorTypeCDetachach	コネクタ切断を通知する
UcmConnectorTypeCCurrentAdChanged	コネクタの状態変化を通知する
UcmConnectorPdConnectionStateChanged	PD構成の状態変化を通知する
UcmConnectorPdPartnerSourceCaps	パートナ・コネクタの電源能力（Power Source Capabilities）をUcmCxに通知する
UcmConnectorPdSourceCaps	コネクタの電源能力（Power Source Capabilities）をUcmCxに通知する
UcmConnectorChargingStateChanged	パートナ・コネクタの充電状態（非充電／通常／スロー／トリクルなど）の変化をUcmCxに通知する
UcmConnectorDataDirectionChanged	データロールの方向変化をUcmCxに通知する
UcmConnectorPowerDirectionChanged	パワーロールの方向変化をUcmCxに通知する

_UPCのタイプの0x08 ～ 0x0AにType-C用の定義が追加されています（表8.8）.

OPM階層については，OS依存部の実装になり，OS上のデバイス・ドライバで実現されます．Windows 10ではこの階層について，USBコネクタ・マネージャ（Ucm）が用意されており，UcmCx（クラス拡張モジュール）インターフェースが定義されています．Microsoft社が提供するUcmCxに対して，コネクタ依存部分を受け持つドライバは，コネクタ・クライアント・ドライバといいます．**表8.9**と**表8.10**にUcmCxによって定義されるクライアント・ドライバ・インターフェースを示します．

PPM階層とOPM階層間のインターフェースについて，システム上で動作するソフトウェア標準化を図るため，UCSI（USB Type-C Connector System Software Interface）規格がIntel社により定義されています．公開された最新版はAugust 2017 Revision 1.1であり，その規格書はIntel社のWebサイトよりダウンロード可能です．

8.3 USBデバイス・クラス・ドライバの設計例

　Windows 10から追加されたドライバ階層であるファンクション・クライアント・ドライバは，前節で説明したように，個別のファンクション・コントローラ・ハードウェアごとに用意する必要があり，通常デバイスやUSB IPコアを提供するデバイス・ベンダが開発することになります．

　Windows 10のデバイス・ドライバは，Microsoft社のドライバ開発環境 WDK（Windows Driver Kit）10を利用し，Visual StudioのGUIを使って開発することが可能です．また，USBデュアルロール・デバイス対応として，ファンクション・クラス・ドライバのサンプル・ドライバが，Microsoft社のGitHub（https://github.com/Microsoft/Windows-driver-samples/tree/master/usb/）に「ufxclientsample」として提供されています．以降では，ufxclientsampleの内容の解説と修正ポイントを示します．

①ドライバのロード

　WindowsがUSBデバイス・コントローラを検出すると，クライアント・ドライバがロードされます（リスト8.1）．クライアント・ドライバのロード後，最初に呼び出される関数がDriverEntry関数です．DriverEntry関数では，WDF_DRIVER_CONFIG_INIT関数を使用して，WDF_DRIVER_CONFIG構造体の初期化とEvtDriverDeviceAddコールバック関数の登録を行います．その後，WdfDriverCreate関数でフレームワーク・デバイス・オブジェクトの作成を行います．

②初期化処理

　Windowsのプラグ アンド プレイ（PnP）マネージャーが，クライアント・ドライバがサポートするデバイスの存在を報告すると，OnEvtDriverDeviceAddコールバック関数が呼び出されます．クライアント・ドライバは，OnEvtDriverDeviceAdd関数内で初期化処理を行います（リスト8.2）．

　クライアント・ドライバは，初期化処理の中でWDF_PNPPOWER_EVENT_CALLBACKS構造体やUFX_DEVICE_CALLBACKS構造体にコールバック関数を登録します（リスト8.3，リスト8.4）．初期化完了後，UfxDeviceNotifyHardwareReady関数を呼び出し，コールバック関数の準備が整ったことをUFXに通知します．

リスト8.1　ドライバのロード処理①（ufxclientsample/driver.c）
DeviceEntry関数内でフレームワーク・デバイス・オブジェクトを生成する

```
NTSTATUS
DriverEntry(
    _In_ PDRIVER_OBJECT  DriverObject,
    _In_ PUNICODE_STRING RegistryPath
    )
{
    NTSTATUS Status;
    WDF_DRIVER_CONFIG DriverConfig;
    WDF_OBJECT_ATTRIBUTES DriverAttributes;

    (省略)

    WDF_OBJECT_ATTRIBUTES_INIT(&DriverAttributes);

    WDF_DRIVER_CONFIG_INIT(&DriverConfig, OnEvtDriverDeviceAdd);   構造体の初期化
    DriverConfig.DriverPoolTag = UFX_CLIENT_TAG;                   とコールバック
    DriverConfig.EvtDriverUnload = OnEvtDriverUnload;              関数の登録

    Status = WdfDriverCreate(      フレームワーク・デバイス・オブジェクトの作成
                    DriverObject,
                    RegistryPath,
                    &DriverAttributes,
                    &DriverConfig,
                    WDF_NO_HANDLE);

    (省略)
}
```

リスト8.2　初期化処理②-1（ufxclientsample/driver.c）
クライアント・ドライバはOnEvtDriverDeviceAdd関数内で初期化される

```
NTSTATUS
OnEvtDriverDeviceAdd(
    WDFDRIVER        Driver,
    PWDFDEVICE_INIT DeviceInit
    )
{
    (省略)

    Status = UfxClientDeviceCreate(Driver, DeviceInit);

    (省略)
}
```

　UFXは，エンドポイントを作成するためにUFX_DEVICE_CALLBACKS構造体のEvtDeviceDefaultEndpointAddやEvtDeviceEndpointAddに登録された関数を呼び出します．クライアント・ドライバは呼び出されたこれらの関数の中で，それぞれのエンドポイントについてUfxEndpointAdd関数を呼び出し，エンドポイントを作成します（**リスト8.5**，**リスト8.6**）．

リスト8.3　初期化処理②-2(ufxclientsample/driver.c)
WDF_PNPPOWER_EVENT_CALLBACKS構造体にコールバック関数を登録する

```
NTSTATUS
UfxClientDeviceCreate(
    _In_ WDFDRIVER Driver,
    _In_ PWDFDEVICE_INIT DeviceInit
    )
{
    WDF_OBJECT_ATTRIBUTES DeviceAttributes;
    WDFDEVICE WdfDevice;
    NTSTATUS Status;
    WDF_PNPPOWER_EVENT_CALLBACKS PnpCallbacks;

    (省略)

    //
    // Do UFX-specific initialization
    //
    Status = UfxFdoInit(Driver, DeviceInit, &DeviceAttributes);   ← WDFDEVICE_INIT構造
    CHK_NT_MSG(Status, "Failed UFX initialization");                 の初期設定

    WDF_PNPPOWER_EVENT_CALLBACKS_INIT(&PnpCallbacks);   ← 構造体にコー
    PnpCallbacks.EvtDevicePrepareHardware = OnEvtDevicePrepareHardware;   ルバック関数
    PnpCallbacks.EvtDeviceReleaseHardware = OnEvtDeviceReleaseHardware;   を登録する
    PnpCallbacks.EvtDeviceD0Entry = OnEvtDeviceD0Entry;
    PnpCallbacks.EvtDeviceD0Exit = OnEvtDeviceD0Exit;
    WdfDeviceInitSetPnpPowerEventCallbacks(DeviceInit, &PnpCallbacks);

    Status = WdfDeviceCreate(&DeviceInit, &DeviceAttributes, &WdfDevice);
    CHK_NT_MSG(Status, "Failed to create wdf device");   ← デバイス・オブジェクト
                                                            の作成
    (省略)

    //
    // Create UFXDEVICE object
    //
    Status = UfxDevice_DeviceCreate(WdfDevice);

    (省略)
```

③リソースを取得する

　クライアント・ドライバはEvtDevicePrepareHardware関数の中で，システムによって割り当てられた，レジスタ領域の物理アドレスや割り込みなどのリソース情報を取得します（**リスト8.7**）．取得したレジスタの物理アドレスは，MmMapIoSpaceEx関数を使用してソフトウェアがアクセス可能なシステム・メモリに割り当てます（**リスト8.8**）．また，割り込みについては，WDF_INTERRUPT_CONFIG_INIT関数で割り込みサービス・ルーチンやDPC（Deferred Procedure Call）を登録し，WDF割り込みオブジェクトを生成します（**リスト8.9**）．この処理により，ドライバはハードウェアへのアクセスや割り込み受信が可能となります．

リスト8.4　初期化処理②-3（ufxclientsample/ufxdevice.c）
UFX_DEVICE_CALLBACKS構造体にコールバック関数を登録する

```
NTSTATUS
UfxDevice_DeviceCreate (
    _In_ WDFDEVICE WdfDevice
    )
{
    NTSTATUS Status;
    PCONTROLLER_CONTEXT ControllerContext;
    UFX_DEVICE_CALLBACKS UfxDeviceCallbacks;
    UFX_DEVICE_CAPABILITIES UfxDeviceCapabilities;
    PUFXDEVICE_CONTEXT UfxDeviceContext;
    UFXDEVICE UfxDevice;

    (省略)

    //
    // Set the event callbacks for the ufxdevice
    //
    UFX_DEVICE_CALLBACKS_INIT(&UfxDeviceCallbacks);       ◀── 構造体にコールバック
    UfxDeviceCallbacks.EvtDeviceHostConnect = UfxDevice_EvtDeviceHostConnect;   関数を登録する
    UfxDeviceCallbacks.EvtDeviceHostDisconnect = UfxDevice_EvtDeviceHostDisconnect;
    UfxDeviceCallbacks.EvtDeviceAddressed = UfxDevice_EvtDeviceAddressed;
    UfxDeviceCallbacks.EvtDeviceEndpointAdd = UfxDevice_EvtDeviceEndpointAdd;
    UfxDeviceCallbacks.EvtDeviceDefaultEndpointAdd = UfxDevice_
EvtDeviceDefaultEndpointAdd;
    UfxDeviceCallbacks.EvtDeviceUsbStateChange = UfxDevice_EvtDeviceUsbStateChange;
    UfxDeviceCallbacks.EvtDevicePortChange = UfxDevice_EvtDevicePortChange;
    UfxDeviceCallbacks.EvtDevicePortDetect = UfxDevice_EvtDevicePortDetect;
    UfxDeviceCallbacks.EvtDeviceRemoteWakeupSignal = UfxDevice_
EvtDeviceRemoteWakeupSignal;
    UfxDeviceCallbacks.EvtDeviceTestModeSet = UfxDevice_EvtDeviceTestModeSet;
    UfxDeviceCallbacks.EvtDeviceSuperSpeedPowerFeature = UfxDevice_EvtDeviceSuperSpee
dPowerFeature;

    // Context associated with UFXDEVICE object
    WDF_OBJECT_ATTRIBUTES_INIT_CONTEXT_TYPE(&Attributes, UFXDEVICE_CONTEXT);
    Attributes.EvtCleanupCallback = UfxDevice_EvtCleanupCallback;

    // Create the UFXDEVICE object
    Status = UfxDeviceCreate(WdfDevice,
                             &UfxDeviceCallbacks,        ◀── USBデバイス・オブジェクトの
                             &UfxDeviceCapabilities,         作成，UFXDEVICEハンドルの
                             &Attributes,                    取得
                             &UfxDevice);

    (省略)
```

④デバイス接続/切断の通知

　USBデバイスがホストに接続あるいは切断されると，WDF_INTERRUPT_
CONFIG_INIT関数で登録したEvtInterruptDpc関数が呼び出されます
（**リスト8.10**）．クライアント・ドライバは，EvtInterruptDpc関数の中で接
続の場合はUfxDeviceNotifyAttach関数を，切断の場合はUfxDevice

リスト8.5　初期化処理②-4(ufxclientsample/ufxdevice.c)
EvtDeviceDefaultEndpointAddに登録された関数を呼び出し，エンドポイントを作成する

```
VOID
UfxDevice_EvtDeviceDefaultEndpointAdd (     ← 関数を呼び出す
    _In_ UFXDEVICE UfxDevice,
    _In_ USHORT MaxPacketSize,
    _Inout_ PUFXENDPOINT_INIT EndpointInit
    )
{
    NTSTATUS Status;
    USB_ENDPOINT_DESCRIPTOR Descriptor;

    (省略)

    Descriptor.bDescriptorType = USB_ENDPOINT_DESCRIPTOR_TYPE;
    Descriptor.bEndpointAddress = 0;
    Descriptor.bInterval = 0;
    Descriptor.bLength = sizeof(USB_ENDPOINT_DESCRIPTOR);
    Descriptor.bmAttributes = USB_ENDPOINT_TYPE_CONTROL;
    Descriptor.wMaxPacketSize = MaxPacketSize;

    Status = UfxEndpointAdd(UfxDevice, &Descriptor, EndpointInit);   ← エンドポイントの作成

    (省略)
```

リスト8.6　初期化処理②-5(ufxclientsample/ufxdevice.c)
EvtDeviceEndpointAddに登録された関数を呼び出し，エンドポイントを作成する

```
NTSTATUS
UfxDevice_EvtDeviceEndpointAdd (     ← 関数を呼び出す
    _In_ UFXDEVICE UfxDevice,
    _In_ const PUSB_ENDPOINT_DESCRIPTOR EndpointDescriptor,
    _Inout_ PUFXENDPOINT_INIT EndpointInit
    )
{
    NTSTATUS Status;

    Status = UfxEndpointAdd(UfxDevice, EndpointDescriptor, EndpointInit);   ← エンドポイントの作成

    (省略)
```

NotifyDetach関数を呼び出し，UFXに接続/切断されたことを通知します．
　クライアント・ドライバによって接続あるいは切断通知が行われると，UFXはUFX_DEVICE_CALLBACKS構造体のEvtDeviceUsbStateChangeに登録された関数を呼び出します．

リスト8.7 リソース取得処理③-1（ufxclientsample/device.c）
EvtDevicePrepareHardwareに登録された関数を呼び出し，レジスタ・アドレス情報などを取得する

```
NTSTATUS
OnEvtDevicePrepareHardware (
    _In_ WDFDEVICE Device,
    _In_ WDFCMRESLIST ResourcesRaw,
    _In_ WDFCMRESLIST ResourcesTranslated
    )
{
    NTSTATUS Status;
    ULONG ResCount;
    ULONG ResIndex;
    PCONTROLLER_CONTEXT ControllerContext;
    BOOLEAN MemoryResourceMapped;

    PAGED_CODE();

    TraceEntry();

    ControllerContext = DeviceGetControllerContext(Device);
    MemoryResourceMapped = FALSE;

    ResCount = WdfCmResourceListGetCount(ResourcesRaw);     ◀─( リソース数の取得 )

    Status = STATUS_SUCCESS;

    for (ResIndex = 0; ResIndex < ResCount; ResIndex++) {

        PCM_PARTIAL_RESOURCE_DESCRIPTOR ResourceDescriptorRaw;
        PCM_PARTIAL_RESOURCE_DESCRIPTOR ResourceDescriptorTranslated;

        ResourceDescriptorRaw = WdfCmResourceListGetDescriptor(
                                                ResourcesRaw,
                                                ResIndex);
        switch (ResourceDescriptorRaw->Type) {

        case CmResourceTypeMemory:
            if (MemoryResourceMapped == FALSE) {           ◀─( レジスタ・アドレス情報取得 )
                MemoryResourceMapped = TRUE;
                Status = RegistersCreate(Device, ResourceDescriptorRaw);
                CHK_NT_MSG(Status, "Failed to read the HW registers");
            }
            break;

        case CmResourceTypeInterrupt:
            ResourceDescriptorTranslated = WdfCmResourceListGetDescriptor(
                                                ResourcesTranslated,
                                                ResIndex);
            Status = InterruptCreate(                       ( 割り込み情報取得 )
                            Device,
                            ResourceDescriptorRaw,
                            ResourceDescriptorTranslated);
            CHK_NT_MSG(Status, "Failed to create WDFINTERRUPT object");
            break;

        default:
            break;
        }
    }

    (省略)
```

リスト8.8　リソース取得処理③-2（ufxclientsample/registers.c）
レジスタ物理アドレスをシステム・メモリに割り当て，論理アドレスを取得する

```
_Must_inspect_result_
_IRQL_requires_max_(PASSIVE_LEVEL)
NTSTATUS
RegistersCreate(
    _In_ WDFDEVICE Device,
    _In_ PCM_PARTIAL_RESOURCE_DESCRIPTOR  RegistersResource
    )
{
    NTSTATUS Status;
    PREGISTERS_CONTEXT Context;
    WDF_OBJECT_ATTRIBUTES Attributes;

    TraceEntry();

    PAGED_CODE();

    WDF_OBJECT_ATTRIBUTES_INIT_CONTEXT_TYPE(&Attributes, REGISTERS_CONTEXT);

    Status = WdfObjectAllocateContext(Device, &Attributes, &Context);
    if (Status == STATUS_OBJECT_NAME_EXISTS) {
        //
        // In the case of a resource rebalance, the context allocated
        // previously still exists.
        //
        Status = STATUS_SUCCESS;
        RtlZeroMemory(Context, sizeof(*Context));
    }
    CHK_NT_MSG(Status, "Failed to allocate context for registers");

    Context->RegisterBase = MmMapIoSpaceEx(
                            RegistersResource->u.Memory.Start,
                            RegistersResource->u.Memory.Length,
                            PAGE_NOCACHE | PAGE_READWRITE);

    if (Context->RegisterBase == NULL) {
        Status = STATUS_INSUFFICIENT_RESOURCES;
        CHK_NT_MSG(Status, "MmMapIoSpaceEx failed");
    }

    Context->RegistersLength = RegistersResource->u.Memory.Length;

    (省略)
```

レジスタ物理アドレスをシステム・メモリに割り当て

⑤ポート検出とポート・タイプ設定

　クライアント・ドライバはEvtDevicePortDetect関数の中でUfxDevicePortDetectComplete関数を呼び出し，USBFN_PORT_TYPE（Usbfnbase.h）で定義されているポート・タイプを設定します（リスト8.11，リスト8.12，サンプルではunknown port typeを設定）。

リスト8.9 リソース取得処理③-3（`ufxclientsample/interrupt.c`)
割り込みサービス・ルーチン，DPC（遅延プロシージャ）を登録する

```
_Must_inspect_result_
_IRQL_requires_max_(PASSIVE_LEVEL)
NTSTATUS
InterruptCreate (
    _In_ WDFDEVICE Device,
    _In_ PCM_PARTIAL_RESOURCE_DESCRIPTOR  InterruptResourceRaw,
    _In_ PCM_PARTIAL_RESOURCE_DESCRIPTOR  InterruptResourceTranslated
    )

{
    NTSTATUS Status;
    WDF_INTERRUPT_CONFIG InterruptConfig;
    PCONTROLLER_CONTEXT ControllerContext;
    WDF_OBJECT_ATTRIBUTES Attributes;
    WDFINTERRUPT* InterruptToCreate;

    TraceEntry();

    PAGED_CODE();

    ControllerContext = DeviceGetControllerContext(Device);

    WDF_OBJECT_ATTRIBUTES_INIT(&Attributes);

    if (ControllerContext->DeviceInterrupt == NULL) {   ←──  割り込みサービス・ルーチン，
        WDF_INTERRUPT_CONFIG_INIT(                            DPC登録
            &InterruptConfig,
            DeviceInterrupt_EvtInterruptIsr,
            DeviceInterrupt_EvtInterruptDpc);

        WDF_OBJECT_ATTRIBUTES_SET_CONTEXT_TYPE(
            &Attributes,
            DEVICE_INTERRUPT_CONTEXT);

        InterruptToCreate = &ControllerContext->DeviceInterrupt;

    (省略)

    InterruptConfig.InterruptRaw = InterruptResourceRaw;
    InterruptConfig.InterruptTranslated = InterruptResourceTranslated;

    Status = WdfInterruptCreate(  ←── ( WDF割り込みオブジェクト生成 )
                Device,
                &InterruptConfig,
                &Attributes,
                InterruptToCreate);

    (省略)
```

リスト8.10 デバイス接続切断処理④(ufxclientsample/interrupt.c)
遅延プロシージャでデバイスの接続処理あるいは切断処理を行う

```
VOID
DeviceInterrupt_EvtInterruptDpc (
    _In_ WDFINTERRUPT Interrupt,
    _In_ WDFOBJECT AssociatedObject
    )
{
    (省略)

    //
    // Handle attach/detach events
    //
    if (GotAttachOrDetach) {
        if (Attached && ControllerContext->WasAttached) {
            //
            // We must have gotten at least one detach. Need to reset the state.
            //
            ControllerContext->RemoteWakeupRequested = FALSE;
            ControllerContext->Suspended = FALSE;
            UfxDeviceNotifyDetach(ControllerContext->UfxDevice);    ◄──[切断通知]
        }

        if (Attached) {
            ControllerContext->RemoteWakeupRequested = FALSE;
            ControllerContext->Suspended = FALSE;
            UfxDeviceNotifyAttach(ControllerContext->UfxDevice);    ◄──[接続通知]
        }
    }

    (省略)
```

リスト8.11 ポート検出処理⑤-1(ufxclientsample/ufxdevice.c)
EtvDevicePortDetectに登録された関数を呼び出し,サポートするポート・タイプを返す

```
VOID
UfxDevice_EvtDevicePortDetect (
    _In_ UFXDEVICE UfxDevice
    )
{
    PUFXDEVICE_CONTEXT DeviceContext;
    PCONTROLLER_CONTEXT ControllerContext;

    DeviceContext = UfxDeviceGetContext(UfxDevice);
    ControllerContext = DeviceGetControllerContext(DeviceContext->FdoWdfDevice);

    //                                                               [コントローラが
    // #### TODO: Insert code to determine port/charger type #### ◄── サポートする
    //                                                               ポート・タイプ
    //                                                               を返す]
    // In this example we will return an unknown port type.  This will allow UFX to
connect to a host if
    // one is present.  UFX will timeout after 5 seconds if no host is present and
transition to
    // an invalid charger type, which will allow the controller to exit D0.
    //
    UfxDevicePortDetectComplete(ControllerContext->UfxDevice, UsbfnUnknownPort);
}
```

リスト8.12 ポート・タイプ⑤-2(ufxclientsample/Usbfnbase.h)
列挙型USBFN_PORT_TYPEで定義されているポート・タイプ一覧

```
typedef enum _USBFN_PORT_TYPE {
  UsbfnUnknownPort                          ,
  UsbfnStandardDownstreamPort           ,
  UsbfnChargingDownstreamPort           ,
  UsbfnDedicatedChargingPort            ,
  UsbfnInvalidDedicatedChargingPort      ,
  UsbfnProprietaryDedicatedChargingPort  ,
  UsbfnPortTypeMaximum
} USBFN_PORT_TYPE, *PUSBFN_PORT_TYPE;
```

リスト8.13 デバイス接続処理⑥-1(ufxclientsample/interrupt.c)
デバイス接続処理はデバイス・イベントとして処理する

```
VOID
DeviceInterrupt_EvtInterruptDpc (
    _In_ WDFINTERRUPT Interrupt,
    _In_ WDFOBJECT AssociatedObject
    )
{
    (省略)

    //
    // Handle events from the controller
    //
    switch (ControllerEvent.Type) {
    case EventTypeDevice:
        HandleDeviceEvent(WdfDevice,  ControllerEvent.u.DeviceEvent);
        break;                        ┌─────────────────────────┐
                                      │ 接続処理はデバイス・イベント │
    case EventTypeEndpoint:           └─────────────────────────┘
        HandleEndpointEvent(WdfDevice, ControllerEvent.u.EndpointEvent);
        break;
    }

    (省略)
}
```

⑥デバイス接続の処理

EvtInterruptDpc関数の最後でControllerEvent.Typeからデバイス・イベント,エンドポイント・イベントを判別し,それぞれのイベント処理を行います.デバイス接続処理はデバイス・イベントとなり,HandleDeviceEvent関数を呼び出します(**リスト8.13**).HandleDeviceEvent関数では,第2引き数で渡されたイベント値(DeviceEvent)のディスパッチ処理を行います(**リスト8.14**).デバイス接続イベント(DeviceEventConnect)では,HandleUsbConnect関数を呼び出します.HandleUsbConnect関数内では各コントローラに合わせた実装を行う必要があります(**リスト8.15**).

リスト8.14 デバイス接続処理⑥-2(ufxclientsample/event.c)
デバイス・イベント・タイプがDeviceEventConnectの場合，接続処理を行う

```
VOID
HandleDeviceEvent (
    WDFDEVICE WdfDevice,
    DEVICE_EVENT DeviceEvent
    )
{

    PCONTROLLER_CONTEXT ControllerContext;

    TraceEntry();

    ControllerContext = DeviceGetControllerContext(WdfDevice);

    switch (DeviceEvent) {

    case DeviceEventDisconnect:
        ControllerContext->Suspended = FALSE;
        HandleUsbDisconnect(WdfDevice);
        break;

    case DeviceEventUSBReset:
        ControllerContext->Suspended = FALSE;
        HandleUsbReset(WdfDevice);
        break;

    case DeviceEventConnect:
        HandleUsbConnect(WdfDevice);
        break;        ←── 接続処理（HandleUsbConnect）関数の呼び出し

    (省略)
```

⑦データ転送

クライアント・ドライバはUfxからIOCTL_INTERNAL_USBFN_TRANSFER_OUT, IOCTL_INTERNAL_USBFN_TRANSFER_IN, IOCTL_INTERNAL_USBFN_TRANSFER_IN_APPEND_ZERO_PKTを受信することで転送処理を開始します（**リスト8.16**）．クライアント・ドライバは，これらのIoControlコードを受信後，エンドポイント・キューからリクエストを取得して転送を実行します．

コントロール転送の場合，ホストから送信されるSetupパケット受信の通知を受けるために，UfxEndpointNotifySetup関数を呼び出す必要があります．コントロール転送でデータ長0のパケット（ゼロレングス・パケット）を送受信する場合は，IOCTL_INTERNAL_USBFN_CONTROL_STATUS_HANDSHAKE_IN, IOCTL_INTERNAL_USBFN_CONTROL_STATUS_HANDSHAKE_OUTを使用します（**リスト8.17**）．

リスト8.15 デバイス接続処理⑥-3 (`ufxclientsample/event.c`)
HandleUsbConnect関数にコントローラ仕様に則って接続処理を行う

```
VOID
HandleUsbConnect (
    WDFDEVICE WdfDevice
    )
{
    PCONTROLLER_CONTEXT ControllerContext;
    USB_DEVICE_SPEED DeviceSpeed;

    TraceEntry();

    ControllerContext = DeviceGetControllerContext(WdfDevice);

    //
    // Read the device speed.
    //

    //
    // #### TODO: Add code to read device speed from the controller ####
    //

    // Sample will assume SuperSpeed operation for illustration purposes
    DeviceSpeed = UsbSuperSpeed;

    //
    // #### TODO: Add any code needed to configure the controller after connect has
    //                                                          occurred ####
    //

    ControllerContext->Speed = DeviceSpeed;
    TraceInformation("Connected Speed is %d!", DeviceSpeed);

    //
    // Notify UFX about reset, which will take care of updating
    // Max Packet Size for EP0 by calling descriptor update.
    //
    UfxDeviceNotifyReset(ControllerContext->UfxDevice, DeviceSpeed);

    ControllerContext->Connect = TRUE;

    TraceExit();
}
```

コントローラを制御する
コードを実装

⑧電源管理

クライアント・ドライバは，`EvtDeviceUsbStateChange`関数あるいは`Evt` `DevicePortChange`関数内で電源状態を制御します．電源状態を制御後，`UfxDeviceEventComplete`関数を呼び出すことで状態遷移を完了します（リスト8.18，リスト8.19，リスト8.20.）．

リスト8.16 転送処理⑦-1(`ufxclientsample/transfer.c`)
IN転送，OUT転送，ゼロレングス・パケット転送の選択を行う

```
WDFDMATRANSACTION
TransferNextRequest (
    _In_ UFXENDPOINT Endpoint
    )
{
    (省略)

    Status = WdfIoQueueRetrieveNextRequest(UfxEndpointGetTransferQueue(Endpoint),
                                           &Request);
    if (Status == STATUS_NO_MORE_ENTRIES || Status == STATUS_WDF_PAUSED) {
        goto End;
    }

    WDF_REQUEST_PARAMETERS_INIT(&Params);
    WdfRequestGetParameters(Request, &Params);
    Ioctl = Params.Parameters.DeviceIoControl.IoControlCode;

    if (Ioctl == IOCTL_INTERNAL_USBFN_CONTROL_STATUS_HANDSHAKE_IN) {
        TransferHandshake(Endpoint, Request, TRUE);
    } else if (Ioctl == IOCTL_INTERNAL_USBFN_CONTROL_STATUS_HANDSHAKE_OUT) {
        TransferHandshake(Endpoint, Request, FALSE);
    } else if (DIRECTION_IN(Endpoint) &&
               Ioctl == IOCTL_INTERNAL_USBFN_TRANSFER_IN) {
        Transaction = TransferBegin(Endpoint, Request, TRUE, FALSE);  ← IN転送を開始
    } else if (DIRECTION_IN(Endpoint) &&
               Ioctl == IOCTL_INTERNAL_USBFN_TRANSFER_IN_APPEND_ZERO_PKT) {
        Transaction = TransferBegin(Endpoint, Request, TRUE, TRUE);   ← ゼロレングス
    } else if (DIRECTION_OUT(Endpoint) &&                                ・パケット
               Ioctl == IOCTL_INTERNAL_USBFN_TRANSFER_OUT) {             転送を開始
        Transaction = TransferBegin(Endpoint, Request, FALSE, FALSE); ← OUT転送を開始
    } else {
        TraceWarning("INVALID: 0x%p (%d), Ioctl: %08X",
            Endpoint, EpContext->PhysicalEndpoint, Ioctl);
        WdfRequestComplete(Request, STATUS_INVALID_DEVICE_REQUEST);
        goto Fetch;
    }
End:
    return Transaction;
}
```

リスト8.17 転送処理⑦-2(`ufxclientsample/transfer.c`)
DMAの設定，リクエストの設定を行い，データ転送を実施する

```
WDFDMATRANSACTION
TransferBegin (
    _In_ UFXENDPOINT Endpoint,
    _In_ WDFREQUEST Request,
    _In_ BOOLEAN DirectionIn,
    _In_ BOOLEAN AppendZlp
    )
{
    (省略)
    EpContext = UfxEndpointGetContext(Endpoint);
    TransferContext = UfxEndpointGetTransferContext(Endpoint);
    ControllerContext = DeviceGetControllerContext(EpContext->WdfDevice);
```

281

```
    NT_ASSERT(DirectionIn || !AppendZlp);

    TransferContext->PendingCompletion = FALSE;

    //
    // Create a DMA Transaction over the data
    //
    WDF_OBJECT_ATTRIBUTES_INIT_CONTEXT_TYPE(&Attributes, DMA_CONTEXT);
    Status = WdfDmaTransactionCreate(ControllerContext->DmaEnabler,
                                     &Attributes,
                                     &Transaction);
    CHK_NT_MSG(Status, "Failed to create DMA Transaction");

    //
    // Set up DMA context
    //
    WDF_REQUEST_PARAMETERS_INIT(&Params);
    WdfRequestGetParameters(Request, &Params);
    DmaContext = DmaGetContext(Transaction);
    DmaContext->NeedExtraBuffer = AppendZlp;
    DmaContext->DirectionIn = DirectionIn;
    DmaContext->Endpoint = Endpoint;
    DmaContext->Request = Request;
    DmaContext->BytesRequested = (ULONG) Params.Parameters.DeviceIoControl.
OutputBufferLength;

    //
    // Need to add extra buffer if OUT transfer not multiple of MaxPacketSize
    //
    if (!DirectionIn) {
        if ((DmaContext->BytesRequested % EpContext->Descriptor.wMaxPacketSize) > 0)
{
            DmaContext->ExtraBytes = EpContext->Descriptor.wMaxPacketSize -
                (DmaContext->BytesRequested % EpContext->Descriptor.wMaxPacketSize);
            DmaContext->NeedExtraBuffer = TRUE;
        }
    }

    DmaContext->State = NotExecuted;

    //
    // Set up request context
    //
    WDF_OBJECT_ATTRIBUTES_INIT_CONTEXT_TYPE(&Attributes, REQUEST_CONTEXT);
    Status = WdfObjectAllocateContext(Request, &Attributes, (PVOID*)
&RequestContext);
    CHK_NT_MSG(Status, "Failed to allocate request context");

    //
    // It's possible that the request was reused, in which case the context already
    // exists. Therefore, we need to make sure to zero it out.
    //
    RtlZeroMemory(RequestContext, sizeof(REQUEST_CONTEXT));

    RequestContext->Endpoint = Endpoint;
    RequestContext->Transaction = Transaction;

    //
    // Set up control data stage context
    //
    if (CONTROL_ENDPOINT(Endpoint)) {
```

DMAトランザクション・オブジェクトの生成

DMA転送用コンテキストの設定

リクエスト用コンテキストの確保

```
        PCONTROL_CONTEXT ControlContext;
        ControlContext = UfxEndpointGetControlContext(Endpoint);
        ControlContext->DataStageExists = TRUE;
    }

    //
    // Keep track of DMA
    //
    TransferContext->Transaction = Transaction;

    //
    // We need to mark cancelable before starting DMA (which may take time)
    //
    Status = WdfRequestMarkCancelableEx(Request, OnEvtRequestCancel);
    CHK_NT_MSG(Status, "Failed to mark request cancellable");

    TRACE_TRANSFER("BEGIN", Endpoint, Request);

    //
    // Can't use a DMA transaction for 0-length transfers.
    //
    if (DmaContext->BytesRequested == 0) {

        DmaContext->ZeroLength = TRUE;

        TRACE_TRANSFER("ZERO LENGTH", Endpoint, DmaContext->Request);

        DmaContext->ExtraBytes = 0;

        TransferCommandStartOrUpdate(Endpoint);

    } else {
        //
        // Use request to initialize DMA
        //
        Status = WdfDmaTransactionInitializeUsingRequest(
                    Transaction,
                    Request,
                    OnEvtProgramDma,
                    DirectionIn ? WdfDmaDirectionWriteToDevice :
WdfDmaDirectionReadFromDevice);
        CHK_NT_MSG(Status, "Failed to initialize DMA transaction using request");

        //
        // Caller is expected to execute the DMA.
        //
    }
End:
    if (!NT_SUCCESS(Status)) {
        WdfRequestComplete(Request, Status);
        if (Transaction != NULL) {
            TransferContext->Transaction = NULL;
            WdfObjectDelete(Transaction);
            Transaction = NULL;
        }
    }

    TraceExit();
    return Transaction;
}
```

> DMAトランザクション・オブ
> ジェクトの初期化．第3引数
> (onEvtProgramDma コール
> バック関数)でDMA コント
> ローラの設定を行う

リスト 8.18　電源管理⑧-1 USB ステート・チェンジ（`ufxclientsample/ufxdevice.c`）
EvtDeviceUsbStateChange に登録された関数を呼び出し，USB ステートの遷移を行う

```
VOID
UfxDevice_EvtDeviceUsbStateChange (
    _In_ UFXDEVICE UfxDevice,
    _In_ USBFN_DEVICE_STATE NewState
)
{
    (省略)

    Context = UfxDeviceGetContext(UfxDevice);
    ControllerContext = DeviceGetControllerContext(Context->FdoWdfDevice);
    OldState = Context->UsbState;

    TraceInformation("New STATE: %d", NewState);

    Status = UfxDeviceStopOrResumeIdle(UfxDevice, NewState, Context->UsbPort);
    LOG_NT_MSG(Status, "Failed to stop or resume idle");

    (省略)

    UfxDeviceEventComplete(UfxDevice, STATUS_SUCCESS);
    TraceExit();
}
```

リスト 8.19　電源管理⑧-2 ポートチェンジ（`ufxclientsample/ufxdevice.c`）
EvtDevicePortChange に登録された関数を呼び出し，ポート・ステートの遷移を行う

```
_Function_class_(EVT_UFX_DEVICE_PORT_CHANGE)
_IRQL_requires_(PASSIVE_LEVEL)
VOID
UfxDevice_EvtDevicePortChange (
    _In_ UFXDEVICE UfxDevice,
    _In_ USBFN_PORT_TYPE NewPort
    )
{
    (省略)

    Status = UfxDeviceStopOrResumeIdle(UfxDevice, Context->UsbState, NewPort);
    LOG_NT_MSG(Status, "Failed to stop or resume idle");

    UfxDeviceEventComplete(UfxDevice, STATUS_SUCCESS);
    TraceExit();
}
```

リスト 8.19　電源管理⑧-3 Idle 状態設定（`ufxclientsample/ufxdevice.c`）
各 USB ステートに合わせて Idle 状態や低電力状態などの電力制御を行う

```
_IRQL_requires_(PASSIVE_LEVEL)
NTSTATUS
UfxDeviceStopOrResumeIdle (
    _In_ UFXDEVICE Device,
    _In_ USBFN_DEVICE_STATE UsbState,
    _In_ USBFN_PORT_TYPE UsbPort
    )
{
```

```
(省略)

DEVICE_POWER_STATE DxState = PowerDeviceD3;

PAGED_CODE();

TraceEntry();

DeviceContext = UfxDeviceGetContext(Device);
ControllerContext = DeviceGetControllerContext(DeviceContext->FdoWdfDevice);

switch (UsbState) {                          ◀── 各 USB State の電源管理を設定

    case UsbfnDeviceStateAttached:
        __fallthrough;
    case UsbfnDeviceStateDefault:

        switch (UsbPort) {

            case UsbfnStandardDownstreamPort:
                __fallthrough;
            case UsbfnChargingDownstreamPort:
                __fallthrough;
            case UsbfnUnknownPort:
                NeedPower = TRUE;
                break;

            case UsbfnDedicatedChargingPort:
            case UsbfnProprietaryDedicatedChargingPort:
                NeedPower = FALSE;
                DxState = PowerDeviceD2;
                break;

            default:
                NeedPower = FALSE;
        }
        break;

    case UsbfnDeviceStateSuspended:
        NeedPower = FALSE;
        DxState = PowerDeviceD2;
        break;

    case UsbfnDeviceStateAddressed:
        __fallthrough;

    case UsbfnDeviceStateConfigured:
        NeedPower = TRUE;
        break;

    default:
        NeedPower = FALSE;
}

//
// Determine if our lowest idle state has changed, and set it if so
//
if (DxState != .ControllerContext->IdleSettings.DxState)
{
    ControllerContext->IdleSettings.DxState = DxState;
    Status = WdfDeviceAssignS0IdleSettings(
        DeviceContext->FdoWdfDevice,         ◀── デバイスの Idle 状態の設定
```

```
            &ControllerContext->IdleSettings);
        CHK_NT_MSG(Status, "Failed to update device idle settings");
    }

    if (NeedPower && DeviceContext->IsIdle) {
        //
        // We don't want to update the USB state /port until we stop idle to
        // prevent D0 -> DX path from reading the wrong state.
        //
        TraceInformation("Stopping idle");
        Status = WdfDeviceStopIdle(DeviceContext->FdoWdfDevice, TRUE);
        CHK_NT_MSG(Status, "Failed to stop idle");
        DeviceContext->UsbState = UsbState;
        DeviceContext->UsbPort = UsbPort;
        DeviceContext->IsIdle = FALSE;

    } else if (!NeedPower && !DeviceContext->IsIdle) {
        //
        // We need to update USB state / port before resume idle to ensure
        // D0 -> DX path reads the correct state.
        //
        DeviceContext->UsbState = UsbState;
        DeviceContext->UsbPort = UsbPort;
        DeviceContext->IsIdle = TRUE;
        TraceInformation("Resuming idle");
        WdfDeviceResumeIdle(DeviceContext->FdoWdfDevice);

    } else {
        TraceInformation("No idle action");
        DeviceContext->UsbState = UsbState;
        DeviceContext->UsbPort = UsbPort;
    }

    Status = STATUS_SUCCESS;

End:
    TraceExit();
    return Status;
}
```

> Idle状態からD0状態への遷移

> Idle状態が続く場合,
> 低電力ステートに遷移
> 可能であることを通知

8.4　Linux OSのUSBドライバ・モデル

● Linux OSのUSBサポート状況

　Linux OSでは，カーネル2.2の頃からUSBサポートが始まり，現時点では数多くのUSBクラスがOS標準でサポートされいます．USB 3.0対応については，標準カーネル・バージョン2.6.31よりxHCIドライバおよびUSB 3.0に対応したバス・ドライバの提供が始まりました．Type-C対応については，カーネル・バージョン4.12より正式にカーネル・ソースコードに組み込まれています（**図8.7**）．

　Linuxの場合は，カーネル・コンフィグレーションによって，システムに組み込むUSBホスト・コントローラおよびUSBクラス・ドライバを選択します．

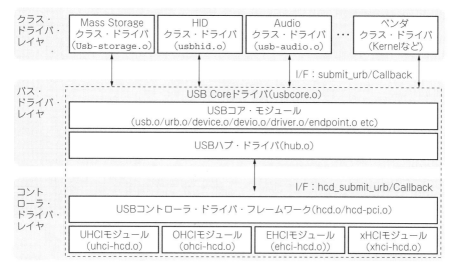

図8.7 Linux における USB ドライバ・スタック(Kernel4.10)

Linux は組み込み機器の OS として利用されることもあり，複数の組み込み用ホスト・コントローラについても OS 標準でサポートされていることが，Windows にはない特徴となります．

Linux でも多数の標準デバイス・クラス用クラス・ドライバがカーネルに含まれています．また，ベンダ・クラス・デバイス (標準デバイス・クラスにない独自仕様プロトコルで設計された USB デバイス) のドライバもカーネルに含まれていることも，Windows にはない Linux の特徴です．世の中で普及している USB 製品で，製品には Linux ドライバが添付されていない場合も，Linux カーネルを調べてみればクラス・ドライバが含まれているかも知れません．

● Linux 特有の仕組み「USB Gadget」

パソコンのハードウェア・ベースで動作する USB ファンクション・デバイスはあまり一般的ではなく，Windows では USB デバイス・ソフトウェアはサポートされていません．しかし，Linux は組み込み機器 OS としても利用されるため，USB デバイス・ソフトウェアの仕組みが含まれています．これは「USB Gadget」と呼ばれ，Linux ソースコード内に多数の標準 USB デバイス・クラスのソフトウェアが存在します (**表8.11**)．USB Gadget も API 仕様を標準化することにより，複

287

表8.11 LinuxのUSB Gadgetデバイス・クラス・サポート

デバイス・クラス	クラス・ドライバ	Linuxサポート
Audio Gadget	usb/gadget/g_audio.o	カーネル標準ドライバ・サポート
Ethernet Gadget	usb/gadget/g_ether.o	カーネル標準ドライバ・サポート
Mass Storage Gadget	usb/gadget/g_mass_storage.o	カーネル標準ドライバ・サポート
Serial Gadget (with CDC ACM and CDC OBEX support)	usb/gadget/g_serial.o	カーネル標準ドライバ・サポート
MIDI Gadget	usb/gadget/g_midi.o	カーネル標準ドライバ・サポート
Printer Gadget	usb/gadget/g_printer.o	カーネル標準ドライバ・サポート
HID Gadget	usb/gadget/g_hid.o	カーネル標準ドライバ・サポート
USB Webcam Gadget	usb/gadget/g_webcam.o	カーネル標準ドライバ・サポート

数のUSBデバイス・コントローラに対応できるように工夫されています.

● Power Delivery ＆ Type-Cの対応

Linuxカーネル4.9以降バージョンにて，Power DeliveryとType-Cの対応ドライバが搭載されてきました．大きく2種類のドライバ・サポートが進行中で，1つは前述したUCSI規格に対応するドライバで，「USB Type-C Connector System Software Interface driver」として，4.9以降のカーネルには組み込まれています．もう1つは「USB Type-C Connector Class」ドライバの名称で組み込まれています．このドライバは，ユーザ・モードで動作するアプリケーション類に，Type-CやPower Delivery関連のデータロール/パワーロールなどを含むステータス情報を示す，アプリケーション・インターフェースを提供します.

USB Type-Cコネクタ・クラス・ドライバの機能一覧を**表8.12**に示します．このクラス・ドライバで，Alternate Mode対応が追加されます.

● Joule 570x developer KitでのLinuxドライバ実機確認

Linuxプラットフォーム環境で，正式サポートされているType-C環境として，Intel社のJoule 570x Development Kitがあります（**写真8.1**）．この評価ボードを用いて，Linuxドライバの動作確認を行ったので紹介します.

▶Jouleについて

「Joule」はIntel社が組み込み機器向けプラットフォームとして提供している組み込みモジュールであり，ATOMベースのT5700 CPUコアを搭載しています．このCPUコアに関して，詳しいスペックが公開されていませんが，Linuxのブー

表8.12 USB Type-C コネクタ・クラス・ドライバ機能一覧

関　数	説　明
typec_register_port	Capability 構造体に記載されている USB Type-C ポートにデバイス登録する
typec_unregister_port	USB Type-C ポートの登録を解除する
typec_register_partner	typec_partner_desc 構造体に記載されている USB Type-C パートナ・デバイスを登録する
typec_unregister_partner	typec_register_partner 関数によって作成されたデバイス登録を解除する
typec_partner_set_identity	Discover Identity USB power delivery コマンドが利用可能になったことをレポートする
typec_register_plug	typec_plug_desc 構造体に記載されている USB Type-C Cable Plug デバイスを登録する
typec_unregister_plug	typec_register_plug 関数によって作成されたデバイス登録を解除する
typec_register_cable	typec_cable_desc 構造体に記載されている USB Type-C Cable デバイスを登録する
typec_unregister_cable	typec_register_cable 関数によって作成されたデバイス登録を解除する
typec_cable_set_identity	Discover Identity USB power delivery コマンドが利用可能になったことをレポートする
typec_set_data_role	データロールの変更を報告する
typec_set_pwr_role	パワーロールの変更を報告する
typec_set_vconn_role	VCONN ソースの変更を報告する
typec_set_pwr_opmode	ポート・ドライバによりパワー制御モードの変更を報告する. このモードには Type-C 仕様にあるデフォルト /1.5A/3.0A および Power Delivery 仕様にある電源仕様を定義する
typec_port_register_altmode	Alternate Mode をサポートするポート情報を登録する
typec_partner_register_altmode	Alternate Mode をサポートする Partner デバイス情報を登録する
typec_plug_register_altmode	Alternate Mode をサポートする Plug デバイス情報を登録する
typec_unregister_altmode	typec_port_register_altmode 関数, typec_partner_register_altmode 関数, typec_plug_register_altmode 関数によって作成されたデバイス登録を解除する
typec_altmode_update_active	Enter/Exit Mode コマンドの実行結果を報告する

トログ情報から1.70GHz動作 × 4コア（CPUIDは family：0x6，model：0x5c，stepping：0x2）を保有していることが分かります.

また，このCPUモジュールは，USBインターフェースとして通常のUSB 3.2（xHCI）/2.0（EHCI/OHCI）ホスト機能に加え，USBデバイス機能を持っており，IntelのCPUチップセットとしては，特徴的な仕様となっています. この環境でLinuxを動かすことにより，LinuxのType-Cポート・ドライバとUSB Gadgetド

写真 8.1
Joule 開発キット

```
---------------- Linux/x86 4.9.27 Kernel Configuration ----------------
 Arrow keys navigate the menu.  <Enter> selects submenus ---> (or empty
 submenus ----).  Highlighted letters are hotkeys.  Pressing <Y>
 includes, <N> excludes, <M> modularizes features.  Press <Esc><Esc> to
 exit, <?> for Help, </> for Search.  Legend: [*] built-in  [ ]

         [*] 64-bit kernel
             General setup  --->
         [*] Enable loadable module support  --->
         -*- Enable the block layer  --->
             Processor type and features  --->
             Power management and ACPI options  --->
             Bus options (PCI etc.)  --->
             Executable file formats / Emulations  --->
         [*] Networking support  --->
             Device Drivers  --->
             Firmware Drivers  --->
             File systems  --->
             Kernel hacking  --->
             Security options  --->
         -*- Cryptographic API  --->
         [*] Virtualization  --->
             Library routines  --->





    ---------------------------------------------------------------
        <Select>    < Exit >    < Help >    < Save >    < Load >
```

図 8.8　Linux カーネルコンフィグレーション（メイン）画面

```
------------------------- Device Drivers -------------------------
Arrow keys navigate the menu.  <Enter> selects submenus ---> (or empty
submenus ----).  Highlighted letters are hotkeys.  Pressing <Y>
includes, <N> excludes, <M> modularizes features.  Press <Esc><Esc> to
exit, <?> for Help, </> for Search.  Legend: [*] built-in [ ]
        ^(-)
    [*] SPI support  --->
    < > SPMI support  ----
    < > HSI support  ----
        PPS support  --->
        PTP clock support  --->
        Pin controllers  --->
    -*- GPIO Support  --->
    < > Dallas's 1-wire support  ----
    [ ] Adaptive Voltage Scaling class support  ----
    [ ] Board level reset or power off  ----
    -*- Power supply class support  --->
    [*] Hardware Monitoring support  --->
    -*- Generic Thermal sysfs driver  --->
        Trusty  --->
    [*] Watchdog Timer Support  --->
        Sonics Silicon Backplane  --->
        Broadcom specific AMBA  --->
        Multifunction device drivers  --->
    [*] Voltage and Current Regulator Support  --->
    <M> Multimedia support  --->
        Graphics support  --->
    <*> Sound card support  --->
        HID support  --->
    [*] USB support  --->
    < > Ultra Wideband devices  ----
    <*> MMC/SD/SDIO card support  --->
    < > Sony MemoryStick card support  ----
    -*- LED Support  --->
    [ ] Accessibility support  ----
    < > InfiniBand support  ----
    [ ] EDAC (Error Detection And Correction) reporting  ----
    [*] Real Time Clock  --->
    [*] DMA Engine support  --->
        DMABUF options  --->
    [ ] Auxiliary Display support  ----
    <M> Userspace I/O drivers  --->
    < > VFIO Non-Privileged userspace driver framework  ----
    [ ] Virtualization drivers  ----
        Virtio drivers  --->
        (+)
----------------------------------------------------------------------
    <Select>    < Exit >    < Help >    < Save >    < Load >
```

図8.9
Linux カーネル・
コンフィグレー
ション（Device
Drivers 選択画面）

ライバがデバイス認識し，Type-C コネクタをサポートする，デバイス（ファンクション）としての動作が可能となります．

▶ **Linux ビルド環境とコンフィグレーション**

Joule モジュールでは，Linux の Yocto ディストリビューションが開発環境として提供されています．標準で提供されているカーネルのカーネル・バージョンは Kernel 4.9.27 になります．USB Type-C ドライバ関連のカーネル・コンフィグレーション設計の一例を，**図8.8 ～図8.11** に示します．

▶ **Joule の起動（Linux）**

Joule 開発キットには，USB キーボード接続可能な USB 3.0 Type-A コネクタ，

```
,------------------------ USB_support ------------------------,
| Arrow keys navigate the menu.  <Enter> selects submenus ---> (or empty |
| submenus ----).  Highlighted letters are hotkeys.  Pressing <Y> |
| includes, <N> excludes, <M> modularizes features.  Press <Esc><Esc> to |
| exit, <?> for Help, </> for Search.  Legend: [*] built-in  [ ] |
| ,----^(-)------------------------------------------------------------, |
| |       [ ]     Enable Debugging Messages                          | |
| |       [ ]     Enable Missed SOF Tracking                         | |
| |       < >   ChipIdea Highspeed Dual Role Controller              | |
| |       < >   NXP ISP 1760/1761 support                            | |
| |             *** USB port drivers ***                             | |
| |       < >   USS720 parport driver                                | |
| |       <*>   USB Serial Converter support  --->                   | |
| |             *** USB Miscellaneous drivers ***                    | |
| |       < >   EMI 6|2m USB Audio interface support                 | |
| |       < >   EMI 2|6 USB Audio interface support                  | |
| |       < >   ADU devices from Ontrak Control Systems              | |
| |       < >   USB 7-Segment LED Display                            | |
| |       < >   USB Diamond Rio500 support                           | |
| |       < >   USB Lego Infrared Tower support                      | |
| |       < >   USB LCD driver support                               | |
| |       < >   Cypress CY7C63xxx USB driver support                 | |
| |       < >   Cypress USB thermometer driver support               | |
| |       < >   Siemens ID USB Mouse Fingerprint sensor support      | |
| |       < >   Elan PCMCIA CardBus Adapter USB Client               | |
| |       < >   Apple Cinema Display support                         | |
| |       < >   USB 2.0 SVGA dongle support (Net2280/SiS315)         | |
| |       < >   USB LD driver                                        | |
| |       < >   PlayStation 2 Trance Vibrator driver support         | |
| |       < >   IO Warrior driver support                            | |
| |       < >   USB testing driver                                   | |
| |       < >   USB EHSET Test Fixture driver                        | |
| |       < >   iSight firmware loading support                      | |
| |       < >   USB YUREX driver support                             | |
| |       <*>   Functions for loading firmware on EZUSB chips        | |
| |       < >   USB3503 HSIC to USB20 Driver                         | |
| |       < >   USB4604 HSIC to USB20 Driver                         | |
| |       < >   USB Link Layer Test driver                           | |
| |       < >   ChaosKey random number generator driver support      | |
| |       <*>   USB Type-C Connector System Software Interface driver | |
| |             USB Physical Layer drivers  --->                     | |
| |       <*>   USB Gadget Support  --->                             | |
| |             USB PD and Type-C drivers  --->                      | |
| |       [ ]   USB LED Triggers                                     | |
| |       < >   USB ULPI PHY interface support                       | |
| '------------------------------------------------------------------' |
|-------------------------------------------------------------------|
|     <Select>    < Exit >    < Help >    < Save >    < Load >       |
'-------------------------------------------------------------------'
```

図8.10
Linux カーネル・
コンフィグレー
ション（USB
Support 選択画面）

```
,------------------- USB PD and_Type-C drivers -------------------,
| Arrow keys navigate the menu.  <Enter> selects submenus ---> (or empty |
| submenus ----).  Highlighted letters are hotkeys.  Press <Y> |
| includes, <N> excludes, <M> modularizes features.  Press <Esc><Esc> to |
| exit, <?> for Help, </> for Search.  Legend: [*] built-in  [ ] |
| ,----------------------------------------------------------------, |
| |     -*- USB Power Delivery Sink Port State Machine Driver      | |
| |     <*> Intel WhiskeyCove PMIC USB Type-C PHY driver           | |
| |                                                                | |
| |                                                                | |
| |                                                                | |
| |                          .                                     | |
| |                                                                | |
| '----------------------------------------------------------------' |
|-------------------------------------------------------------------|
|     <Select>    < Exit >    < Help >    < Save >    < Load >       |
'-------------------------------------------------------------------'
```

図8.11
Linux カーネル・
コンフィグレー
ション（USB
Power Delivery
and Type-C
drivers 選択画面）

図8.12
Windows 10のデバイスマネージャー画面

図8.13　Windows 10のエクスプローラ画面

　パソコンからのデバッグ用途に使用可能なUSBシリアル・ポート，Type-Cポートの3種類のUSBポートがあります．今回はType-Cの動作確認をするため，Type-Cポートと対抗にパソコンを接続し，JouleをUSBファンクション・デバイスとして動作させます．

　USBシリアル・ポートは，パソコンと接続するとCOMポートとして認識されるので，115200bps，データ（8ビット），パリティなし，ストップ・ビット（1ビット），フロー制御なしの設定で，ターミナルソフトを使用して接続します．また，DCジャックには12Vの電源を接続します．

　パソコンからはMTPクラス・デバイスとして認識され，デバイス・マネージャには図8.12のように，「Intel Device」という名称で表示されます．また，図8.13のようにWindows 10のエクスプローラから認識することもでき，ファイルの読み書きが可能です．

ながお・ひろき

NECエンジニアリング（株）

第**9**章
宮崎 仁

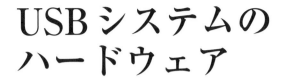

USBシステムの
ハードウェア

　USB Type-Cコネクタの登場により，USB機器のホストとデバイスのどちらにも同じコネクタが使われるようになり，接続時にDFPかUFPかが判断されます．さらにPower Deliveryに対応すれば，電源供給のソースかシンクも動的に変更可能です．本章では，USB Type-C + Power Deliveryに対応したハードウェア設計について解説します．

9.1　Power Delivery対応のシステム

● Power Delivery対応で実現する機能

　本章では，USB Power Delivery規格[注1]に対応したハードウェア設計について説明します．

　USB Type-CにPower Deliveryは必須ではありませんが，対応にすれば電源供給の自由度が大きく向上します．また，映像信号をUSB Type-Cコネクタで伝送するAlternate ModeにはPower Deliveryが必須です．Power Deliveryは高電圧や大電流のイメージが強いですが，電源供給の方向を自由にかつ動的に決められる点が大きな特徴です．

　Power Delivery対応でないUSB Type-Cのシステムでは，パワー・ロールとデータ・ロールの組み合わせは固定的に決められています．ソース（電源の供給側）は常にDFP（Downstream Facing Port）でなければならず，シンク（電源の受電側）は常にUFP（Upstream Facing Port）でなければなりません．ホストがデスクトップ・パソコンでデバイスが周辺機器のような場合には，これで問題ないでしょう．しかし，例えばホストがノート・パソコンやタブレットなどのバッテリ駆動の機器で，それにディスプレイやプリンタなどAC駆動のデバイスを接

注1：Power Delivery 3.0以降ではUSB Type-Cが必須で，Type-AやType-BのコネクタとPower Deliveryを組み合わせることはできない．したがって，本章ではPower Deliveryと書けばUSB Type-C+Power Deliveryを意味することとする
注2：本稿は，ローム株式会社に取材協力をいただき執筆している

続して使う場合には，デバイス側からホスト側に電源を供給できれば便利です．

Power Delivery 対応にすればパワー・ロールとデータ・ロールを自由に組み合わせられるので，それが可能になります．しかも，接続時に双方の役割が固定されるのではなく，接続後にダイナミックに変更することもできます．さらにパワー・ロールでは，ソース専用，シンク専用に加えて，接続相手などに合わせてソース/シンクを切り替えられる DRP（Dual Role Power）が可能です．データ・ロールでは，DFP専用，UFP専用に加えて，接続相手などに合わせてDFP/UFPを切り替えられる DRD（Dual Role Data）が可能です（詳細は第6章を参照）．

● アプリケーション例

データ・ロールとパワー・ロールの組み合わせを**表9.1**に示します．Power Deliveryではデータ送受信なし（受電または供給するだけ）のデバイスもあります．Power Delivery に対応すれば，この表の組み合わせは基本的に全て可能になります．

Power Delivery に対応していない場合，パソコンなどのホスト機器はソースかつDFPで，周辺機器などのデバイス機器はシンクかつUFPです．USBハブは，上流側にシンクかつUFP（Type-B または Type-C）のポートを1ポートもち，下流側にソースかつDFP（Type-A または Type-C）を複数ポートもつ複合的な機器になります．

Power Delivery に対応した場合は，パソコンでも周辺機器でも自由にデータ・

表9.1 Power Delivery対応のシステムで実現される機能の組み合わせ

		パワー・ロール		
		シンク	DRP	ソース
データ・ロール	UFP	従来の周辺機器など デバイス機器 **事例B**	供給/受電可能な 周辺機器など	USB電源を供給できる 周辺機器など
	DRD	USB駆動される各種機器	供給/受電可能な 各種機器	USB電源を供給できる 各種機器
	DFP	USB駆動される ホスト機器 **事例C**	供給/受電可能な ホスト機器	従来のPCなど ホスト機器
	なし	各種のUSB駆動機器	パワーバンクなど	ACアダプタなど **事例A**

ロールとパワー・ロールを持たせることができます．USBハブなら，合計のポート数は同じでも，より自由度の高い高機能のハブとすることができます．Power Delivery対応のパワーバンクの場合，1個のUSB Type-Cポートを受電／供給の両用に用いることができ，システム設計の自由度が増しますが，その代わりに注意すべき点も多くなっています（後述で解説）．

9.2 事例別のハードウェア設計例

● 回路設計で考えるべき要件

実際にPower Deliveryに対応したハードウェアを設計する場合，表9.1のどれに相当するかを決めた上で適切なコントローラを選定し，さらに周辺回路を設計する必要があります．特にPower Deliveryのソース機能を使用する場合は，必要な出力電圧と電流を満たし，起動時や切り替え時の要件を満たすように電源回路を外付けすることになります．シンク機能の場合でも保護回路などの外付けが必要になる場合が多いでしょう．

さらに，実用レベルの設計を行う場合にはコストや量産性などの製品競争力にも十分な考慮が必要です．USBはパソコンやスマートフォン，周辺機器といったジャンルを超えて使用される極めて汎用性の高いインターフェースであり，大きな市場を持っています．しかし，その分コモディティ化が急速に進行し，応用製品の価格が低下しやすい傾向にあります．製品化の段階では，外付け回路を減らすことができるコントローラの選択や，外付け回路の部分でも仕様を満たしつつなるべく簡単化するためのさまざまな工夫が行われています．

以下では，それらの実用レベルでの考慮も含めてPower Delivery対応のハードウェア設計について解説します．

● 事例A：ACアダプタ（パワー・ロール：ソース，データ・ロール：なし）

パワー・ソースだけの機能をもつACアダプタは，Power Deliveryのアプリケーションとしては最もシンプルですが，従来のACアダプタ（USB電源）に比べると複雑な回路が必要になります．

従来のACアダプタは，コネクタの形状がType-A（ソース側）なので，接続相手は必ずType-B（シンク側）になります．また，出力電圧が5Vに限られており，DCを生成する電源回路も簡単にできます．それに対して，Power Deliveryでは接続相手とネゴシエーションしてソースになるかシンクになるかを決め，さらに

ソースになる場合は出力電圧を決定してからVBUSの出力電圧を切り替えるなど，複雑なコントローラ機能も必要になります．また，DC電源入力を前提とする他のPower Deliveryアプリケーションと比べると，ACアダプタは絶縁型のAC-DC変換を必要とする点も複雑です．

▶単出力のACアダプタ

単出力のACアダプタでは，コントローラにUSB制御機能とAC-DC制御機能を統合し，フライバック・コンバータの2次側電圧を検出して1次側を直接コントロールする構成が広く用いられてきました（**図9.1**）．1次側の電流を断続して2次側にVBUS電圧を生成するフライバック・コンバータを構成し，VBUS電圧をUSB電源コントローラで検出し，フォトカプラで絶縁して1次側コントローラにフィードバックします．2次側のDC-DCコンバータを省略でき，簡素化の要求に合致します．

▶複数出力のACアダプタ

複数出力をもつACアダプタの場合には，1個のフライバック・コンバータでAC-DC変換を行い，それぞれの出力仕様に応じたDC-DCコンバータを個別に用意するのが一般的です．**図9.2**では，1次側コントローラで2次側にV_{DC}を生成し，別のDC-DCコンバータでVBUS1，VBUS2を生成する構成になります．

現在市場に出ているACアダプタは複数のType-Aポートと1個のType-Cポートという構成のものが多いですが，今後はPower Delivery対応のポートを複数持つACアダプタで，複数の出力ポートが電圧・電流可変ということも考えられます．

従来のUSBでは，ACアダプタのUSBポートはType-Aであり，VBUSは必ず

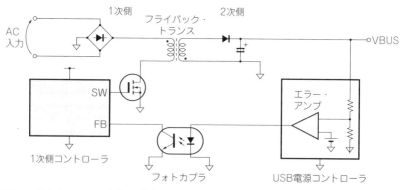

図9.1　単出力のACアダプタの構成例
DC-DCコンバータを省略できる

出力になります．接続相手からVBUSが供給されることはなく，非接続時にも接続時にも常時VBUSに5Vを出力していて構いません．また，AC受電がない場合は，完全に停止状態となります．

Power DeliveryのACアダプタでは，接続相手からのVBUS入力を受けてネゴシエーションを行う場合があります．接続相手を確認するまでVBUSを0Vに保ち（Cold Socket），VBUSの衝突を防止する必要があります．また，USB Type-Cの規定でレセプタクルのVBUS端子に外部電圧を加えても大きな突入電流が流れないように，VBUSの静電容量を制限する必要があります．

このような仕組みを実現する場合は，MOSFETを用いた電流スイッチ回路が広く用いられています（**図9.3**）．

図9.3（a）は単方向の電流スイッチ回路です．nチャネルのMOSFET Tr_1 をONにすれば左（V_D 側）から右（V_S 側）に電流が流れ，OFFにすれば流れません．注意点としては，$V_D < V_S$ になると，Tr_1 がOFFでもボディ・ダイオードが導通して右から左に電流が流れます．したがって，左から右へ流れる単方向電流のアプリケーションで使用します．また，Tr_1 をONにするためにはゲート-ソース間電圧 V_{GS} を規定された駆動電圧（例えば10V）以上にします．この回路では，Tr_1 のON時とOFF時でソース電圧 V_S が大きく変動するので，チャージポンプ（CP）回路でソース電圧（V_S）より約10V高い電圧を生成し，その電圧でゲートを駆動する（DRV出力）ためのゲート・ドライバ回路が必要となります．

図9.3（b）は Tr_1 と Tr_2 の2個のMOSFETをバック・ツー・バックに接続した

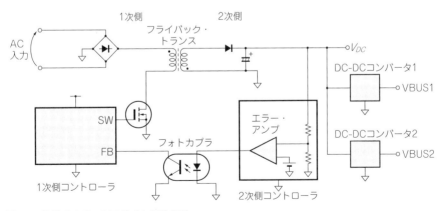

図9.2　複数出力のACアダプタの構成例
DC-DCコンバータごとに複数の電源を生成する

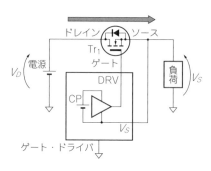
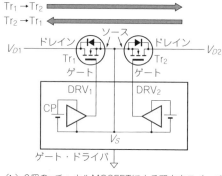

（a）nチャネルMOSFETによる単方向スイッチ
Tr₁をOFFしてもV_D < V_Sになると電流が流れてしまう

（b）2個のnチャネルMOSFETによる双方向スイッチ
Tr₁とTr₂がOFFのときは電流が流れない

図9.3 FETによる電流スイッチ回路

もので，双方向の遮断ができる電流スイッチ回路です．ボディ・ダイオードのアノード同士が接続されているため，ボディ・ダイオードのアノード同士が接続されているため，Tr_1とTr_2がともにONならば，$V_{D1} > V_{D2}$のときはTr_1とTr_2を通って左から右に電流が流れ，$V_{D1} < V_{D2}$のときはTr_2とTr_1を通って右から左に電流が流れます．両方OFFにすればどちらにも電流が流れません．単なるダイオード・スイッチより順電圧が低く，低損失にできることが特徴で，バッテリの充放電切り替え回路などに広く使われています．

Power Deliveryに対応したUSBのコントローラ機能や保護機能，AC-DC制御機能を統合したコントローラICがあれば，わずかな外付け部品でACアダプタの回路を構成できます．

図9.4は，Power DeliveryコントローラICとしてBM92A20MWV-Z（ローム）を使用した例です．このコントローラICは，電圧制御用の可変エラー・アンプ，電流検出と過電流保護回路，過電圧保護回路，VBUS衝突防止用のバック・ツー・バックFET制御回路などを内蔵し，簡単な回路でAC電源からVBUSの生成が可能です．さらに，DFP/DRD/UFP選択可能なデータ伝送機能も持っています．

CC（Configuration Channel）を用いて接続相手を検出するまではTr_1，Tr_2ともにOFFであり，バック・ツー・バックのダイオードが双方向の電流を遮断してVBUSの衝突を防止します．この状態でVBUS端子に不用意に電圧が加わっても，フライバック側の大容量コンデンサC_{FLBK}は切り離されており，VBUSからの突入電流を防止します．アダプタがAC電源に接続されていない場合，VBUSから

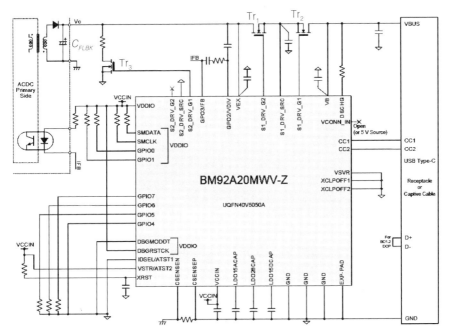

図9.4 Power DeliveryのACアダプタ回路の構成例
出典：BM92A20MWV-Zデータシート
BM92A20MWV-Zのゲート駆動電圧は約6Vなので，4.5V駆動タイプのMOSFETを選ぶと良い
Tr_1, Tr_2の例：RE3Q180BN. Tr_3の例：RF4E110BN

　の給電でネゴシエーションを行うことも可能です．また，AC電源から切断され
た時はMOSFET Tr_3を用いて速やかにC_{FLBK}を放電できます.

　図9.4の構成のACアダプタと，20Vのシンク側機器を接続したときのネゴシ
エーションの例を**図9.5**に示します．非接続時のVBUSは0Vです．CC回路がプ
ラグ挿入を検出し，接続相手がソース側でないことを確認して，VBUSに5Vを
出力します．その後，CC1でEマーカ情報を検出してからシンク側とネゴシエー
ションを行います．

　ソース側（ACアダプタ）はCC1に自身のパワー・プロファイル（Source
Capability）を送信し，シンク側の要求（Request）を待ちます．シンク側の要求に
応えられる場合は承認（Accept）を返し，要求された電圧（ここでは20V）を
VBUSに出力します．VBUSの電圧が安定したら，ソース側は電源レディ（PS_
RDY）を通知します．シンク側はこの電源レディを待ってVBUSスイッチをON
にし，デバイス内部に20Vの受電を開始します．

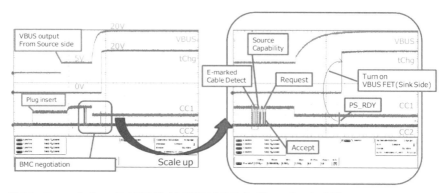

図9.5　Power Delivery の AC アダプタ回路におけるネゴシエーションの例
出典：BM92A21MWV-EVK-001 マニュアル

● 事例B：従来の周辺機器などのデバイス機器
（パワー・ロール：シンク，データ・ロール：UFP）

▶機能の組み合わせは固定が多い

　Power Delivery 対応でない従来の USB の周辺デバイスは，パワー・ロールではシンク（受電）専用で，データ・ロールでは UFP（デバイス側）専用の機能を持ちます．

　図9.6（a）のように，従来の Type-B コネクタ実装の周辺デバイスの機能はシン

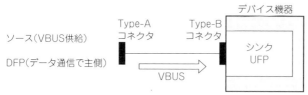

（a）Type-B コネクタ実装の周辺デバイス
機能はシンク・UFP で固定

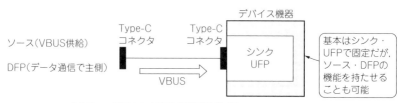

（b）Type-C コネクタ実装の周辺デバイス

図9.6　一般的な周辺デバイスの構成
通信相手はホスト機器とする

クでUFPとなり固定です．図9.6（b）のようにUSB Type-Cコネクタ実装の周辺デバイスの場合もシンク・UFPの固定ですが，ソース機能（VBUS供給）とDFP機能（データ通信で主側）も持たせることも可能です．これは，カメラとプリンタのように周辺デバイス同士を接続したい場合や，AC駆動の周辺デバイスからバッテリ駆動の機器にVBUSを供給したい場合に使われます．

Power Delivery対応であればソースかつUFP，シンクかつDFPという組み合わせが可能になりますが，Power Delivery対応のUSB機器であっても，シンクかつUFPとして機能を固定した周辺デバイスは多く作られています．

▶電源供給量を増やすには

従来のUSBでは，ソース側から供給できる電源は5V，500mA（または900mA）に限られています．Power DeliveryでないUSB Type-Cでは電流は最大3Aまで可能になりましたが，電圧は5Vのままです．それ以上の電圧，電流を必要とする周辺機器では，別途専用のAC電源などから供給する必要がありました（図9.7）．

Power Delivery対応の機器であれば，最大100W（20V，5A）の電力供給が可能となり，電圧や電流の自由度は大幅に高まりました．さらに必要があれば動作中にネゴシエーションを行って電圧や電流をダイナミックに変更することもできます．

▶電圧20Vでシンクかつ UFP のデバイス機器

電圧20Vでシンク機能とUFP機能を持つ周辺デバイスを想定して，その動作を見てみましょう．

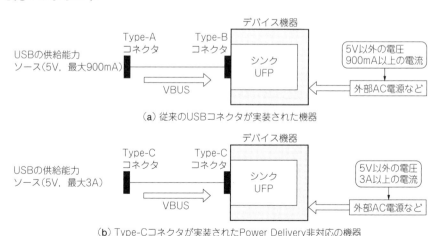

（a）従来のUSBコネクタが実装された機器

（b）Type-Cコネクタが実装されたPower Delivery非対応の機器

図9.7　電源供給能力が不足する場合は外部AC電源を接続していた

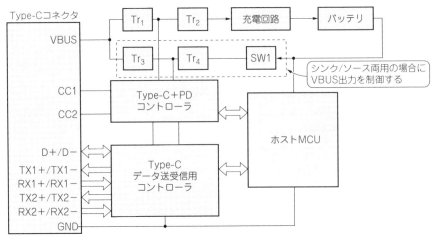

図9.8 シンクかつUFP専用の周辺デバイスの構成例

　Power DeliveryのコントローラはCCを監視し，デバイスが接続されるとUSB Type-Cコネクタの向きを検出します．それから接続相手とネゴシエーションを行い，適切なVBUSを受電します．また，VBUSを常時監視して過電圧や低電圧，過電流などからの保護を行います．そのため，コントローラはCC1，CC2，VBUS，GNDに接続されています．一方，データ送受信用のD＋/D－やTX1＋/TX1－，RX1＋/RX1－，TX2＋/TX2－，RX2＋/RX2－は別のデータ送受信用のコントローラに接続されています．

　従来のUSBシステムでは，デバイス側のVBUS回りの制御は単純であり，電圧も5Vなのでデータ送受信用のコントローラとの統合も容易です．しかし，CCとVBUSの制御が複雑で高耐圧も必要なPower Delivery対応のシステムでは，データ送受信用コントローラとPower Deliveryコントローラを別に用いることが多くなっています．特に，高速のTX＋/TX－，RX＋/RX－をUSB Type-Cで使用する場合には，CCにおけるコネクタ裏/表の判別結果やDFP/UFPの判別結果によって高速データ・パスを切り替えることが必要となり，データ送受信側の構成も複雑になります．

　図9.8は，VBUSから供給されるDC20Vでデバイスの内蔵バッテリを充電し，バッテリから供給された電源でこのデバイスの各機能を動作させる構成です．VBUSに適切な電圧が得られているときだけデバイス内部に電源を接続するように，バック・ツー・バックFETのTr_1，Tr_2を外付けしています．このFETは，

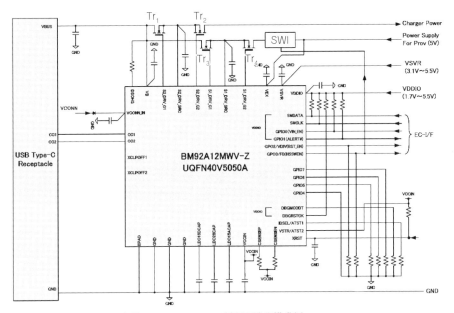

図9.9 シンクかつUFP専用のPower Delivery制御回路の構成例
出典：BM92A12MWV-Zデータシート

内蔵バッテリからVBUSに電流が逆流するのを防止します．Power Deliveryの
コントローラと，データ送受信用のコントローラはどちらもバッテリ出力を降圧
した5V電源で動作します．

実際のコントローラICとして，BM92A12MWV-Z（ローム）を使用した例が
図9.9です．この図には，内蔵バッテリの充放電制御，DC-DCコンバータ，デー
タ送受信用のコントローラ，ホストMCUなどは含まれていません．なお，接続
相手がVBUSを供給できない場合やこの周辺デバイスをマルチロールで使いた
い場合に5VをVBUSに出力できるように，MOSFET Tr$_3$，Tr$_4$，SW1も外付け
しています．

Power Deliveryのコントローラは，相手となるソースかつDFPの接続を検出
してCCでネゴシエーションを行います．この手順は事例Aの**図9.5**と同じです．

ソース側がまずプラグ挿入を検出し，VBUSに5Vを出力します．その後，ソー
ス側はCC1でEマーカ情報を検出してからパワー・プロファイル（Source
Capability）を送信してくるので，その中から選択して要求（Request）を出しま
す．ソース側から承認（Accept）が返ってきたことを確認したら，VBUSの電圧（こ

こでは20V）が安定するのを待ち，ソース側から電源レディ（PS_RDY）が通知されたらパワー・スイッチをONにします．

● 事例C：デッド・バッテリへの対応とCCクランパ
（パワー・ロール：シンク，データ・ロール：UFP/DRD/DFP）
▶バス・パワーや内蔵バッテリで動くUSB機器

VBUSから供給される電源（バス・パワー）で動作する周辺機器には，バッテリや外部電源を使用せず，パソコンやACアダプタのUSBコネクタからVBUSを供給している間だけ動作するものがたくさんあります．

また，事例Bのように内蔵バッテリを充電して動作する周辺デバイスを，長時間充電せずに放置したような場合は，バッテリ電圧が低下してPower Deliveryのコントローラも動作できなくなる可能性があります．Power Deliveryでは，このようなデッド・バッテリ（バッテリ切れ）の状態への対応も考慮が必要です．

USB Type-Cではコネクタの形状ではソースかシンクか決まらないため，2本のCCピン（CC1，CC2）を用いて接続時に自動検出を行います．図9.5に示したように，非接続時にはどちらの側の機器もVBUSは0Vであり，接続によるVBUSの衝突を防ぎます．CCピンの電圧によって接続を検出した後，ソースとシンクが決定されれば，ソース側の機器がVBUSを5Vで駆動します．さらに，5Vより高い電圧を供給する場合には，ネゴシエーションを行ってからVBUS電圧を変更します．このとき，シンク側の機器が動作していなくても，ソース側の機器だけで自動検出を行ってVBUSを供給できます．シンク側の機器がデッド・バッテリの場合でも，VBUSの供給を待って動作を開始できます．

▶接続検出の方法

接続時に自動検出を行うために，ソースになりたい機器はCC1とCC2を抵抗RpでV_{DD}にプルアップします．また，シンクになりたい機器はCC1とCC2を抵抗RdでGNDにプルダウンするか，所定のクランプ電圧に接続します（図9.10）．

ソースにもシンクにもなれるデュアルロール（DRP）の機器は，周期的にプルアップとプルダウンを切り替えることによって，相手に合わせた接続ができるようにしています．さらに，両側の機器を接続するUSB Type-Cケーブルには，コネクタの裏表の自動検出やEマーカへの電源供給の仕組みをもたせてあります．

図9.10の回路での検出の流れを次に示します．ケーブル未接続の場合，ソースになりたい機器はCC1，CC2とも電圧はV_{DD}です．シンクになりたい機器とUSB Type-Cケーブルで接続されれば，CC1とCC2のうち一方がRdでプルダウ

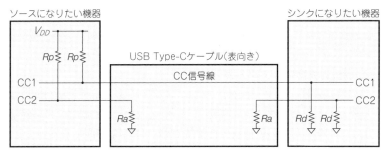

図9.10 CCピンのプルアップとプルダウンでシンクかソースかを検出

ンされるので電圧が下がります．他方はRaでプルダウンされる可能性がありますが，RdとRaは抵抗値が異なるので，どちらがRdでどちらがRaか電圧値で区別できます．CC1がRdでプルダウンされているとき，ケーブルは表向きと判定します．接続相手がソースになりたい機器の場合は，CC1もCC2も電圧は下がりません．

接続相手がシンクになりたい機器であれば，ソース側の機器はVBUSに5Vを供給します．シンクになりたい機器がバス・パワーやデッド・バッテリの場合も，このVBUSによって動作が可能になります．

シンク側の機器は，CC1とCC2のどちらにRdが見えるかでケーブルの表裏を判定し，CC信号線で接続されている側を使ってソース側の機器とネゴシエーションを開始します．

▶Eマーカへの電源供給の仕組み

USB Type-Cケーブルでは，2本のCCの一方だけが内部で接続（CC信号線）され，もう一方はEマーカへの電源供給（VCONN）に利用されます．ソース側の機器のCC1/CC2のどちらか一方と，シンク側の機器のCC1/CC2のどちらか一方が接続されます．また，Eマーカを内蔵するUSB Type-Cケーブル（VCONNの供給が必要なケーブル）では，CCのもう一方は抵抗RaでGNDにプルダウンされます．

ソース側の機器から見れば，自分のCC1とCC2はどちらもRpでプルアップされていますが，シンク側の機器と接続されればそのうちCC信号線につながった一方だけがRdでプルダウンされて見えます．それによって，USB Type-Cケーブルの表裏の判定（CC1にRdが見えれば表，CC2にRdが見えれば裏），VCONNが必要かどうかの判定などができます．それに従って，VBUSおよび，必要な場合はVCONNに電源を供給します．

シンク側では，ここまでは能動的な動作は不要で，ソース側からVBUSが供給

されてから動作を開始できます．ただし，デッド・バッテリのように機器が電源をもたない状態でケーブルが接続され，内部回路に電圧が加わると，故障の原因になります．

▶ Type-Cポート検出コントローラ

Type-AやType-Bコネクタでは，パソコンなどのホスト機器は常時VBUSに電源を供給しており，コネクタのVBUSピンとGNDピンが最初に接続されるようにして，電源をもたない周辺機器の接続（活線挿抜）を可能にしていました．

USB Type-Cの場合には，最初の接続時にはVBUSの供給がなく，CCピンだけに電圧が加わる可能性があります．そのため，CCピンにクランプ回路などの保護回路を内蔵したコントローラICや，外付けの保護回路を使用する場合もあります．CCクランパは，自動接続の進行に合わせて切断する必要があり，制御は複雑です．

シンク側の自動検出に必要なCC電圧の監視と接続判定，プルダウン抵抗の切り替え，CCクランプ回路の切り替え，VBUSの過電圧保護および低電圧保護などの機能を内蔵するType-Cポート検出コントローラを用いれば，わずかな外付け部品でシンク側の回路を実現できます．

実際のコントローラICとして，BD91N01NUX（ローム）を使用した例が**図9.11**

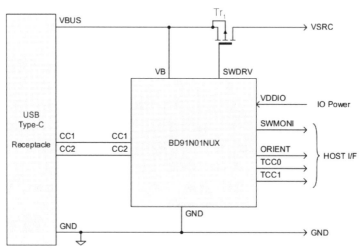

図9.11　シンクかつUFP/DRD/DFPに対応可能なPower Delivery制御回路の構成例
出典：BD91N01NUXデータシート

です．シンク側として接続の自動検出を行い，デバイス内部（VSRC側）にVBUS
を供給します．Tr_1は，VBUSの過電圧，低電圧などの異常時にVSRCを遮断し
て内部回路を保護するためのpチャネルMOSFETです．

　この図にはデータ送受信用のコントローラ，ホストMCUなどは含まれていま
せん．シンク側であれば，プリンタ，スキャナ，カメラなどデバイス（UFP），
ホスト（DFP）および両用（DRD）の機器を低コストで構成できます．

9.3　Power Delivery対応で注意すべき仕様

　Power Deliveryでは，ソース側から供給される電源VBUSについて，スタ
ティックな電圧精度，立ち上がりや立ち下がりのスルーレート，過渡電圧のオー
バシュートやアンダシュート，セトリング時間などが規定されています．また，
シンク側の負荷電流変動，過負荷時の安全のための電圧制限などに関して規定さ

表9.2　VBUS電圧や負荷電流で注意すべき仕様

項　目	名　称	最小値	典型値	最大値	単　位	図
VBUSバイパス・コンデンサ容量（ソース側）	$cSrcBulk$	10			μ F	図9.12(a)
	$cSrcBulkShare$	120			μ F	
VBUSバイパス・コンデンサ容量（シンク側）	$cSnkBulk$	1		10	μ F	図9.12(b)
	$cSnkBulkPd$	1		100	μ F	
VBUS電圧	$vSrcNew$	PDO × 0.95	PDO	PDO × 1.05	V	図9.13, 図9.14
VBUS電圧有効範囲	$vSrcValid$	− 0.5		+ 0.5	V	
VBUSスルーレート	$vSrcSlewPos$			30	mV/μ s	
	$vSrcSlewNeg$			− 30	mV/μ s	
VBUSセトリング時間	$tSrcSettle$			275	ms	
負荷電流変動	$iLoadStepRate$			150	mA/μ s	図9.15
	$iLoadReleaseRate$	− 150			mA/μ s	
負荷電流オーバシュート	$iOvershoot$	− 230		+ 230	mA	
電圧トランジェント時間	$tSrcTransient$			5	ms	
5V安全電圧	$vSafe5V$	4.75		5.5	V	図9.16
0V安全電圧	$vSafe0V$	0		0.8	V	
5V安全電圧時間	$tSafe5V$			275	ms	
0V安全電圧時間	$tSafe0V$			650	ms	

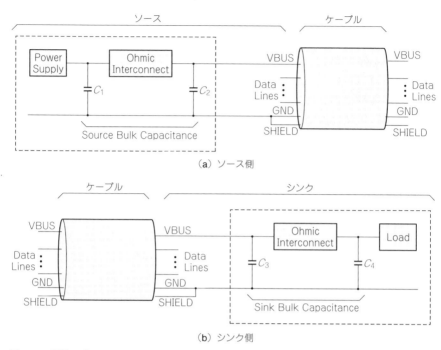

(a) ソース側

(b) シンク側

図9.12　規格で決まっているVBUSのバイパス・コンデンサ

れています(**表9.2**). Power Delivery準拠の回路を作るには,これらの仕様を満たすように設計します.

　図9.12に示すように,ソース側およびシンク側のVBUSのバイパス・コンデンサ C_1, C_2, C_3, C_4の容量は規格で決まっています.

　VBUS電圧が立ち上がるときの遷移波形を**図9.13**に示します. 時間 t_0 に初期電圧Starting Voltageから電圧が上昇し,最終的に電圧 *vSrcNew* に落ち着くまでを図に示しています. *vSrcNew* は,ネゴシエーションで取り決めた電圧(PDO)に対して±5%の範囲です. オーバシュートについては,*vSrcValid* の範囲 *vSrcNew* (min) − 0.5Vから *vSrcNew* (max) + 0.5Vまでに制限されます. 立ち上がりのスルーレート *vSrcSlewPos* は30mV/μs以下であり,セトリング時間 *tSrcSettle* は最大275msです. また,VBUS電圧が立ち下がるときの遷移波形を**図9.14**に示します.

　負荷変動時のVBUS電圧についても規定されています. その遷移波形を**図13.15**に示します.

　Power Deliveryでは,デバイスの過熱や発火などを防ぎ安全に電力を供給する

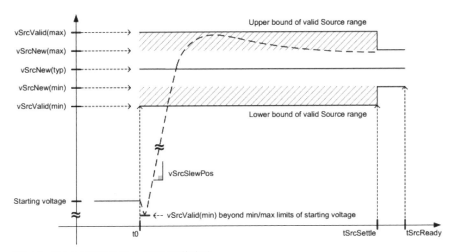

図9.13 VBUS電圧の立ち上がりの遷移波形

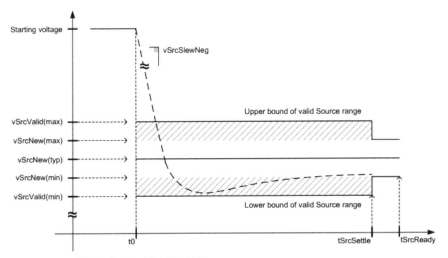

図9.14 VBUS電圧の立ち下がりの遷移波形

ために，過電流保護や過熱保護の機能を備えています．また，ソース側とシンク側の間の通信ができなくなるなどの故障時には，ハード・リセットによって速やかに安全な状態にVBUS電圧を降下させる必要があります．そのために *vSafe*5V（4.75 〜 5.5V），*vSafe*0V（0 〜 0.8V）という2段階のVBUS安全電圧が規定されて

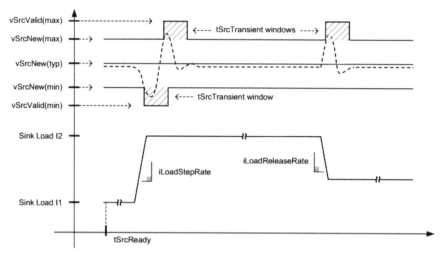

図9.15　負荷変動時のVBUS電圧の遷移波形

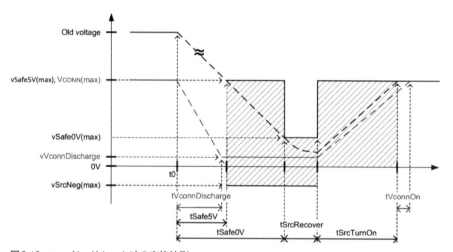

図9.16　ハード・リセット時の応答波形

おり，フォールト発生時刻から $tSafe5V$（275ms）以内に $vSafe5V$ まで電圧を下げ，$tSafe0V$（650ms）以内に $vSafe0V$ まで電圧を下げることが必要です．**図9.16**にハード・リセット時の応答を示します．

みやざき・ひとし

(有)宮崎技術研究所

著者紹介

■ 野崎 原生：第1章，第2章，第3章，第6章，Appendix 3

1988 年　日本電気株式会社 入社
2003 年　NEC Electronics America, Inc. 出向
2009 年　NEC エレクトロニクス株式会社 復職
2010 年　合併により，社名がルネサス エレクトロニクス株式会社に変わり，現在に至る
PCI Express や USB の標準化活動に参画．特に USB 3.0 では規格の立ち上げ当時から活動に
参加し，USB Type-C や USB Power Delivery でも規格の初期段階から活動に参加している

■ 池田 浩昭：第4章，第5章，Appendix 1

1972 年　茨城県の片田舎に誕生
1992 年　国立小山工業高等専門学校電子制御工学科 卒業
1994 年　東京農工大学電気電子工学科 卒業
1994 年　日本航空電子工業株式会社に入社．基板設計およびシグナル・インテグリティ・シミュ
レーション業務に従事後，USB や DisplayPort，HDMI などの高速伝送規格策定活動に従事して，
現在に至る

■ 長野 英生：第7章

1992 年 同志社大学工学部卒，同年三菱電機株式会社入社．2010 年 事業統合によりルネサス
エレクトロニクス株式会社に転籍．2015 年 株式会社セレブレクス．一貫してディスプレイ用
LSI の製品開発，高速インタフェースの技術開発に従事．
著書に「高速ビデオ・インターフェース HDMI&DisplayPort のすべて」（CQ 出版社），「最新ビ
デオ規格 HDMI と DisplayPort」（同），「ディジタル画像技術事典 200」（同），他月刊誌などに
寄稿．高速インターフェース関連の講演，特許多数

■ 畑山 仁：Appendix 2

1978 年 ソニー・テクトロニクス株式会社（現テクトロニクス社）入社．広告宣伝部，営業，マー
ケティング部などを経て現職．営業技術統括部 シニア・テクニカル・エクスパートとして高速
ディジタル，高速シリアル・インターフェースをサポート．「PCI Express 設計の基礎と応用」（CQ
出版社，2010 年 5 月），「USB 3.0 設計のすべて」（同，2011 年 10 月）を編著．その他高速
シリアル系の記事を多数寄稿

■ 永尾 裕樹：第8章

NEC エンジニアリング株式会社 組込みシステム事業部で，インターフェース開発部門のシニ
アマネージャとして開発部門を統括．主にソフトウェア/FPGA/IP コア設計を得意とする．また，
日本インダストリアルイメージング協会（JIIA）標準化委員会 USB3Vision 分科会主査として，
USB インターフェース製品活用の推進 / 普及活動を行っている

■ 宮崎 仁：第9章

慶応義塾大学工学部 卒業，有限会社宮崎技術研究所にて電子回路およびソフトウェアの研究開
発，受託設計，コンサルティングに従事

参 考 文 献

全章共通

(1) USB-IF の Web サイト，https://www.usb.org/

(2) Universal Serial Bus 3.2 Specification, Revision 1.0, September 22, 2017.

(3) Universal Serial Bus Type-C Cable and Connector Specification, Release 2.0, August, 2019.

(4) Universal Serial Bus Power Delivery Specification, Revision 3.0 Version 2.0, 29 August, 2019.

(5) Universal Serial Bus Device Class Definition for Billboard Device, Revision 1.21, September 8, 2016.

(6) Universal Serial Bus 4 Specification, Version 1.0, August, 2019.

(7) 野崎 原生，畑山 仁，永尾 裕樹 編著；USB 3.0 設計のすべて，2011 年 10 月，CQ 出版社.

第 1 章

(1) Universal Serial Bus Specification, Revision 2.0, April 27, 2000.

(2) On-The-Go and Embedded Host Supplement to the USB Revision 2.0 Specification, Revision 2.0 Version1.1a, July, 2012.

(3) Universal Serial Bus Micro-USB Cables and Connectors Specification, Revision 1.01, April, 2007.

(4) USB 3.1 Legacy Cables and Connector Specification, Revision 1.0, September 22, 2017.

(5) Battery Charging Specification, Revision 1.2 + errata, March, 2012.

第 2 章

(1) USB Type-C Connector System Software Interface [UCSI] Requirements Specification, Revision 1.1, August, 2017.

第 4 章

(1) Universal Serial Bus Type-C Locking Connector Specification, Revision 1.0, March 9, 2016.

第 5 章

(1) Peter A. Rizzi；Microwave Engineering Passive Circuit, Prentice Hall.

(2) William R.Eisenstadt, Bob Stengel, Bruce M.Thompson；Microwave Differential Circuit Design using Mixed-Mode S-Parameters, Artech House.

(3) 藤城 義和：S パラメータによる電子部品の評価，https://product.tdk.com/ja/technicalsupport/tvcl/pdf/an-sp06a001_ja.pdf

第 7 章

(1) VESA, Jim Choate；VESA Display Standard Update, May 3, 2018, https://www.

vesa.org/wp-content/uploads/2018/05/VESA-2018-Workshops-Presentation-Final.pdf

(2) VESA, Jim Choate；VESA DisplayPort Technology Update, June 15, 2017, https://www.vesa.org/wp-content/uploads/2017/06/VESA-DP-Tech-Update-62117.pdf

(3) HDMI.LLC；HDMI Alt Mode for USB Type-C Connector, https://www.hdmi.org/manufacturer/HDMIAltModeUSBTypeC.aspx

■ Appendix 2

(1) Thunderbolt Technology Overview：The Fastest PC I/O Connection at 10Gbps per Channel, HST001, IDF2011.

(2) Thunderbolt Technology Tutorial：Enable New and Exciting Products, HST002, IDF2011.

(3) Thunderbolt 3 Technology and USB-C, HSTS004, IDF15.

(4) 畑山 仁；7-1 パソコンと周辺機器をつなぐ！ USB 後継 Thunderbolt Technology, Interface, 2013 年 4 月号, CQ 出版社.

(5) 畑山 仁；USB4 と Thunderbolt3, RF ワールド, No.48, CQ 出版社.

■ Appendix 3

(1) Universal Serial Bus Security Foundation Specification, Revision 1.0 with ECN and Errata, January 7, 2019.

(2) Universal Serial Bus Type-C Authentication Specification, Revision 1.0 with ECN and Errata, January 7, 2019.

(3) ITU-T X.509 The Directory：Public-key and attribute certificate frameworks, October, 2016.

■ 第 8 章

(1) Linux Kernel Source Code, http://www.kernel.org/

(2) Linux Kernel Source Code ドキュメント, Documentation/＊

(3) Microsoft Developer Network, https://msdn.microsoft.com/ja-jp/

(4) GitHub Microsoft, https://github.com/microsoft/Windows-driver-samples

(5) Microsoft Docs, https://docs.microsoft.com/ja-jp/

(6) ACPI 仕様書, Advanced Configuration and Power Interface Specification, Version 6.1, January, 2016.

(7) UEFI 仕様書, Unified Extensible Firmware Interface Specification, Version 2.6, January, 2016.

■ 第 9 章

(1) BM92A20MWV-Z データシート, ローム.

(2) BM92A21MWV-EVK-001 マニュアル, ローム.

(3) BM92A12MWV-Z データシート, ローム.

(4) BD91N01NUX データシート, ローム.

USB Type-C のすべて

2020 年 1 月 1 日 初版発行 ©野崎 原生，畑山 仁，池田 浩昭，永尾 裕樹，長野 英生，宮崎 仁 2020
2021 年 10 月 1 日 第 2 版発行
著 者 野崎 原生，畑山 仁，池田 浩昭，永尾 裕樹，長野 英生，宮崎 仁
発行人 小澤 拓治
発行所 CQ出版株式会社
〒112-8619 東京都文京区千石 4-29-14
電話 03-5395-2141（販売） 03-5395-2132（広告）

編集担当者 高橋 舞
DTP クニメディア株式会社
印刷・製本 三共グラフィック株式会社
表紙素材提供 ALPHA TEC/PIXTA
乱丁・落丁本はお取り替えいたします
定価はカバーに表示してあります
ISBN978-4-7898-4644-8
Printed in Japan